VR-Blender
物理仿真与游戏特效开发设计

张金钊　张金镝　张童嫣　著

清華大學出版社
北　京

内 容 简 介

本书全面系统地介绍了 Blender 物理仿真与游戏特效开发设计。Blender 作为 VR/AR 领域前沿的开发技术，具有划时代的意义，是把握未来 3D 设计、交互设计、物理仿真设计、游戏特效设计、多媒体技术及人工智能的关键。

本书集计算机“互联网 +”、VR/AR、X3D 交互设计、AI 技术、3D 游戏建模设计、曲线及曲面设计、3D 雕刻设计、动画游戏设计以及物理仿真引擎设计于一体，全书内容丰富，叙述由浅入深，思路清晰，结构合理，实用性强，并配有大量的 Blender 物理仿真与游戏特效开发设计案例，能够帮助读者更加容易地掌握 Blender 物理仿真与游戏特效技术。

本书可作为高校游戏特效等多媒体设计专业的教材，也可供相关领域的从业者、爱好者学习参考。

图书在版编目（CIP）数据

VR-Blender物理仿真与游戏特效开发设计 / 张金钊，张金镝，张童嫣著. —北京：清华大学出版社，2020.7（2024.1 重印）
ISBN 978-7-302-55631-2

Ⅰ. ①V… Ⅱ. ①张… ②张… ③张… Ⅲ. ①游戏—三维动画软件 Ⅳ. ①TP391.414

中国版本图书馆CIP数据核字（2020）第090922号

责任编辑：杜　杨
封面设计：杨玉兰
责任校对：徐俊伟
责任印制：宋　林

出版发行：清华大学出版社
网　　址：https://www.tup.com.cn, https://www.wqxuetang.com
地　　址：北京清华大学学研大厦A座　　**邮　　编：**100084
社 总 机：010-83470000　　**邮　　购：**010-83470235
投稿与读者服务：010-62776969，c-service@tup.tsinghua.edu.cn
质量反馈：010-62772015，zhiliang@tup.tsinghua.edu.cn
印 装 者：涿州市般润文化传播有限公司
经　　销：全国新华书店
开　　本：185mm×260mm　　**印　　张：**14.5　　**字　　数：**303千字
版　　次：2020年9月第1版　　**印　　次：**2024年1月第2次印刷
定　　价：49.00元

产品编号：085281-01

前　言

本书针对 VR、AR、X3D（Web3D）交互技术以及物理仿真与游戏特效开发设计进行了详细阐述。

Blender 游戏引擎用户界面设置包括：用户界面概述；窗口控制；界面控制；界面工具；数据文件系统；笔记本模拟键盘设计。

Blender 游戏逻辑编辑器设计包括：Blender 游戏逻辑编辑器概述；Blender 游戏触发器设计；Blender 游戏控制器设计；Blender 游戏促动器设计以及 Blender 游戏逻辑编辑器属性设置。书中详细介绍了控制移动战车游戏案例设计、射击游戏案例设计以及铲车拾取计数游戏案例设计。

Blender 物理仿真与游戏特效设计包括：Blender 游戏引擎力场设计；Blender 游戏引擎碰撞设计；Blender 游戏引擎布料模拟设计；Blender 游戏引擎动态绘画笔刷设计；Blender 游戏引擎软体设计；Blender 游戏引擎流体模拟设计；Blender 游戏引擎烟雾模拟设计；Blender 游戏引擎刚体设计以及 Blender 游戏引擎粒子设计。

Blender 游戏引擎节点设计包括：Blender 游戏引擎节点简介；Blender 游戏引擎节点属性设计；Blender 游戏引擎节点类型分析；Blender 游戏引擎输入类节点；Blender 游戏引擎输出类节点；Blender 游戏引擎颜色类节点；Blender 游戏引擎矢量类节点；Blender 游戏引擎转换器类节点；Blender 游戏引擎群组类节点。

Blender 游戏引擎 Python 脚本设计包括：Blender 游戏引擎文本编辑器；Blender 游戏引擎 Python 控制台；扩展 Blender 脚本功能；Python 函数和内置函数设计等。

最后本书结合 Blender 物理仿真与游戏特效进行综合项目案例设计，其中包括：Blender 穿衣镜案例设计；Blender 毛发梳理案例设计；Blender 云雾案例设计；Blender 全景技术；Blender 鱼缸流体案例设计；Blender 保龄球案例设计；Python 脚本实现锁链碰撞墙体游戏案例设计以及 Blender 火炮游戏案例设计。这部分内容可使读者更系统、更全面地理解和掌握 Blender 物理仿真与游戏特效开发设计技术。

本书可帮助有一定基础的读者进一步掌握 Blender，开发和设计 VR/AR 及 3D 互动仿真游戏项目。本书适合多媒体从业人员阅读，也适合大中专院校计算机、数字媒体、游戏、VR/AR、工业设计、机械加工与设计、人工智能、工业制造、旅游、规划设计、航空航天、军事、生物工程、教育工程等专业的学生学习参考。

本书由张金钊撰写，参与本书撰写的还有张金镝教授、李宁湘博士和张童嫣。参加编写的企业人员有广州邦彦信息科技有限公司总经理杨慧敏。

知而获智，智达高远。只有不断地探索、学习和开发未知领域，才能有所突破和创新，为人类的进步做出应有的贡献。知识是有限的，而想象力是无限的，希望广大读者在学习本书的过程中充分发挥自己的想象力、创造力，为实现自己的梦想而努力。

由于时间仓促，作者水平有限，书中的疏漏和不足之处在所难免，敬请读者谅解。

作者

目 录

第1章　VR/AR/X3D/Blender 游戏引擎概述

本章将对虚拟现实技术、增强现实技术、X3D 交互技术以及 Blender 游戏引擎进行介绍。

1.1　虚拟现实及增强现实技术

虚拟现实技术主要针对虚拟现实技术概况、虚拟现实技术基本特性、虚拟现实技术分类、虚拟现实技术发展及应用进行阐述。

增强现实技术主要针对增强现实技术的含义、增强现实技术的原理、增强现实显示技术、增强现实硬件设备进行阐述。

1.1.1　虚拟现实技术

虚拟现实（Virtual Reality，VR）是 21 世纪以来呈现的高新技术，也称灵境技术或人工环境。虚拟现实技术是利用计算机模拟产生一个三维空间的虚拟世界，并通过多种虚拟现实交互设备使参与者沉浸于虚拟现实环境中。在该环境中直接与虚拟现实场景中的事物交互，浏览者在虚拟的三维立体空间中，根据需要“自主浏览”三维立体空间的事物，身临其境地真实感受视觉、听觉、味觉、触觉以及智能感知所带来的直观而又自然的效果。

虚拟现实是一项综合集成技术，它用计算机生成逼真的三维视觉、听觉、味觉、触觉等感觉，使人作为参与者通过适当的虚拟现实装置，对虚拟世界进行体验和交互作用。使用者在虚拟三维立体空间进行位置移动时，计算机可以立即进行复杂的运算，将精确的 3D 世界影像传回产生临场感。该技术集成了计算机图形技术、计算机仿真技术、人工智能、传感技术、显示技术、网络并行处理技术等最新发展成果，是一种由计算机技术辅助生成的高技术模拟系统。

1. 虚拟现实技术概况

虚拟现实技术与传统的人机界面以及流行的视窗操作相比，在思想技术上有了质的飞跃。虚拟现实技术的出现大有一统网络三维立体设计的趋势，具有划时代的意义。

计算机将人类社会带入崭新的信息时代，尤其是计算机网络的飞速发展，使地球变成了一个“地球村”。早期的网络系统主要传送文字、数字等信息，随着多媒体技术在网络上的应用，人们开发出信息高速公路，即宽带网络系统，而在信息高速公路上驰骋的高速跑车就是虚拟现实第二代三维立体网络程序设计语言 X3D。通过虚拟现实语言 X3D 生动、鲜活的软件项目开发实例，可以由浅入深、循序渐进地不断提高学习和编程的能力，体会到软件开发的实际意义和效果，获得无穷乐趣。

2. 虚拟现实技术基本特性

虚拟现实系统与其他计算机系统最本质的区别是“模拟真实的环境”。虚拟现实系统模拟的是“真实环境、场景和造型”，把“虚拟空间”和“现实空间”有机地结合形成一个虚拟的时空隧道，即虚拟现实系统。

虚拟现实技术的特点主要体现在多感知性、沉浸感、交互性、构想性，以及具备网络功能、多媒体技术、人工智能、计算机图形学、动态交互智能感知和利用程序驱动三维立体造型与场景的基本特征。

（1）多感知性，是指除了一般计算机技术所具有的视觉感知之外，还有听觉感知、力觉感知、触觉感知、运动感知，甚至包括味觉感知、嗅觉感知等一切人类所具有的感知功能。

（2）沉浸感，又称临场感。指用户感到作为主角存在于模拟环境中的真实程度。理想的模拟环境应该使用户难以分辨真假，使用户全身心地投入到计算机创建的三维虚拟环境中，该环境中的一切看上去是真实的，听上去是真实的，动起来是真实的，甚至闻起来、尝起来等一切感觉都是真实的，同在现实世界中的感觉一样。

（3）交互性，指用户对模拟环境内物体的可操作程度和从环境得到反馈的自然程度（包括实时性）。用户可以用手去直接抓取模拟环境中虚拟的物体，这时手有握着东西的感觉，并可以感觉物体的重量，视野中被抓的物体也能立刻随着手的移动而移动。

（4）构想性，强调虚拟现实技术应具有广阔的可想像空间，可以拓宽人类认知范围，不仅可再现真实存在的环境，还可以随意构想客观不存在的甚至是不可能发生的环境。充分发挥人类的想象力和创造力，在多维信息空间中，依靠人类的认识和感知能力获取知识，发挥主观能动性，去拓宽知识领域，开发新的产品，把“虚拟”和“现实”有机地结合起来，使人类的生活更加富足、美满和幸福。

（5）网络功能，是指可以通过运行 X3D 程序直接接入 Internet 上网。可以创建立体网页与网站。

（6）多媒体技术，能够实现多媒体制作，将文字、语音、图像、影片等融入三维立体场景，并合成声音、图像以及影片达到舞台影视效果。

（7）创建三维立体造型和场景，实现更好的立体交互界面。

（8）人工智能特性主要体现在利用传感器节点，来感受用户以及造型之间的动态交互感觉。

（9）动态交互智能感知，是指用户可以借助虚拟现实硬件设备或软件产品，直接与虚拟现实场景中的物体、造型进行动态智能感知交互，让使用者有身临其境的真实感受。

（10）利用程序驱动三维立体模型与场景，便于与各种程序设计语言、网页程序进行交互，有着良好的程序交互性和接口，便于系统扩充、交互、上网等。

3. VR 虚拟现实技术分类

虚拟现实技术分类主要包括：沉浸式虚拟现实技术、分布式虚拟现实技术、桌面式虚拟现实技术、纯软件虚拟现实技术、增强式虚拟现实技术和可穿戴虚拟现实技术等。

（1）沉浸式虚拟现实技术，也称最佳虚拟现实技术模式，选用了完备先进的虚拟现实硬件设备和虚拟现实的软件技术支持。在虚拟现实硬件和软件投资方面规模比较大，效果自然丰厚，适合于大中型企业使用。

（2）分布式虚拟现实技术，是指基于网络虚拟环境，将位于不同物理位置的多个用户或多个虚拟现实环境通过网络连接，并共享信息资源，使用户在虚拟现实网络空间中更好地协调工作。这些人既可以在同一个地方工作，也可以在世界各个不同的地方工作，彼此之间可以通过分布式虚拟网络系统联系在一起，共享计算机资源。分布式虚拟现实环境，可以利用分布式计算机系统提供强大的计算能力，又可以利用分布式本身的特性，再加上虚拟现实技术，使人们真正感受虚拟现实网络所带来的巨大潜力。

（3）桌面式虚拟现实技术，也称基本虚拟现实技术模式，使用最基本的虚拟现实硬件和软件设备和技术，以达到一个虚拟现实技术最基本的配置。特点是投资较少、效率可观。属于经济型投资范围，适合中小企业投资使用。

（4）纯软件虚拟现实技术，也称大众化模式，是在无虚拟现实硬件设备和接口的前提下，利用传统的计算机、网络和虚拟现实软件环境实现的虚拟现实技术。特点是投资最少，效果显著，属于民用范围，适合个人、小集体开发使用，是既经济又实惠的一种虚拟现实开发模式。

（5）增强式虚拟现实技术，它通过计算机技术，将虚拟的信息应用到真实世界，真实的环境和虚拟的物体实时地叠加到了同一个画面或空间。增强现实提供了在一般情况下，不同于人类可以感知的信息。它不仅展现了真实世界的信息，而且将虚拟的信息同时显示出来，两种信息相互补充、叠加。在视觉化的增强现实中，用户利用头盔显示器，把真实世界与计算机图形多重合成在一起，便可以看到真实的世界围绕着它。

（6）可穿戴虚拟现实技术，以计算机硬件系统、操作系统以及“互联网 +”系统为平台，以 UNIX、Windows、Linux、Mac OS X 以及 Android 等为操作系统，开发出的虚拟现实可穿戴产品。

虚拟现实技术分类如图 1-1 所示。

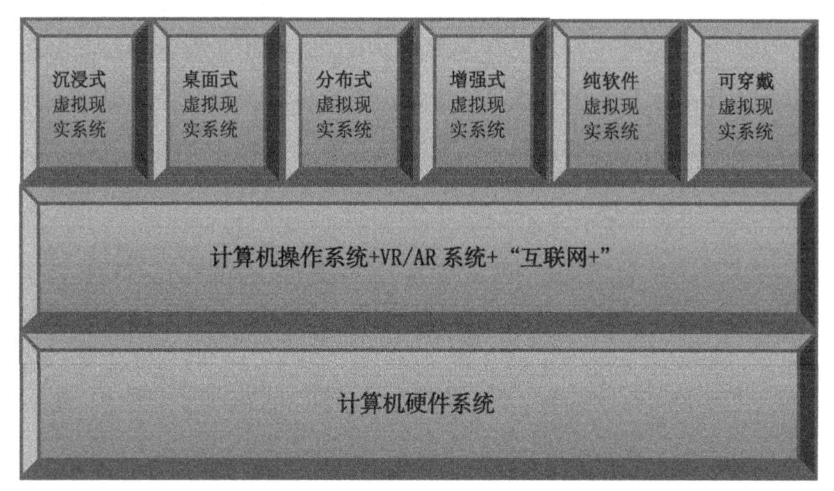

图 1-1　虚拟现实技术分类

虚拟现实技术的发展、普及要从最廉价的纯软件虚拟现实技术开始，逐步过渡到桌面式虚拟现实技术，然后进一步发展为完善的沉浸式虚拟现实技术。三个发展历程最终实现了真正具有动态交互和感知的虚拟现实系统，模拟人类真实的视觉、听觉、触觉、嗅觉、漫游和移动物体等身临其境的感受。

4. 虚拟现实技术发展

计算机硬件技术、网络技术以及多媒体技术的融合与高速发展，使虚拟现实技术获得了长足的进步。目前网站使用的均为二维图像与动画网页，而采用虚拟现实语言 X3D 能在网站上设计出虚拟现实三维立体网页场景和立体景物。利用虚拟现实技术可以制造出一个逼真“虚拟人”，为医学实习、治疗、手术及科研做出贡献；也可应用于军事领域设计一个“模拟战场”进行大规模高科技军事演习，既可以节省大量费用，又使部队得到了锻炼；在航天领域，也可以制造一个“模拟航天器”，模拟整个航天器的生产、发射、运行和回收的全过程……虚拟现实技术还可以应用于工业、农业、商业、教学、娱乐和科研等方面，应用前景非常广阔。

虚拟现实硬件系统集成了高性能的计算机软件系统、硬件及先进的传感器设备，设计复杂、价格昂贵，不利于虚拟现实技术的发展、推广和普及，因此，虚拟现实技术软件平台的出现成为历史发展的必然。虚拟现实技术软件平台以传统计算机为依托，以虚拟现实软件为基础，构造出大众化的虚拟现实三维立体场景，实现虚拟现实硬件设备零投入，只需投入虚拟现实软件产品，就可以达到虚拟现实的动态交互效果。

本书着重介绍纯软件虚拟现实技术模式，是在无虚拟现实硬件设备和接口的前提下，利用传统的计算机、网络和虚拟现实软件环境实现的虚拟现实技术。该模式适合个人、工程技术人员以及开发团队等使用，属于经济实用型的虚拟现实开发模式。

我国虚拟现实产业发展前景广阔，2016 年 3 月国家“十三五”规划纲要明确提出：大力支持虚拟现实（VR）等新兴前沿领域创新和产业化。这是“虚拟现实”首次出现在国家规划中，无疑为虚拟现实的健康发展再添一把火。无论是资本市场的表现，还是各种 VR 相关会议的爆满，抑或是各种媒体上相关话题的关注度，都表明市场对 VR 的期待值飙升，VR 的时代就要来临。在此形势下，产业界应当如何在虚拟现实领域获取发展先机，政府应该采取何种战略规划好虚拟现实产业的顶层设计，以便更加有力地推动我国虚拟现实的健康发展，都是值得研究的问题。

1）虚拟现实产业概况及发展前景

虚拟现实是借助计算机系统及传感器技术生成一个交互三维环境，通过动作捕捉装备，给用户带来一种身临其境的沉浸式体验。而增强现实（Augmented Reality，AR）需要清晰的穿戴式设备看清真实世界和重叠在上面的各种信息和图像。VR 和 AR 从产品形态和应用场景来看界限并不明显，未来两者融合的概率非常大。

虚拟现实并不是一个新事物，1989 年 VR 被首次提出，然而并未获得市场认可。随着 Facebook 收购 Oculus 以及技术的不断完善，VR 在 2014 年迎来发展元年，2014—2016 年，VR 处于市场培育期。2017—2019 年，随着广泛的产品应用出现，VR 进入快速发展期，明星产品的上市将带动 VR 消费级市场认知加深和启动，同时也将带动 VR 企业级市场的同步全面发展。预计在 2020 年，虚拟现实市场将进入相对成熟期，产业链将逐渐完善。

从虚拟现实产业链看，包括硬件、软件、应用和服务。硬件包含零部件和设备；软件包含信息处理和系统平台；应用包含开发和制作；服务包含分发和运营。

虚拟现实全产业链分析，如图 1-2 所示。

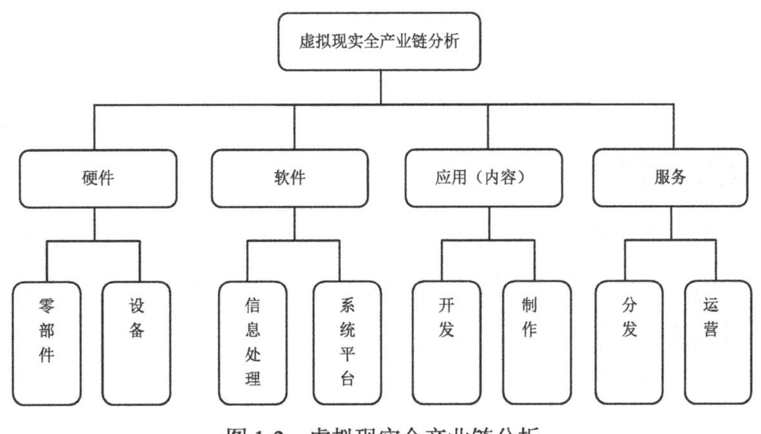

图 1-2 虚拟现实全产业链分析

虚拟现实技术难点和突破点，是虚拟体验感等核心性能。VR 产品目前最受消费者诟病的就是它的晕眩问题。这是因为 VR 体验对性能的要求是普通 PC 游戏的 7 倍，流畅、高分辨率的画面感对显卡性能提出了很高的要求。同时在 VR 全视角的屏幕中，当人转动视角或是移动的时候，画面呈现的速度跟不上，晕眩感由此产生。技术上的延迟和晕眩问题是 VR 拓展新兴应用的关键。

企业级应用内容拓展有望推动 VR 全面稳步发展。目前虚拟现实类产品尚未触发消费者购买痛点的一个重要原因就是内容的缺失。由于成本较高等原因，企业级应用除了军事应用有国家大量的经费支持以及房地产类等行业对 VR 投资较多以外，其他还有待加强。

消费级和企业级 VR 设备形态分化将日趋明显。移动类 VR 将成为消费级 VR 市场的主流形态，但未来 VR 一体机将逐步成为主流；PC 级头盔将成为企业级市场的主流设备，这部分市场对计算能力要求高、使用便捷性要求较低，更适用于企业级市场。

游戏仍为消费级最火应用，工程等有望引领企业级应用爆发。VR 应用场景多样，消费级应用最贴近市场，其中游戏是 VR 的杀手级应用。而企业级应用则需要靠企业、政府等多方面市场主体共同推动，目前来看，军事、房地产、工程和教育最有可能成为引领企业级市场的应用。

2）虚拟现实产业化建议

（1）制定产业发展路径图，推动重点应用示范。面向需求导向，明确发展目标，统筹发展引导与其他相关产业的融合发展，是目前国内虚拟现实产业急需的顶层设计和引导。

（2）加强芯片等技术培育及相关研究成果产业化。虚拟现实作为一种新业态，对技术的研发和培育很重要，尤其是芯片、传感器、数据处理等基础核心技术的发展直接决定虚拟现实的未来。虚拟现实是跨行业跨领域的技术，要从体制上打破行业壁垒，加快研究成果的产业化。

（3）推动硬件参数标准和内容制作规范形成。一是硬件设备参数标准，包括设备的延迟极限值、亮度、转动反应时间值等；二是内容的制作规范，尤其是消费级应用市场，游戏、视频和直播应用场景内容则都需要加强法律法规的规范，规范市场发展。在标准建立的基础上，后期也要加强对硬件和内容的评估和认证。

5. 虚拟现实技术应用

虚拟现实技术主要应用于航空航天、军事模拟演练、工业仿真设计、城市规划设计、医学领域、地理信息系统、文物古迹、旅游领域、房地产开发、电子商务、教育系统、游戏设计以及娱乐领域。

1）在航空航天领域中的应用

美国国家航空航天局（National Aeronautics and Space Administration，NASA）的科学家将 VR 技术作为了解火星景观的一种方式，已经有一段时间了，在 2015 年，它公布了 Onsight 项目，通过与微软合作，让研究人员使用微软的 Hololens 头盔，探索由好奇号收集的数据构建的虚拟 3D 火星环境。任务模拟一直都是太空探索的重要环节，因为它能帮助宇航员为探索未知的环境做好准备。现在 VR 头盔的用户们有福了，美国国家航空航天局打算推出 Mars 2030 项目，将为 VR 爱好者提供红色星球上的虚拟现实体验，如图 1-3 所示。

图 1-3　利用 VR 技术构建的虚拟 3D 火星环境

现在，美国国家航空航天局想邀请普通用户一起体验火星之旅。Mars 2030 由 NASA、MIT 太空系统实验室和多平台媒体公司 Fusion Media，基于现有的硬件及操作概念共同开发，可在 Google Cardboard、三星 Gear VR 和 Oculus Rift 等平台免费使用，也将支持 iOS 和 Android 两大平台。

在美国国家航空航天局看来，除了用于实际训练，VR 还是一个很好的宣传手段，它能帮助分享航空航天工作，让更多人知道自己为人类未来着想的崇高使命，也能激发更多的年轻人探索太空。

2）在军事模拟演练领域中的应用

在模拟战场环境中，可以采用虚拟现实技术使受训者在视觉和听觉上真实体验战场环境、熟悉作战区域的环境特征。用户通过必要的设备可与虚拟环境中的对象进行交互作用、相互影响，从而产生“沉浸”于等同真实环境的感受和体验。虚拟战场环境可通过相应的三维战场环境图形图像库，包括作战背景、战地场景、各种武器装备和作战人员等去实现。通过背景生成与图像合成创造一种险象环生、几近真实的立体战场环境，使演练者“真正”

进入形象逼真的战场，增强受训者的临场感觉，大大提高部队的训练质量。

虚拟现实单兵模拟训练与评判在该应用系统中导调人员可设置不同的战场背景，给出不同的情况，而受训者则通过立体头盔、数据服和数据手套或三维鼠标操作传感装置做出或选择相应的战术动作，输入不同的处置方案，体验不同的作战效果，进而像参加实战一样，锻炼和提高技战术水平、快速反应能力和心理承受力。与常规的训练方式相比较，虚拟现实训练具有环境逼真、“身临其境”感强、场景多变、训练针对性强和安全经济可控制性强等特点。虚拟军事演练与飞行训练模拟器，如图 1-4 所示。

图 1-4 虚拟军事演练与飞行训练模拟器

3）在工业仿真设计领域中的应用

工业仿真设计正对现代工业进行一场前所未有的革命。当今世界工业已经发生了巨大的变化，先进科学技术的应用显现出巨大的作用，虚拟现实已经被世界上一些大型企业广泛地应用到工业的各个环节，对企业提高开发效率，加强数据采集、分析、处理能力，减少决策失误，降低企业风险起到了重要的作用。虚拟现实技术的引入，将使工业设计的手段和思想发生质的飞跃，使其更加符合社会发展的需要，可以说在工业设计中应用虚拟现实技术是可行且必要的。

在工业仿真的应用中，可生产、检测、组装和测试各种模拟物体或零件，包括生产、加工、装配、制造以及工业概念设计等。

世界各发达国家均致力于虚拟制造的研究与应用，它们研究所取得的成果是有目共睹的，如波音 777 客机的整机设计、部件测试、整机装配以及各种环境下的试飞均是在计算机上完成的，使其开发周期从过去 8 年缩短到 5 年。

在工业仿真设计中，目前国外已提出两种基于虚拟现实的工业仿真设计方法。一种是增强可视化，它利用现有的 CAD 系统产生模型，然后将模型输入到虚拟现实环境中，用户充分利用各种增强效果设备如头盔显示器等产生身临其境的感受。另一种是 VR-CAD 系统，设计者直接在虚拟环境中参与设计。虚拟工业汽车设计，如图 1-5 所示。

图 1-5　虚拟工业汽车设计

4）在城市规划设计领域中的应用

虚拟现实技术可以广泛地应用在城市规划设计的方方面面，利用虚拟现实技术的体验沉浸感和互动性，不但能够给用户带来强烈、逼真的感官冲击，使其获得身临其境的体验，还可以通过数据接口在实时的虚拟环境中随时获取项目的数据资料，方便大型复杂工程项目的规划、设计、投标、报批、管理，有利于设计与管理人员对各种规划设计方案进行辅助设计与方案评审。虚拟现实所建立的虚拟环境是由基于真实数据建立的数字模型组合而成，是严格遵循工程项目设计的标准和要求建立的逼真的三维场景，是对规划项目进行真实的场景“再现”。用户在三维场景中自主漫游、人机交互以及动态感知等，这样很多不易察觉的设计缺陷能够轻易地被发现，减少由于事先规划不周全而造成的无可挽回的损失与遗憾，大大提高了项目的评估质量。运用虚拟现实系统，可以很轻松随意地进行修改，如果需要改变建筑高度，改变建筑外立面的材质、颜色，改变绿化密度，只需修改系统中的参数即可，从而大大提高了方案设计和修正的效率和质量，也节省了大量的资金提供合作平台。虚拟现实在城市规划设计中的应用，如图 1-6 所示。

图 1-6　虚拟现实城市规划设计效果图

5）在医学领域中的应用

虚拟现实技术在医学方面的应用具有十分重要的现实意义。在虚拟环境中，可以建立虚拟的人体模型，借助跟踪球、头盔显示器、感觉手套，学生可以很容易地了解人体内部各器官结构，这比现有的采用教科书的方式要有效得多。Pieper 及 Satara 等研究者在 20 世纪 90 年代初基于两个 SGI 工作站建立了一个虚拟外科手术训练器，用于腿部及腹部外科手术模拟。这个虚拟的环境包括虚拟的手术台与手术灯，虚拟的外科工具（如手术刀、注射器、手术钳等），虚拟的人体模型与器官等。借助头盔显示器及感觉手套，使用者可以对虚拟的人体模型进行手术。但该系统还有待进一步改进，如需提高环境的真实感，增加网络功能，使其能同时培训多个使用者，或可在外地专家的指导下工作等。另外，在远距离遥控外科手术、复杂手术的计划安排、手术过程的信息指导、手术后果预测、改善残疾人生活状况乃至新型药物的研制等方面，虚拟现实技术都发挥着十分重要的作用。虚拟现实在医学领域中的应用，如图 1-7 所示。

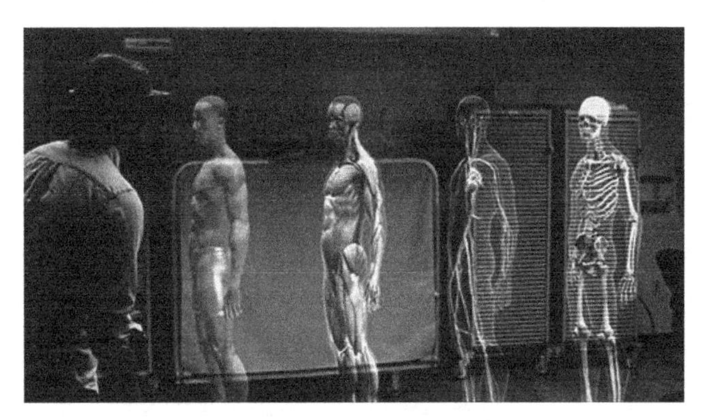

图 1-7　虚拟现实在医学领域中的应用

6）在地理信息系统中的应用

虚拟现实技术把三维地面模型、正射影像和城市街道、建筑物及市政设施的三维立体模型融合在一起，再现城市建筑及街区景观，用户在显示屏上可以很直观地看到生动逼真的城市街道景观，可以进行诸如查询、量测、漫游、飞行浏览等一系列操作，满足数字城市技术由二维 GIS 向三维虚拟现实的可视化发展需要，为城建规划、社区服务、物业管理、消防安全、旅游交通等提供可视化空间地理信息服务。

电子地图技术是集地理信息系统技术、数字制图技术、多媒体技术和虚拟现实技术等多项现代技术于一体的综合技术。电子地图是一种以可视化的数字地图为背景，用文本、照片、图表、声音、动画、视频等多媒体为表现手段展示城市、企业、旅游景点等区域综合面貌的现代信息产品，它可以存贮在计算机外存，以只读光盘、网络等形式传播，以桌面计算机或触摸屏计算机等形式提供给大众使用。由于电子地图产品结合了数字制图技术的可视化功能、数据查询与分析功能以及多媒体技术和虚拟现实技术的信息表现手段，加上现代电子传播技术的作用，它一出现就赢得了社会的广泛兴趣。虚拟地理信息系统，如图 1-8 所示。

图 1-8　虚拟地理信息系统

7）在文物古迹领域中的应用

虚拟文物古迹随着虚拟现实技术的发展和普及逐渐兴起。利用虚拟现实技术对文物古迹进行仿真和重现，使浏览者体验远古时期人类的生活、环境。例如，利用虚拟现实技术可以重现白垩纪时代的场景，重现各种已经消失的动物、植物以及自然景观等。

利用虚拟现实技术结合网络技术可以将文物的展示、保护提高到一个崭新的阶段。首先，将文物实体通过影像数据采集手段，建立起实物三维或模型数据库，保存文物原有的各项形式数据和空间关系等重要资源，实现濒危文物资源科学、高精度和永久的保存。其次，利用这些技术提高文物修复的精度和预先判断、选取将要采用的保护手段，同时可以缩短修复工期。通过计算机网络来整合统一大范围内的文物资源，并且通过网络在大范围内利用虚拟技术更加全面、生动、逼真地展示文物古迹，从而使文物古迹脱离地域限制，实现资源共享，真正成为全人类可以“拥有”的文化遗产。使用虚拟现实技术可以推动文博行业更快地进入信息时代，实现文物古迹展示和保护的现代化。虚拟技术在文物古迹领域中的应用，如图 1-9 所示。

图 1-9　虚拟文物古迹

8）在旅游领域中的应用

虚拟现实技术在旅游行业一个重要应用是对旅游景区的建设规划，既能展现景区每个角落的精心布置，也能轻松预览整体的规划效果，而且具备景区管理功能，管理景区地面、设备设施以及相关数据等，将景区的规划建设最完美地展现出来。

虚拟现实技术引入旅游行业中，可以对已存在的真实旅游场景进行模拟，将美好的自然风光永久的保存，实现实际景观向虚拟空间移植和再现，同时加入漫游、鸟瞰、行走，自助漫游、选择旅游路线等，让游客不必长途跋涉也能感受大好河山秀丽壮观的自然景观、文物古迹的历史底蕴、高楼大厦的气势磅礴。

虚拟现实技术在旅游教学、导游培训等方面的应用具有重大意义，借助虚拟的景区，用户可与景区实现交互，轻松自由游览风景名胜古迹，学习旅游景区、景点、景观的历史文化知识等。虚拟澳门科技馆与虚拟故宫旅游场景设计，如图 1-10 所示。

图 1-10　虚拟澳门科技馆与虚拟故宫旅游场景设计

9）在房地产开发领域中的应用

随着房地产业竞争的加剧，传统的展示手段如平面图、表现图、沙盘、样板房等已经远远无法满足消费者的需要。虚拟现实技术是集影视、广告、动画、多媒体、网络科技于一身的最新型的房地产营销方式，在我国的广州、上海、北京等大城市，及加拿大、美国等经济和科技发达的国家都非常热门，是当今房地产行业一个综合实力的象征和标志，其最主要的核心场景是房地产销售，同时在房地产开发中的其他重要环节包括申报、审批、设计、宣传等方面都有着非常迫切的需求。虚拟现实在楼盘及样板房开发设计中的应用，如图 1-11 所示。

10）在电子商务领域中的应用

虚拟现实三维立体的表现形式，能够全方位地展现一个商品，企业利用虚拟现实技术将它们的产品以三维的形式发布在网上，能够展现出逼真产品造型，通过交互体验身临其境的感受，演示产品的功能和使用操作，充分利用互联网高速迅捷的传播优势来推广公司的产品。虚拟显示网上电子商务，将销售产品在线展示在三维立体的形式中，顾客通过对三维立体产品的观察和操作互动能够对产品有更加全面的了解和认识，使客户购买商品的概率大幅增加，为企业和销售者带来更加丰厚的收益。3D 虚拟购物场景设计，如图 1-12 所示。

图 1-11　虚拟楼盘及样板房开发设计

图 1-12　3D 虚拟购物场景设计

11）在教育系统中的应用

虚拟现实应用于教育是教育技术发展的一个飞跃。它营造了“自主学习”的环境，由传统的“以教促学”的学习方式转变为学习者通过自身与信息环境的相互作用来获得知识、技能的新型学习方式。

国内许多高校都在积极研究虚拟现实技术及其应用，并相继建起了虚拟现实与系统仿真的研究室，将科研成果迅速转化成实用技术，如北京航空航天大学在分布式飞行模拟方面的应用；浙江大学在建筑方面进行虚拟规划、虚拟设计的应用；哈尔滨工业大学在人机交互方面的应用；清华大学对临场感的研究等都颇具特色。有的研究室甚至已经具备独立承接大型虚拟现实项目的实力。虚拟现实技术能够为学生提供生动、逼真的学习环境，如建造人体模型、计算机太空旅行、化合物分子结构显示等。在广泛的科目领域提供无限的虚拟体验，从而加速和巩固学生学习知识的过程。亲身去经历、亲身去感受比空洞抽象的说教更具说服力，主动地去交互与被动的灌输，有本质的差别。

虚拟实验利用虚拟现实技术，可以建立各种虚拟实验室，如地理实验室、物理实验室、化学实验室、生物实验室等，拥有传统实验室难以比拟的优势：①节省成本：通常我们由于设备、场地、经费等硬件的限制，许多实验都无法进行。而利用虚拟现实系统，学生足不出户便可以做各种实验，获得与做真实实验一样的体会。在保证教学效果的前提下，极大地节省了成本。②规避风险：真实实验或操作往往会带来各种危险，利用虚拟现实技术进行虚拟实验，学生在虚拟实验环境中，可以放心地去做各种危险的实验。例如，虚拟的飞机驾驶教学系统，可免除学员操作失误而造成飞机坠毁的严重事故。③打破空间、时间的限制：利用虚拟现实技术，可以彻底打破时间与空间的限制。大到宇宙天体，小至原子粒子，学生都可以进入这些物体的内部进行观察。一些需要几十年甚至上百年才能观察的变化过程，通过虚拟现实技术，可以在很短的时间内呈现给学生观察。例如，生物中的孟德尔遗传定律，用果蝇做实验往往要几个月的时间，而虚拟技术在一堂课内就可以实现。虚拟地理实验场景体验，如图 1-13 所示。

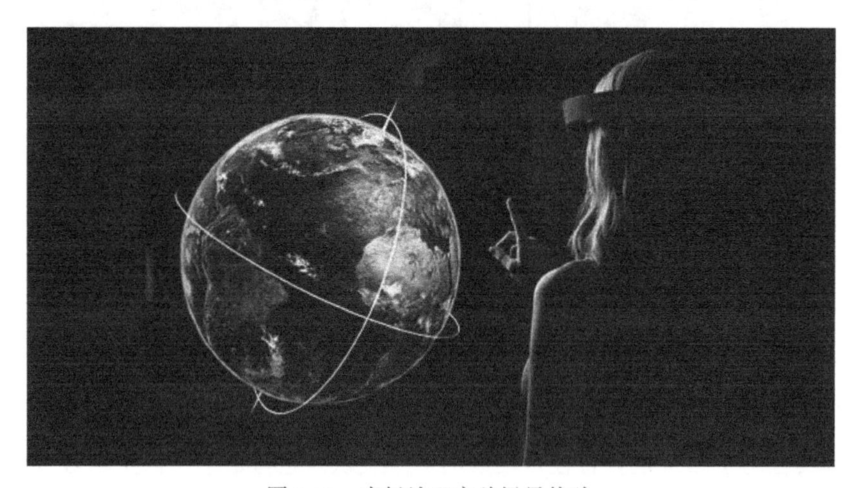

图 1-13　虚拟地理实验场景体验

利用虚拟现实技术建立起来的虚拟实训基地，其“设备”与“部件”多是虚拟的，可以根据需求随时生成新的设备。教学内容可以不断更新，使实践训练及时跟上技术的发展。

同时，虚拟现实的沉浸性和交互性，使学生能够在虚拟的学习环境中扮演一个角色，全身心地投入到学习环境中去，这非常有利于学生的技能训练，包括军事作战技能、外科手术技能、教学技能、体育技能、汽车驾驶技能、果树栽培技能、电器维修技能等。由于虚拟的训练系统无任何危险，学生可以不厌其烦地反复练习，直至掌握操作技能为止。如在虚拟的飞机驾驶训练系统中，学员可以反复操作控制设备，学习在各种天气情况下驾驶飞机起飞、降落，通过反复训练，达到熟练掌握驾驶技术的目的。

12）在游戏设计领域中的应用

在游戏设计中，三维游戏既是虚拟现实技术主要的应用方向之一，也为虚拟现实技术的快速发展起到了巨大的需求牵引作用。尽管存在众多的技术难题，虚拟现实技术在竞争激烈的游戏市场中还是得到了越来越多的重视和应用。计算机游戏自产生以来，一直都在朝着虚拟现实的方向发展，从最初的文字游戏，到二维游戏、三维游戏，再到网络三维游戏，游戏在保持其实时性和交互性的同时，逼真度和沉浸感正在一步步地提高和加强。我们相信，随着三维技术的快速发展和软硬件技术的不断进步，在不久的将来，真正意义上的虚拟现实游戏必将为人类娱乐、教育和经济发展做出更大的贡献。虚拟游戏角色设计，如图 1-14 所示。

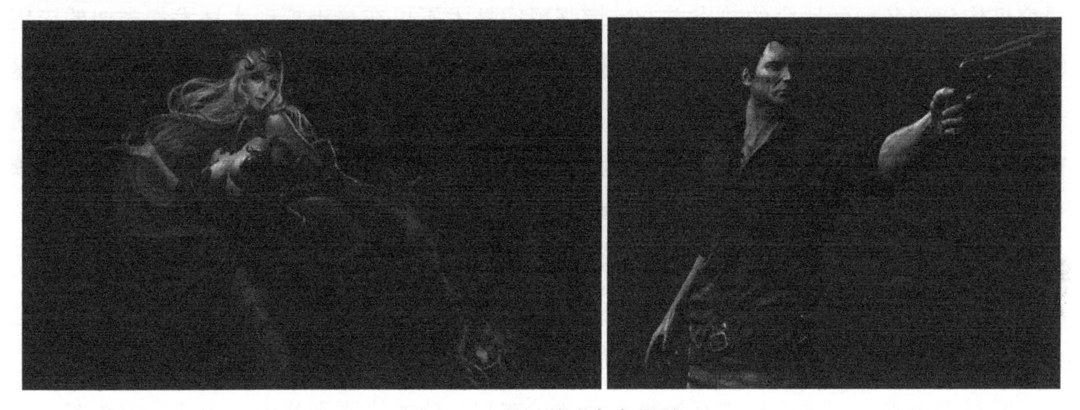

图 1-14　虚拟游戏角色设计

13）在娱乐领域中的应用

虚拟现实中丰富的感觉能力与 3D 显示环境使得虚拟现实成为理想的视频游戏工具。由于在娱乐方面对虚拟现实的真实感要求不是太高，故近些年来虚拟现实在娱乐领域发展最为迅猛。如芝加哥开放了世界上第一台大型可供多人使用的虚拟现实娱乐系统，其主题是关于 3025 年的一场未来战争；英国开发的称为 Virtuality 的虚拟现实游戏系统配有头盔显示器，大大增强了真实感。利用 VR 技术感受未来战争设计效果，如图 1-15 所示。

图 1-15　利用 VR 技术感受未来战争设计效果

1.1.2　增强现实技术

增强现实（Augmented Reality，AR）全称增强虚拟现实系统，是近年来国内外众多研究机构和知名大学研究的热点之一。增强现实技术不仅在与虚拟现实技术相类似的应用领域，诸如尖端武器和飞行器的研制与开发、数据模型的可视化、虚拟训练、娱乐与艺术等领域具有广泛的应用，而且由于其具有能够对真实环境进行增强显示输出的特性，在精密仪器制造和维修、军用飞机导航、工程设计、医疗研究与解剖以及远程机器人控制等领域，具有比虚拟现实技术更加明显的优势，是虚拟现实技术的一个重要的前沿分支。

增强现实也被称为混合现实。它利用计算机技术将虚拟的信息应用到真实世界，真实的环境和虚拟的物体实时地叠加到了同一个画面或空间使其同时存在。在一般情况下增强现实提供了不同于人类可以感知的信息，它不仅展现了真实世界的信息，而且将虚拟的信息同时显示出来，两种信息相互补充、叠加。在视觉化的增强现实中，用户利用头盔显示器，把真实世界与计算机图形多重合成在一起，便可以看到真实的世界围绕着虚拟世界。

1. 增强现实技术的含义

增强现实技术是采用对真实场景利用虚拟物体进行“增强”显示的技术，与虚拟现实技术相比，具有真实感更强、建模工作量小等优点。

在视觉化的增强现实中，用户利用头盔显示器，把真实世界与虚拟环境有机结合，构建一个虚拟和现实世界完美融合的 3D 场景，并进行身临其境的交互体验。利用增强现实系统感受“高速列车开进会场”，如图 1-16 所示。

图 1-16 利用增强现实系统感受"高速列车开进会场"

2. 增强现实技术的原理

增强现实技术包含多媒体、三维建模、实时视频显示及控制、多传感器融合、实时跟踪及注册、场景融合等新技术与新手段。增强现实提供了在一般情况下，不同于人类可以感知的信息。

一个完整的增强现实系统是由一组紧密联结、实时工作的硬件部件与相关的软件系统协同实现，常用的有基于计算机显示器的实现方案和基于头盔显示器的实现方案。

（1）基于计算机显示器的实现方案是将摄像机摄取的真实世界图像输入到计算机中，与计算机图形系统产生的虚拟景象合成，并输出到屏幕显示器。用户从屏幕上看到最终的增强场景图片。它虽然简单，但不能带给用户多少沉浸感。基于计算机显示器的增强现实系统实现方案，如图 1-17 所示。

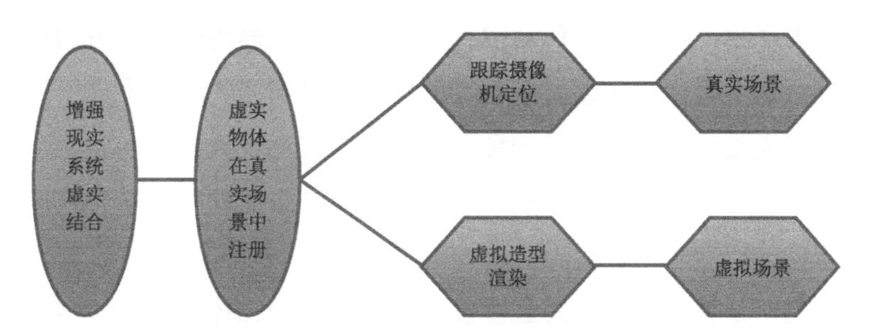

图 1-17 基于计算机显示器的增强现实系统实现方案

（2）基于头盔显示器的增强现实系统以微软 HoloLens 全息头盔 / 眼镜为代表。微软 HoloLens 头戴显示器不同于顶级虚拟现实设备 Oculus Rift 和 HTC Vive，其本身就是一台独立运行的全息设备甚至是计算机，主要作为生产力工具面向企业级应用。随着技术的成熟，有望向平价的消费级市场进一步扩展。

基于头盔显示器的增强现实系统包含 AR 显示设备、虚拟结合、实时互动以及三维注册等，虚拟结合是把虚拟场景与真实场景有机结合，实时互动是将跟踪摄像机定位的实景与虚拟渲染模型进行匹配，三维注册是把虚拟物体融入真实场景中，最后通过头盔显示器显示给用户观看。基于头盔显示器的增强现实系统实现方案，如图 1-18 所示。

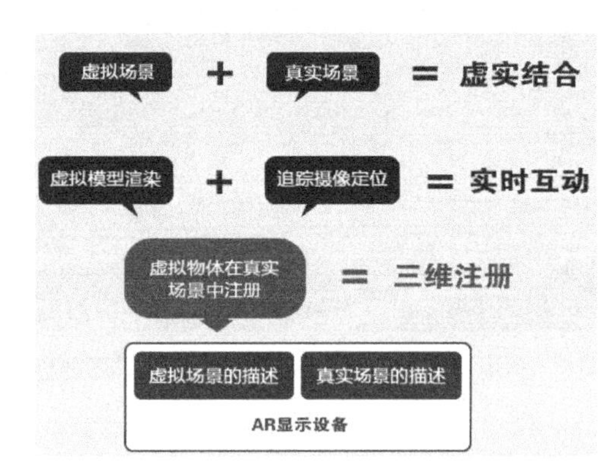

图 1-18　基于头盔显示器的增强现实系统实现方案

3. 增强现实显示技术

增强现实系统设计最基本的问题就是实现虚拟信息和现实世界的融合。显示技术是增强现实系统的关键技术之一。通常把增强现实的显示技术分为以下几类：头盔式显示、投影式显示、手持式显示和普通显示。

（1）头盔式显示。现有的虚拟现实技术的人机界面中大多采用头盔式显示。主要原因是头盔式显示较其他几种显示技术而言沉浸感最强。因为用于增强显示系统的头盔式显示器能够看到周围的真实环境，所以也叫作透视式（see-through）头盔显示器。透视式头盔显示器分为视频透视式和光学透视式。前者是利用摄像机对真实世界进行同步拍摄，将信号送入虚拟现实工作站，在虚拟工作站中将虚拟场景生成器生成的虚拟物体同真实世界中采集的信息融合，然后输出到头盔显示器。而后者则是利用光学组合仪器直接将虚拟物体同真实世界物体在人眼中融合。还有一种更为奇特的方法是虚拟视网膜显示技术，华盛顿大学的人机界面实验室研究出的虚拟视网膜显示是通过将低功率的激光直接投射到人眼的视网膜上，从而将虚拟物体添加到现实世界中来。

（2）投影式显示是将虚拟的信息直接投影到要增强的物体上，从而实现增强。其中有一种投影显示方式是采用放在头上的投影机（Head-Mounted Projective Display，HMPD）来进行投影。美国伊利诺伊州立大学和密歇根州立大学的一些研究人员研究出一种 HMPD 的原型系统。该系统由一个微型投影镜头、一个戴在头上的显示器和一个双面自反射屏幕组成。由计算机生成的虚拟物体显示在 HMPD 的微型显示器上，虚拟物体通过投影镜头折射后，再由与视线呈 45° 的分光器反射到自反射的屏幕上面，自反射的屏幕将入射光线沿入射角反射回去，进入人眼中，从而实现虚拟物体与真实环境的重叠。

（3）手持式显示（Hand Held Display，HHD）是通过摄像机等其他辅助部件实现显示，一些增强现实系统采用了手持式显示器。美国华盛顿大学人机界面技术实验室设计出了一个便携式的 MagicBook 增强现实系统。该系统采用一种基于视觉的跟踪方法，把虚拟的模型重叠在真实的书籍上，产生一个增强现实的场景。同时该界面也支持多用户的协同工作。日本的 SONY 计算机科学实验室也研究出一种手持式显示器，利用这种显示器，构建了 Trans Vision 协同式工作环境。

（4）增强现实系统也可以采用普通显示器显示。在这种系统中，通过摄像机获得的真实世界的图像与计算机生成的虚拟物体合成之后在显示器输出。在需要时也可以输出为立体图像，这时需要用户戴上立体眼镜。

4. 增强现实硬件设备

一个典型的增强现实智能交互设备系统由虚拟环境，以高性能计算机为核心的虚拟环境处理器，以头盔显示器为核心的视觉系统，摄像头，传感器系统，虚实定位系统，以语音识别、声音合成与声音定位为核心的听觉系统，立体鼠标，跟踪器，以数据手套和数据衣为主体的身体方位姿态跟踪设备，以及味觉、嗅觉、触觉、力觉反馈系统等功能单元构成。

增强现实智能交互设备主要包括：AR/3D 眼镜、AR/3D 头盔显示器、数据手套、数据衣、跟踪设备、控制球、三维立体声耳机以及三维立体扫描仪等。增强现实智能交互硬件系统集成了高性能的计算机软件、硬件、跟踪器及先进的传感器和捕捉器等设备，因此，系统设备复杂而且昂贵。

谷歌 AR 眼镜是一款增强现实型穿戴式智能眼镜。这款眼镜将集智能手机、GPS、相机于一身，在用户眼前展现实时信息，只要眨眨眼就能拍照上传、收发短信、查询天气路况等操作。同时，戴上这款“增强现实”眼镜，用户可以用声音控制拍照、视频通话和辨明方向。兼容性上，谷歌 AR 眼镜可同任一款支持蓝牙的智能手机同步。谷歌 AR 眼镜如图 1-19 所示。

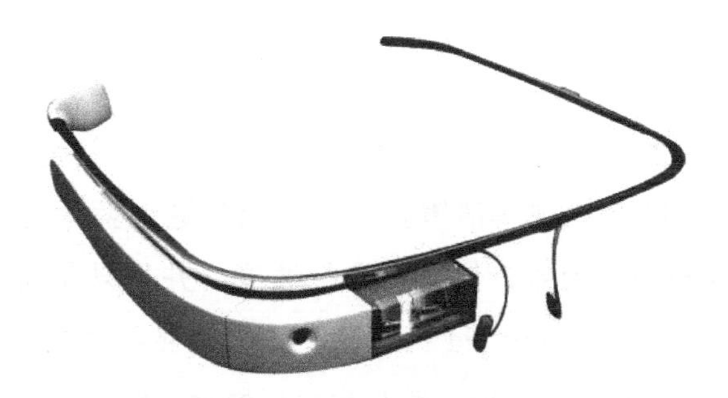

图 1-19 谷歌 AR 眼镜

这款设备在多个方面性能异常突出，用它可以轻松拍摄照片或视频，省去了从裤兜里掏出智能手机的麻烦。当信息出现在眼睛前方时，虽然让人有些分不清方向，但丝毫没有不适感。

微软正式发布了一款全新增强现实眼镜 HoloLens 以及 Windows Holographic 全息技术。作为一款融合了 CPU、GPU 和全息处理器的特殊 AR/MR 眼镜，HoloLens 通过图片、影像和声音，让用户在家中就能进入全息世界，以周边环境为载体进行全息体验。用户的眼前会出现悬浮界面，以实际环境作为载体，实时处理、获取虚拟信息。如在墙上查看消息、查找联系人，在地上玩游戏，在客厅墙上直接进行 Skype 视频通话、观看球赛等。

HoloLens 本身就是一部微型计算机，主要功能包含智能眼镜系统、动作采集摄像头以及数据处理单元。智能眼镜系统类似谷歌眼镜，可以将信息投射到用户视网膜上，实现虚拟环境与实景的混合。动作采集摄像头用于捕捉体感动作实现与虚拟物体的互动及其他操作。数据处理单元主要负责处理来自各种传感器、网络单元的信息以及图像绘制。由于内置数据处理单元本身就是一台微型计算机，因此 HoloLens 头盔式显示器不需要连接智能手机或其他设备便可使用。微软 HoloLens 眼镜，如图 1-20 所示。

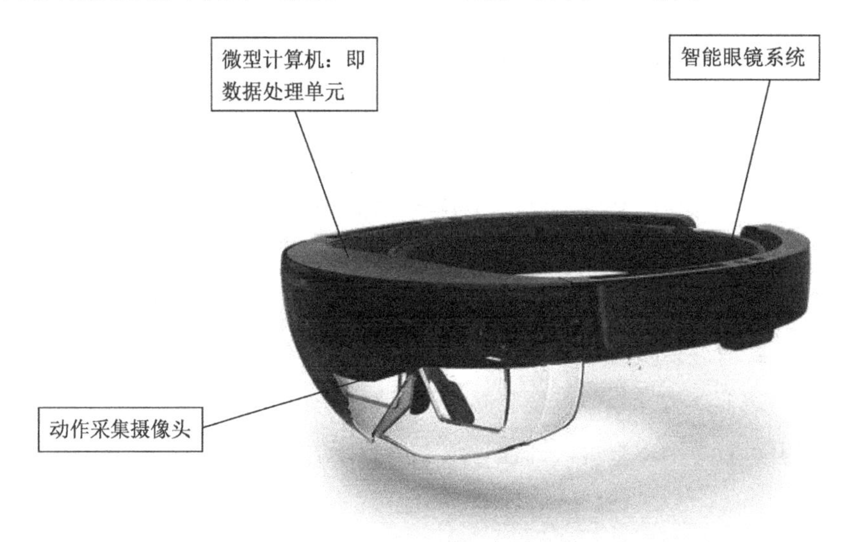

图 1-20　微软 HoloLens 眼镜

增强现实 RideOn 滑雪护目镜是由一支以色列创业团队专门为高山滑雪爱好者设计，号称是世界上首款真正的增强现实滑雪护目镜。当你通过蓝牙将其连接手机 App 后，RideOn 可以帮你查看短信、天气、位置和滑行速度，并且只需通过你的眼神就可以进行控制。目前可以兼容 iOS 和 Android 系统，并且透视显示清晰度是谷歌眼镜的 3 倍。RideOn 滑雪护目镜具备防水防雾功能，镜片也可以替换。续航方面，RideOn 滑雪护目镜内置了 2200mAh 的锂电池，续航长达 8 小时，待机 24 小时。增强现实 RideOn 滑雪护目镜，如图 1-21 所示。

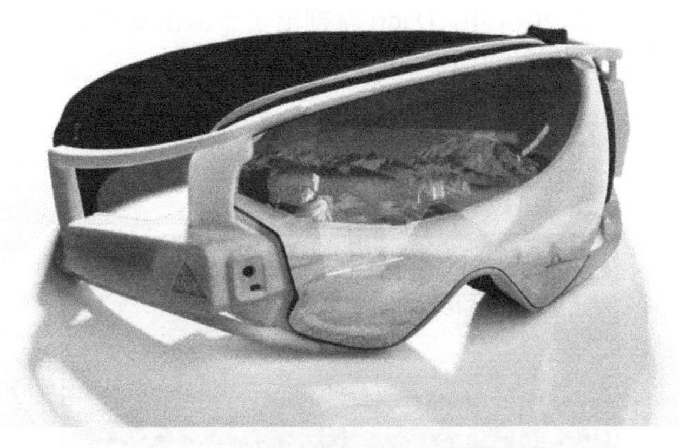

图 1-21 增强现实 RideOn 滑雪护目镜

RideOn 滑雪护目镜还能设置刺激的游戏，如穿过一个只有你才看得见的六边形滑雪道的虚拟障碍，并以此获得积分。这简直就是酷跑游戏《滑雪大冒险》的真人版。又或者在下坡时追逐一个最喜欢的滑雪明星。你可以自娱自乐，也可以跟滑雪的小伙伴来一场时间和技能的较量。RideOn 集成了高分辨率相机，用户可以通过第一视角拍下所有的滑雪体验，并通过蓝牙连接手机后分享到朋友圈。不用再额外买一个 GoPro 戴在身上，一副滑雪镜就能帮助记录这一切。RideOn 滑雪护目镜游戏界面，如图 1-22 所示。

图 1-22 RideOn 滑雪护目镜游戏界面

RideOn 滑雪护目镜拥有 GPS 导航功能，在山地滑雪时不会迷路。在陌生的度假区或者山区，迷路是常有的事，RideOn 拥有非常强大的 GPS 功能，可以查看自己的位置以及定位同伴的地点，并且以电话或者短信的方式时刻保持联系。如果你们想在某个酒吧或者旅馆集合，RideOn 可以共享你们的位置和目的地。如果在一些景区滑雪，通过 RideOn 用户还可以在景区地图上定位，寻找附近的旅馆或滑雪缆车，甚至可以从远处查看排队情况。

AR 头盔显示器的鼻祖是美国 Daqri 公司，Daqri 公司是一家位于美国洛杉矶的增强显示公司，成立于 2010 年。对于大部分人来说提到 AR 头盔显示器可能第一个想到的是微软的 HoloLens，但其实早在 2014 年，Daqri 就推出了一款由安卓系统驱动的 AR 智能头盔。不过与微软 HoloLens 希望在工业、家庭两方面应用不同，Daqri 公司的 AR 头盔显示器只定位于工业应用，这是一个想要用 AR 头盔显示器技术把工人武装成超人的公司。Daqri 公司的 AR 头盔显示器，如图 1-23 所示。

图 1-23　Daqri 公司的 AR 头盔显示器

Daqri 公司的 AR 头盔显示器全名为 Daqri Smart Helmet，核心元件包括第六代英特尔 m7-6Y75 处理器与一系列 360° 的感应器。Daqri 公司采用了英特尔的实感（RealSense）技术（实感技术就是一套英特尔开发的搭载多种传感器的摄像头组件，它采用了主动立体成像原理，能够模仿人眼的视差）。

Daqri 头盔显示器技术系统主要由三个传感器组成：一个集成的 RGB 摄像头、一个立体声红外摄像头与一个红外线发射器，通过左右红外传感器的追踪，利用三角定位原理来读取 3D 图像中的深度信息。实感技术的应用，能够改变人与设备之间的交互方式，让设备“看懂”人的眼神，“听懂”人的声音。Daqri 公司选择了透明的显示屏，外镀一层蓝膜，以适应户内、户外都需要有清晰视角的工业作业特性。此外，Daqri 公司还特别在头显上集成了一颗热感应摄像头，专门用于检测工业设备运行过程中的发热量，然后再将数据以图像的形式，反映在 AR 头盔显示屏上。

Daqri 公司的智能头盔是一款工业级 AR 产品，可反馈用户的实时信息，包括安全信息、定位、工人作业等。该智能头盔显示器无须外接计算机设备便可以独立运行，它有一个帽檐，相关数据和信息可以在帽檐上显示，直接进入工人视野。Daqri 公司的这款智能头盔可以在工业领域完成大量的任务，还可以应用在航空航天、建筑、勘探和油气田等领域。Daqri 公司增强现实智能头盔在工业生产中的应用，如图 1-24 所示。

其他增强现实智能交互设备如数据手套、数据衣、跟踪设备、控制球、三维立体声耳机以及三维立体扫描仪等。

增强现实技术还在不断地发展，科技的革命也将一直进行下去，从长远来看，增强现实才是未来的发展趋势，因为它能够带给人们更多互动体验，而非将虚拟世界与现实世界隔离。我们也有理由相信，目前这些走在 AR 风口浪尖的出色应用也将会带给人们更多惊喜的体验。

图 1-24 Daqri 公司增强现实智能头盔在工业生产中的应用

1.2 X3D 交互技术

X3D（Extensible 3D）交互技术是计算机的前沿科技，是把握 21 世纪软件项目开发的关键技术，它是在虚拟现实语言 VRML 基础上发展起来的第二代三维立体网络程序设计语言。虚拟现实 X3D 语言融合了 VRML 与 XML（Extensible Markup Language，可扩展标记语言），被定义为可交互、可扩展、跨平台的网络 3D 内容标准。2004 年 8 月，X3D 已被国际标准组织 ISO 批准通过为国际标准 ISO/IEC 19775，X3D 正式成为国际通用标准。

Web3D 联盟是致力于研究和开发虚拟现实技术的国际性的非营利组织，主要任务是制定互联网 3D 图形的标准与规范，其前身是 VRML 联盟，VRML 联盟先后提出了 VRML1.0、VRML2.0 和 VRML97 规范。

X3D 是下一代具有扩充性的三维图形规范，其技术发展经历了以下过程：

1998 年 VRML 联盟改名为 Web3D 联盟，年底提出新的标准 X3D（Extensible 3D），又称为 VRML200X 规范。2000 年春，Web3D 联盟完成了 VRML 到 X3D 的转换。X3D 整合正在发展的 XML、Java、流技术等先进技术，包括了更强大、更高效的 3D 计算能力、渲染质量和传输速度。

2002 年 3 月，X3D 第一版发布以来，已经有基于 Java 的源码开放的网络 3D 软件问世。Web3D 联盟在制定标准时成立了 Java 语言翻译工作小组以便允许 Java 程序能够与新的 3D 标准程序相协调。

Web3D 联盟于 2003 年 10 月向国际标准组织提请标准申请。2004 年 8 月，X3D 已被国际标准组织 ISO 批准通过为国际标准 ISO/IEC 19775，X3D 正式成为国际通用标准。X3D 标准是 XML 标准与 3D 标准的有机结合，X3D 被定义为可交互操作、可扩展、跨平台的网络 3D 内容标准。

X3D 相对 VRML 有重大改进，提供了以下的新特性：更先进的应用程序界面、新增添的数据编码格式、严格的一致性、组件化的结构等。

X3D 标准和规范不定义物理设备或任何依靠特定设备执行的概念，如屏幕分辨率和输入设备，只考虑广泛的设备和应用，在解释和执行上提供很大的自由度。从概念上说，每一个 X3D 技术开发设计和应用都是一个包含图形和听觉对象的三维立体时空，并且可以用不同的机制动态地从网络上读取或修改信息。每个 X3D 技术开发设计和应用包括：为所有已经定义的对象建立一个隐含的环境空间坐标；该技术由一系列 3D 和多媒体定义和组件组成；可以为其他文件和应用指定超链接；可以定义程序化和或数据驱动的对象行为；可以通过程序或脚本语言连接到外部模块或应用程序。X3D 系统结构如图 1-25 所示。

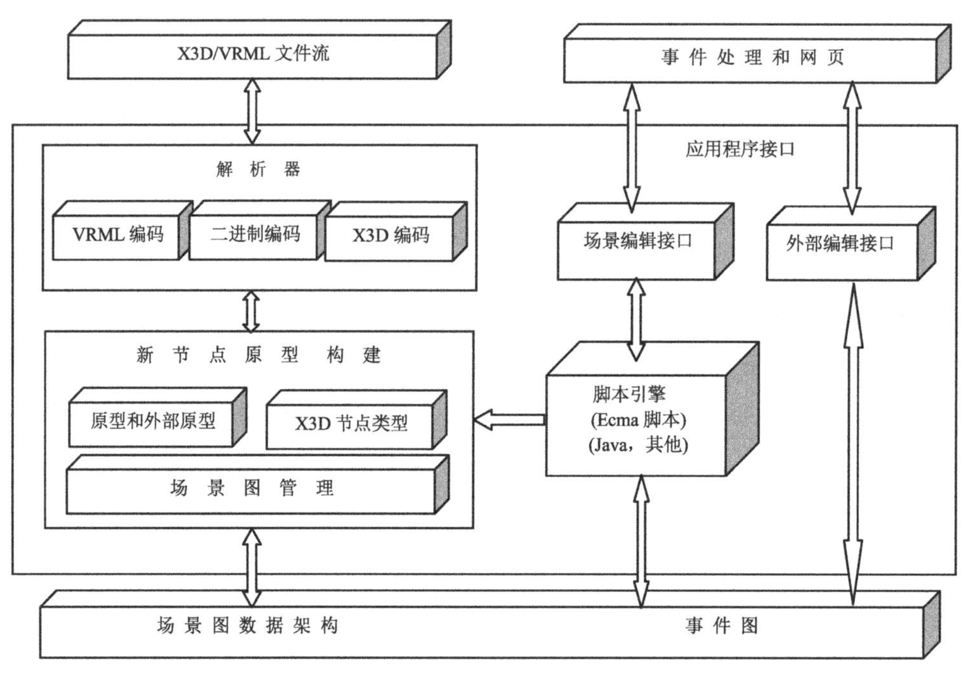

图 1-25　X3D 系统结构图

X3D 系统的开发环境包括记事本 X3D 编辑器和 X3D-Edit 专用编辑器，利用它们可以开发 X3D 源代码和目标程序。X3D 系统的运行环境主要指 X3D 浏览器，如 Xj3D 浏览器以及 BS Contact X3D 8.0 浏览器。

1.2.1　记事本 X3D 编辑器

编写 X3D 源代码有多种方法，这里介绍一种最简单、快捷的编辑方式：使用 Windows

系统提供的记事本工具编写 X3D 源代码。

在 Windows 7/8/10 操作系统中，选择“开始”→“程序”→“附件”→“记事本”，然后在记事本编辑状态下，创建一个新文件，开始编写 X3D 源文件。注意，你所编写的 X3D 源文件程序的文件名由“文件名 . 扩展名”组成，并且在 X3D 文件中要求文件必须是以 .x3d 或 .x3dv 结尾，否则 X3D 的浏览器是无法识别的。用文本编辑器编辑 X3D 源代码文件，可对软件项目进行简单、方便、快速的设计、调试和运行。

利用文本编辑器可以对 X3D 源代码进行创建、编写、修改和保存工作，还可以对 X3D 源文件进行查找、复制、粘贴以及打印等。使用文本编辑器可以完成 X3D 的中小型软件项目开发、设计和编码工作，但对大型软件项目的开发编程效率较低。

1.2.2 X3D–Edit 专用编辑器

X3D-Edit 3.2/3.3 专用编辑器是为了编写 X3D 文件而开发的一个专用编辑器。使用 X3D-Edit 3.2/3.3 编辑器撰写 X3D 文件时，可以提供简化的、无误的创作和编辑方式。X3D-Edit 3.2/3.3 通过 XML 文件定制了上下文相关的工具提示，提供了 X3D 每个节点和属性的概要，以方便程序员对场景图的创作和编辑。

使用 X3D-Edit 3.2/3.3 专用编辑器编写 X3D 源代码文件，对大中型软件项目的开发和编程具有高效、方便、快捷、灵活等特点，可根据需要输出不同格式文件供浏览器浏览。利用 XML 和 Java 的优势，同样的 XML、DTD 文件将可以在其他不同的 X3D 应用中使用。如 X3D-Edit 3.2/3.3 中的工具提示为 X3D-Edit 提供了上下文的支持，以及每个 X3D 节点（元素）和域（属性）的描述，此工具提示也通过自动的 XML 转换工具转换为 X3D 开发设计的网页文档，而且此工具提示也将整合到将来的 X3D Schema 中。

1. X3D-Edit 专用编辑器的特点

（1）具有直观的用户界面。

（2）建立符合规范的节点文件，节点总是放置在合适的位置。

（3）验证 X3D 场景是否符合 X3D 概貌或核心（Core）概貌。

（4）自动转换 X3D 场景到 *.x3dv 和 *.wrl 文件，并启动浏览器自动查看结果。

（5）提供 VRML97 文件的导入与转换。

（6）大量的 X3D 场景范例。

（7）每个元素和属性的弹出式工具提示，帮助了解 X3D/VRML 场景图如何建立和运作，包括中文在内的多国语言提示。

（8）使用 Java 保证了平台通用性。

（9）使用扩展样式表（XSL）自动转换：X3dToVrml97.xsl（VRML97 向后兼容性）、

X3dToHtml.xsl（标签集打印样式）、X3dWrap.xsl/X3dUnwrap.xsl（包裹标签的附加 / 移除）。

（10）支持 DIS-Java-VRML 工作组测试和评估 DIS-Java-VRML 扩展节点程序设计测试和评估。

（11）支持 GeoVRML 节点和 GeoVRML 1.0 概貌。

（12）支持起草中的 H-Anim 2001 人性化动画标准和替身的 Humanoid Animation 人性化动画节点的编辑。同时也支持 H-Anim 1.1 概貌。

（13）支持新提议的 KeySensor 节点和 StringSensor 节点。

（14）支持提议的 Non-Uniform Rational B-Spline（NURBS）Surface 扩展节点的评估和测试。

（15）使用标签和图标的场景图打印。

在正确安装 X3D-Edit 专用编辑器的情况下，双击 runX3dEditWin.bat 文件，可以启动 X3D-Edit 3.2/3.3 专用编辑器。X3D-Edit 3.2 专用编辑器主界面，如图 1-26 所示。

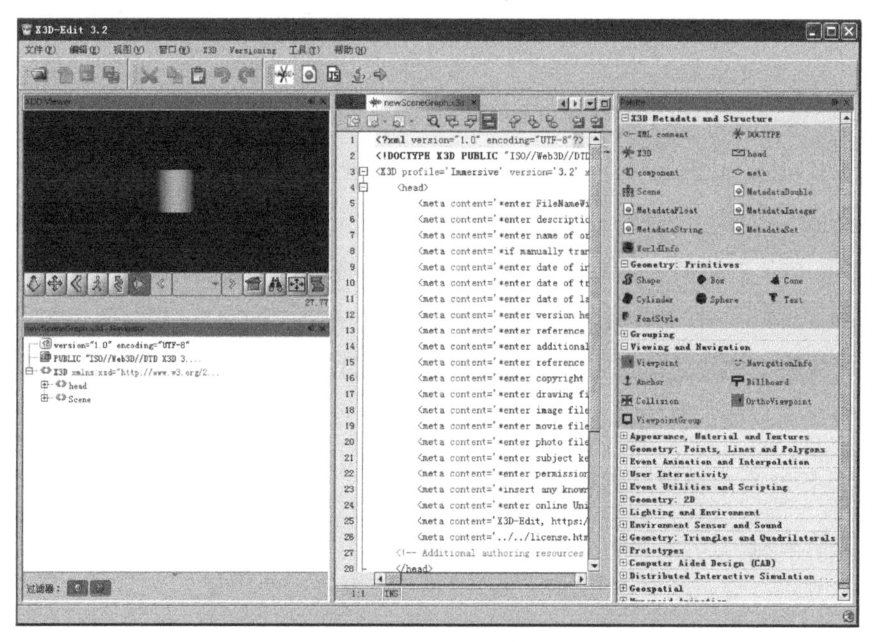

图 1-26　X3D-Edit 3.2 专用编辑器主界面

2. X3D-Edit 专用编辑器主界面功能

X3D-Edit 编辑器开发环境由标题栏、菜单栏、工具栏、节点功能窗口、浏览器窗口、程序编辑窗口等组成。

（1）标题栏：位于整个 X3D-Edit 专用编辑器的第一行，显示 X3D-Edit 编辑器版本。

（2）菜单栏：位于 X3D-Edit 专用编辑器的第二行，包括：文件、编辑、视图、窗口、X3D、Versioning、工具和帮助。

文件选项包含创建一个新文件、打开一个已存在文件、保存一个文件等；编辑选项包含复制、剪切、删除以及查询等功能；视图选项包含 Toolbars、显示行号、显示编辑器工具栏等；窗口选项包含 Xj3dViewer、Output、Favorites 等；X3D 选项包含 Examples、Quality Assurance、Conversions；Versioning 选项包含 CVS、Mercurial、Subversion 等；工具选项包含 Java Platforms、Templates、Plugins 等；帮助选项包含相关帮助信息等。

（3）工具栏：位于 X3D-Edit 专用编辑器的第三行，主要包括：文件的新建、打开、存盘、Save All、查找、删除、剪切、复制、new X3D scene 以及选项等常用快捷工具。

（4）节点功能窗口：节点区位于界面的右侧，包括所有节点、新节点、二维几何节点以及 Immersive profile、Interactive profile、Interchange profile、GeoSpatial1.1、DIS protocol、H-Anim2.0 节点等。节点功能窗口包括 X3D 目前所支持的所有特性节点，是标签操作方式，单击相应的标签将在下方显示出相应的节点，凡是不可添加的节点均以灰色显示。

（5）浏览器窗口：位于界面的左上方，在编程的同时可以查看编辑效果，随时调整各节点程序功能，即时进行调整和修改。

（6）程序编辑窗口：位于 X3D-Edit 专用编辑器的中部，程序编辑区用来显示和编辑所设计的 X3D 程序，它是一个多文档窗口。是编写 X3D 源代码的场所，每当你启动 X3D-Edit 专用编辑器时，就会自动打开一个新的 X3D 源文件，在此基础上可以编写 X3D 源代码。

还可以根据需要增加一个必要的窗口，进行各种编辑工作，以提高开发和工作效率。

3. X3D 专用开发编辑器使用

设计 X3D 程序推荐使用 X3D-Edit 专用编辑器。

启动 X3D-Edit 专用编辑器后会调用默认的 newScene.x3d 文件，也可单击“File”→“New”重新创建。

在菜单栏中，单击“File”→“Save as”，将默认的 newScene.x3d 保存为另一个文件格式为 *.x3d 名称为 px3d1.x3d 的文件，并指定到 X3D 的文件夹中，如“D:\X3d 案例源代码 \”目录下。注意：系统一开始使用默认的保存文件名为 Untitled-0.x3d。

1.2.3 Xj3D 浏览器安装运行

使用 Xj3D 浏览器或 BS Contact X3D 8.0 浏览器可以观赏 X3D-Edit 专用编辑器编写的各种格式文件，如 *.x3d、*.x3dv 以及 *.wrl 格式文件。

Xj3D 浏览器使用：在正确安装 Xj3D 浏览器后，单击“开始”→“所有程序”→“Xj3D browser”或创建快捷方式。

运行 Xj3D 浏览器：在桌面上双击，启动 Xj3D 浏览器，然后运行 X3D 程序，如图 1-27 所示。

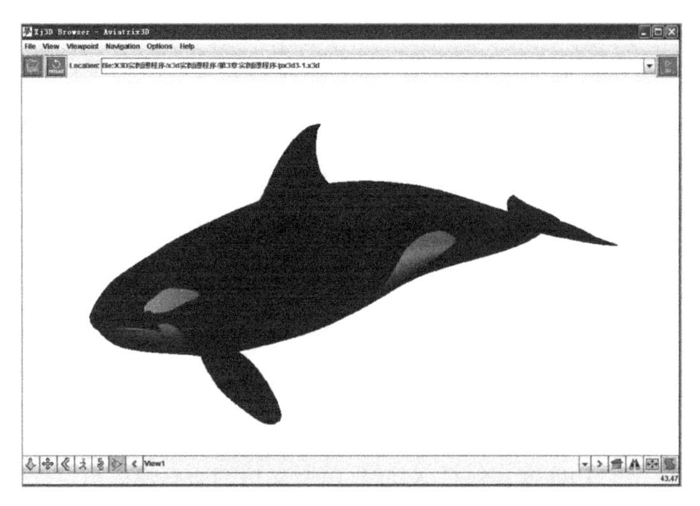

图 1-27 启动 Xj3D 浏览器然后运行 X3D 程序

1.3 Blender 游戏引擎

Blender 游戏引擎是一款开源的跨平台全能三维动画、游戏、特效、影视、VR/AR 制作软件，提供从建模、动画、材质、渲染、音频处理、视频剪辑等一系列动画短片制作解决方案。

1.3.1 Blender 游戏引擎简介

Blender 是一个开源的多平台轻量级全能三维动画制作软件，提供从建模、雕刻、绑定、粒子、动力学、动画、交互、材质、渲染、音频处理、视频剪辑以及运动跟踪、后期合成等一系列动画短片制作解决方案。Blender 以 Python 为内建脚本，支持 yafaray 渲染器，同时还内建游戏引擎，商业创作永久免费。

Blender 拥有方便在不同工作方式下使用的多种用户界面，内置绿屏抠像、摄像机反向跟踪、遮罩处理、后期节点合成等高级影视解决方案。同时还内置有卡通描边和基于 GPU 技术 Cycles 渲染器。

Blender 为全世界的艺术家和媒体工作者而设计，可以被用来进行 3D 可视化，同时也可以创作广播和电影级品质的视频，另外内置的实时 3D 游戏引擎，让制作独立回放的 VR/AR/3D 互动内容成为可能。

Blender 游戏引擎具有跨平台支持功能，它基于 OpenGL 的图形界面在任何平台上都是一样的，而且可以通过 Python 脚本自定义，可以工作在所有主流的 Windows 10/8/7、Linux、OS X 等操作系统上。高质量的 3D 架构带来了快速高效的创作流程，每次版本发布都会在全球有超过 20 万的下载量，是轻量级 3D 游戏引擎。

1.3.2 Blender 游戏引擎发展历史

1988 年，彤·罗森达尔（Ton Roosendaal）与人合作创建了位于荷兰的动画工作室 NeoGeo。NeoGeo 很快成为了荷兰最大的 3D 动画工作室，跻身欧洲顶尖动画制作者行列。NeoGeo 为一些大公司客户，如跨国电子公司飞利浦创作的作品曾经荣获 1993 年和 1995 年的欧洲企业宣传片奖（European Corporate Video Awards）。Ton 在 NeoGeo 内部主要负责艺术指导和软件开发工作。经过仔细考察，Ton 认为当时公司内部使用的 3D 套件过于陈旧复杂，维护和升级困难，于是在 1995 年重写了 3D 套件，这正是众所周知的 3D 软件创作套件 Blender。在 NeoGeo 不断优化和改进 Blender 的过程中，Ton 想到 Blender 游戏引擎也可以成为 NeoGeo 之外艺术家们的创作工具。

在 1998 年，Ton 决定成立一家 NeoGeo 的衍生公司，名为 Not a Number Technologies，简称 NaN，目的是进一步运营和发展 Blender。NaN 公司的核心目标是创建并发行一款紧凑且跨平台的免费 3D 创作套件。这一想法在大多数商业建模软件都要卖上千美元的当时是革命性的。NaN 公司希望将专业 3D 建模和动画工具带给普通人，其商业模型包括了提供 Blender 游戏引擎周边的商业产品和服务。1999 年 NaN 公司为了推广而第一次参加了 Siggraph（计算机图形行业的年度大会）。Blender 第一次 Siggraph 之旅获得了巨大成功，受到媒体和出席者极大的关注，引起了轰动，它的巨大开发潜力被证明了。NaN 公司在 2000 年年初从风险投资者手中获得了 450 万欧元的投资，这笔巨资让公司得以快速扩张，不久就有 50 名员工在世界各地为 Blender 的改进和推广工作。在 2000 年夏天 Blender v2.0 发布，这一版本在 3D 套件中加入了集成的游戏引擎。到 2000 年年底，NaN 公司网站的注册用户超过 25 万。不幸的是 NaN 公司的雄心与机遇并不符合当时公司的能力和市场环境。过快的膨胀导致在 2001 年 8 月通过新的投资人整合改组，被重新组建为一个较小的公司。半年后 NaN 公司发售第一款商业软件 Blender Publisher。该产品针对的是当时新兴的网络交互式 3D 媒体市场，由于不佳的销售业绩和当时困难的经济环境，新的投资人决定关闭 NaN 公司的所有业务，包括停止 Blender 游戏引擎的开发。尽管当时的 Blender 游戏引擎有内部结构复杂、功能实现不全、界面不规范等明显的缺点，用户社区的热情支持和已经购买了 Blender Publisher 的消费者们让 Ton 没有就此离开 Blender 引退。因为再重新组建一个公司已不可行，Ton 于 2002 年 3 月创办了非营利组织 Blender 基金会。

Blender 基金会的主要目标，是找到一条能让 Blender 作为基于社区的开源项目被继续开发和推广的途径。2002 年 7 月，Ton 成功地让 NaN 公司的投资者同意 Blender 基金会尝试让 Blender 开源发布的独特计划。这一计划需要募集 10 万欧元，让基金会从 NaN 公司投资者手中买下 Blender 游戏引擎的源代码和知识产权，然后把 Blender 游戏引擎交到开源社区手中。包括几名前 NaN 公司员工在内的一些志愿者，满腔热情地开始了一场为 Blender 展开的募捐活动，令人惊喜的是在短短 7 周之内就完成了 10 万欧元募捐活动。在

2002 年 10 月 13 日，Blender 游戏引擎在 GNU 通用公共许可证的授权下向世人发布，用户可以随意下载并可在多台计算机上运行，只需要同意并遵守自由软件基金会制定的开源协议即可。用户还可以下载 Blender 游戏引擎的源代码，但是需要随版本提供一份许可证的复制，以保证程序接受者可以了解此协议下的权利。Blender 游戏引擎的开发持续至今日，在创始人 Ton 的领导下，遍布世界的勤奋志愿团队不断地推动着这一工作。

1.3.3 Blender 游戏引擎功能特性

Blender 游戏引擎功能特性主要包括网格、曲线、NUBRS 曲面、元对象、文本对象、骨骼、空对象、晶格、相机、灯光、力场、雕刻与纹理绘制、毛发系统、编辑工作流以及后期等。

（1）网格：由“面、边、顶点”组成的对象，能够被网格命令编辑修改的物体。虽然 Blender 支持的是网格（Mesh）而非多边形（Polygon），但其编辑功能强大，常见的修改命令基本都有，自从 Blender 2.63 版以后，同样能支持 N 边面（N-sided），不比支持 Polygon 的软件弱。而且 Blender 的网格具有很好的容错性，能支持非流形网格（non-manifold Mesh）。

（2）曲线：曲线是数学上定义的物体，能够使用权重控制手柄或控制锚点操纵，也就是一般矢量软件中常见的钢笔曲线。但由于该特性负责的人少，编程人员缺乏，所以该特性基本处于半成品的状态。只有最初级的修改命令，像一些常见命令，例如：曲线锚点的断开等，默认还不支持。

（3）NUBRS 曲面：是可以使用控制手柄或控制点操纵表面的四边，这些都是有机的和圆滑的但有非常简单的外形。这块和曲线一样，由于缺乏开发人员，因此仅具有最初级的修改命令，像曲面的相互切割，倒角、双线放样，插入等参线等常见的 Nurbs 命令并不存在。

（4）元对象：新版本翻译为融球，部分软件也称其为变形球（Metaballs）。由定义物体三维体积存在的对象组成的，当有两个或两个以上的融球时可以创建带有液体质量的 Blobby 形式。但只支持添加默认物体，不支持使用自定义的网格进行外形生成。

（5）文本对象：创建一个二维的字符串，用来生成三维字体。但由于 Blender 的先天缺陷，在 Windows 平台下，不支持直接输入中文，必须先在记事本输入，然后粘贴到编辑框。而且在进行字体切换选择时，也看不到字体文件内置的中文名称，只能看见原始的文件名。因此，在 Blender 中想要制作中文 3D 字，是比较麻烦的。

（6）骨骼：骨骼用于绑定 3D 模型中的顶点，以便它们能摆出 pose 和做出动作。自带的样条骨骼是一种特殊骨骼，可以在不依赖样条线 IK 的情况下，制作出柔软的曲形过渡。而封套这种绑定方式也被定义成一种骨骼样式。

（7）空对象：也就是一般软件中常见的辅助对象，是简单的视觉标记，带有变换属性但不可被渲染。它们常常被用来驱动控制其他物体的位置和约束。它也可以读入一个图像作为建模参考图。

（8）晶格：使用额外的栅格物体包围选定的网格，通过调整这个栅格物体的控制点，让包住的网格顶点产生柔和的变形。但晶格创建时，并不会匹配选择物体的边界框，需要用户手工进行匹配。

（9）相机：即摄影机，是用来确定渲染区域的对象，提供了对角、九宫、黄金分割等多种构图参考线。你可以设定一个焦点物体，用于在模拟景深时提供参考。

（10）灯光：它们常常用来作为场景的光源，Blender 游戏引擎下自带的光源类型为：点光源（泛光灯）、阳光（平行光）、聚光灯、半球光、面光源（区域光）。其他引擎还能使用自发光制作网格光源。

（11）力场：用来进行物理模拟，它们用于施加外力影响，可以影响到刚体、柔体以及粒子等，使其产生运动，常作用于空对象（辅助对象）上。

（12）雕刻与纹理绘制：这两个模式下的笔刷都是基于“屏幕投影”进行操作的，而非笔刷所在网格的“面法线方向”。由于 Blender 游戏引擎并不存在法线笔刷（笔刷选择也是屏幕投影），所以在操作方式和手感上，会和一般基于法线笔刷的雕刻类软件，或纹理绘制类的软件有所区别。

（13）毛发系统：Blender 游戏引擎的毛发系统是基于粒子的，所以必须先创建粒子系统才能生成毛发。虽然粒子本身支持碰撞，但毛发系统并不支持碰撞。因此当毛发需要产生碰撞动画时，可以借助力场物体进行模拟，从而制作假碰撞的效果。

（14）编辑工作流：Blender 游戏引擎不支持可返回修改的节点式操作，任何物体创建完成或者编辑命令执行完毕后，修改选项就会消失，不可以返回修改参数。如果想要修改历史记录中某一步的操作参数，只能先撤销到这步，在修改完毕后，手工再重新执行一遍后续的所有修改。

（15）后期：视频编辑（Video Editing）是一个针对图像序列以及视频文件处理的简单的非线剪辑模块，可以设置转场，添加标题文字、音频以及简单的调色等操作。和市面上一些常见的非线软件的区别在于，它自带的特效部分非常简单，很多时候是依赖 Blender 游戏引擎自身的功能，需要先将特效渲染出来，或者经过合成节点的处理后（例如：太阳光斑、抠像），并且输出成图像序列，才能继续进行合成制作，以达到理想的设计效果。

1.3.4 Blender 游戏引擎渲染器

目前 Blender 能支持的渲染器有如下几个：

（1）Blender 内部默认内置的渲染引擎，简称 BI（Blender Internal）。使用 CPU 进行渲染计算，能渲染毛发，支持自由式（Freestyle）卡通描边等，达到一些 Cycles 无法渲染的效果，材质支持完善，支持贴图烘焙。

（2）Cycles 默认自带的渲染引擎，简称 CY。2011 年发布 2.60 版时新加入的渲染引擎，能使用 CPU 或 GPU 进行渲染计算，并且支持 OSL（CPU 模式）。使用显卡渲染和较弱的 CPU 相比，能大大减少渲染时间。

使用的光线算法为路径追踪（Path tracing），该算法的优点是设置参数简单，结果准确。但缺点是噪点多，且容易产生萤火虫（白色光点）。成倍提高参数或消减射线数量能消除，但渲染时间会大大增加或导致渲染结果失真。

（3）LuxRender 是一款基于物理渲染引擎、真实的开源渲染器。根据渲染方程来模拟光的传输，生成物理真实的图像。它是一个基于 PBRT 项目，但不同之处在于它关注的是产品渲染和艺术效果，而非学术和科学目的。它同时支持无偏差（MLT/[双向] 路径追踪）和偏差技术（直接照明，光子映射），物理正确光源，高级程序纹理、光谱灯光运算、动态模糊、灯光组混合。自 0.8 版本开始还提供 OpenCL 加速渲染功能。

（4）YafaRay 是一个免费开源的光线追踪引擎，追求高品质、照片级真实感的渲染。曾是 Cycles 出现前 Blender 自带的渲染引擎，使用的光线算法为光子映射（Photon Mapping）、最终聚集（Final Gather）。和其他的相比，YafaRay 的特点在于玻璃材质设置简单，有默认的模板可以选择，并且能够直接支持使用 IES 光域网文件，适合做一些室内场景，非常简单方便。但不支持渲染 Blender 融球物体。

（5）Mitsuba 是一个学术项目，主要用途是作为测试平台，用于计算机图形学的算法开发。相较于其他的开源渲染器，Mitsuba 带有很多实验性的渲染算法。支持的光线追踪算法更多，这意味着操作者可以创建场景和渲染不同的方法，看看哪种适合最好。渲染器的图形 UI 支持交互方式，能实时反馈让用户查看渲染过程。Mitsuba 的代码使用了可移植的 C++，实现了无偏差和偏差技术，并且有针对性地对 CPU 架构重优化。可以运行在 Linux、MacOS X 和 Windows 平台，以及使用 SSE2 优化的 x86 和 x86_64 平台。

（6）POV-Ray 全名 Persistence of Vision Raytracer，发展始于 20 世纪 80 年代，是一个历史悠久的自由开源渲染引擎。它使用基础文本（POV 脚本语言）描述场景生成图像，POV 脚本具备图灵完备性，可以编写宏以及循环程序。支持次表面散射（SSS）和透明度、大气影响（如大雾和烟云）、光子映射、暂停和渲染后重启或关机、实时渲染模式等。

（7）Aqsis 是一个符合 RenderMan 规范的跨平台 3D 渲染引擎，注重稳定性和生产使用。功能包括：构造实体几何（Constructive solid geometry，CSG）、景深（三维深度场）、可扩展着色引擎（DSOs）、实例化、细节层次（Level-of-detail，LOD）、运动模糊、NURBS 曲面、程序插件、可编程着色、细分曲面、子像素置换等。

以下这些通过 Blender 创作出的电影作品，都是根据 CC 协议（Creative Commons）发表的。因此 DVD 内带有所有电影创作相关文件、模型、纹理和其他材料，还有原始剧本、支配表、画面分镜剧本，以及技术细节文档和视频，教你如何使用这些素材，所有人可以下载该作品或其源文件，用于修改后重新发布。

《大象之梦》：该项目于 2005 年 9 月，在荷兰阿姆斯特丹启动，7 名身处世界各地的艺术家经过 8 个月的努力，于 2006 年 3 月 24 日完成。影片曾被命名为 *Machina*，然后又改为 *Elephants Dream*，根据一个丹麦儿童故事改编。该电影的主要目的是应用试验，并且发展和展示开源软件的能力，证明用这样的工具，在高质量电影筹划和制造方面可以做出什么样的作品。

《大雄兔》：这是 Blender 基金会第二部开放版权、创作共用的动画电影，2008 年 5 月 15 日发布，片长 10 分钟，全部使用开放源代码软件制作（如 Blender、Linux），渲染的计算机集群使用太阳微系统公司的 Sun Grid，亦是开放源代码的软件（如：OpenSolaris、Sun Grid Engine 等），制作技术和素材彻底公开。不同于上一个项目，本片全程无语音。该片完成之后，其素材适用在 Blender 官方的游戏项目 Yo Frankie! 之中，反派 Frankie 这次成为主角。

《寻龙记》（《辛特尔》）：该电影制作开始于 2009 年 5 月，于 2010 年 9 月 27 日正式在荷兰电影节发布。在网上发布时间为同年 9 月 30 日，开放版权，任何人都可以自由下载。因本电影制作而对 Blender 软件进行改良的技术包括：粒子系统、雕塑、浓淡处理等。渲染该片所使用的计算机集群只是常见的 x86-64 服务器，运行 Linux 操作系统。

《钢之泪》（《钢铁之泪》）：该电影于 2012 年 9 月 26 日正式发布。片长 12 分钟，与前几部的完全动画风格不同，这一次走的是真人表演和特效结合的路线，旨在演示开源 3D 图形软件所包含的 VFX（Visual Special Effects）虚拟视觉特效能力，基本的科幻视觉特效都由阿姆斯特丹的 Blender Institute 学会完成。该电影通过社区募集资金的方式运营，由来自西雅图的才俊 Ian Hubert 编写并导演，制作人为 Ton Roosendaal。影片制作全程使用开源软件完成，包括 Libmv、GIMP、MyPaint、Krita、Inkscape 等。

《宇宙洗衣房》：在一个孤立的荒岛上，一头名叫弗兰克的山羊厌倦了自己的生命形态，它认为一张羊皮容不下自己伟大的灵魂，打算结束自己悲剧一般的人生。但是就在它决定这么做的最后一刻，一名古怪的推销员维克多突然出现，弗兰克听信维克多带上一台莫名机器后，生命竟发生了意想不到的奇迹。本片是 Blender 基金会发布的第五部开源电影，采用众筹的方式立项，最初的期望是可以由来自全球的 12 个动画工作室合作，完成一部完整的动画长篇，可惜众筹未达到最低目标失败，项目最终修改为制作一部 15 分钟的短片。

第 2 章　Blender 游戏引擎用户界面设置

Blender 的用户设置面板中包含用于控制 Blender 的运作模式的设置，可提供调整的选项分类置于各选项卡中。Blender 的用户设置面板涵盖界面、编辑、输入、插件、主题、文件以及系统等功能模块。打开用户设置，选择“文件”→“用户设置”或按快捷键 Ctrl + Alt + U。Blender 用户设置面板，如图 2-1 所示。

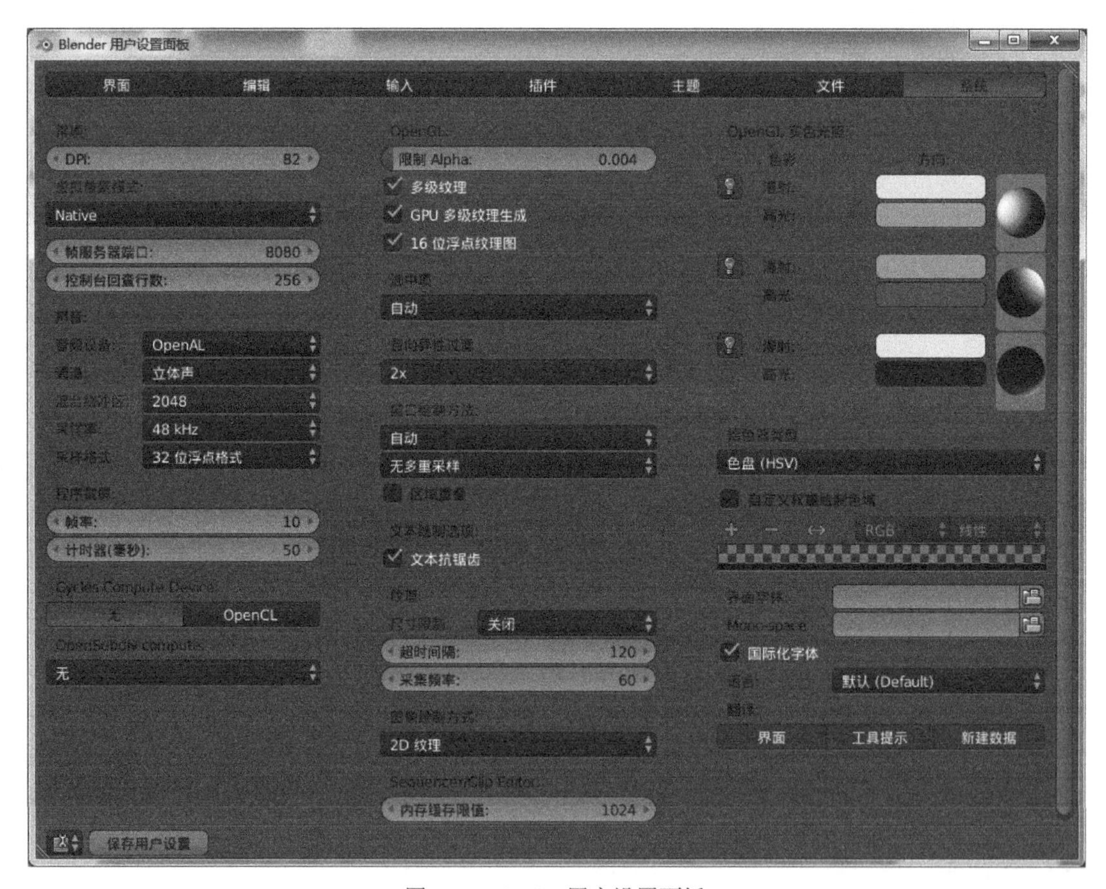

图 2-1　Blender 用户设置面板

Blender 的用户设置面板的基本功能是保存用户需要的设置，还可以加载初始设置。

保存用户设置：自定义设置各种功能后，必须手动保存，不然这些设置就在下一次重启之后丢失。在用户设置编辑中，单击左下角“保存用户设置”功能按钮，可以直接保存新的用户设置。还可以对用户设置进行备份，以防丢失。保存启动文件，选择“文件”→“保存启动文件”或按快捷键 Ctrl + U。

加载初始设置：用于还原默认配置，载入初始文件和用户设置。这并非是永久修改，除非保存用户设置。选择“文件”→“恢复初始设置”，然后还可以通过用户设置编辑器保存设置。

2.1 Blender 游戏引擎用户界面概述

Blender 的用户界面设置用于修改 UI 元素显示和回馈的方式。主要包括显示、视图控制、菜单、菜单盘等功能设置。Blender 用户界面设置控制面板，如图 2-2 所示。

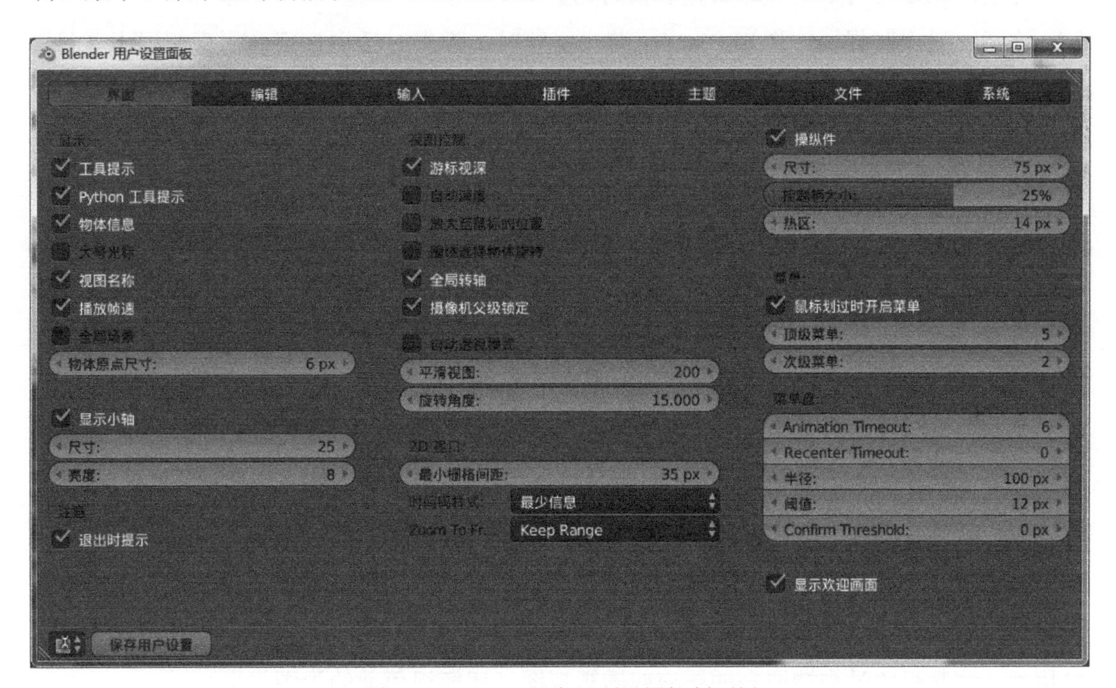

图 2-2 Blender 用户界面设置控制面板

（1）显示包含比例、线宽、工具提示、Python 工具提示、物体信息、大号光标、视图名称、视图名称、播放帧速、全局场景等。

工具提示：启用该功能后，将鼠标指针在控件上方悬停，就会显示工具提示，解释鼠标指针下方控件的作用，对应的快捷键（如果有快捷键的话），以及其调用的 Python 函数。

Python 工具提示：在工具提示下方显示对象的 Python 信息。

物体信息：在 3D 视窗的左下角显示活动物体名称和当前帧数。

大号光标：勾选后使用大号光标。

视图名称：在 3D 视窗的左上角显示当前视窗的名称和类型。如：用户视图（透视）或者顶视图（正交）。

播放帧速：播放动画时，在窗口左上方显示每秒刷新帧数（fps），如果无法到达指定帧速，数值显示为红色。

全局场景：强制所有屏幕显示当前场景，在一个工程文件可以包含多个场景。

物体原点尺寸：物体或灯光的原心显示尺寸，取值范围为从 4 ～ 10 的像素值。

显示小轴：在视窗的左下角显示坐标系的小轴。

尺寸：坐标轴图标的尺寸，即小轴的尺寸。

亮度：图标的明暗度，即调整小轴的亮度。

注意：退出时提示。退出 Blender 游戏引擎时，弹出对话框询问是否真想退出（目前仅适用于 MS-Windows）。

（2）视图控制包括游标视深、自动深度、放大至鼠标的位置、围绕选择物体旋转、全局转轴、摄像机父级锁定、自动透视模式等功能。

游标视深：定位游标时使用鼠标的深度值来改善视角的移动、旋转和缩放功能。

自动深度：使用鼠标的深度值来改善视图的平移、旋转、缩放功能。可结合放大至鼠标的位置使用。

放大至鼠标的位置：在 3D 视图中以鼠标光标为缩放中心，而不是 2D 视窗的中心。

围绕选择物体旋转：选中物体（边界盒中心）成为视图的旋转中心。当无选中物体时，使用上一次操作选中的物体。

全局转轴：将所有 3D 视窗的旋转 / 缩放轴心锁定为同一点。

摄像机父级锁定：当相机被锁定且处于飞行模式时，变换其父级物体而非相机自身。

自动透视模式：顶视 / 侧视 / 前视图自动切换正交视图，其余视图自动切换透视视图。禁用后，调整视角时维持原来的正交或透视视图（切换视角前的视图类型）。

平滑视图：通过小键盘切换视图视角（顶 / 侧 / 前 / 相机……）时的动画时间。数值调为 0，取消动画。

旋转角度：使用小键盘（2、4、6、8）做旋转 3D 视图时的旋转角度步长值。2D 视窗包括最小栅格间距、时间码样式。

最小栅格间距：2D 视窗（例如顶视图 / 正交）中栅格线之间的最小像素间距。

时间码样式：时间码不使用帧为时间单位时（无时间线等显示帧的窗口时）显示时间

的格式，此格式用“+”来分隔次级帧数，必要时使用左右两侧的分隔线。

Zoom To Frame Type（缩放框架类型）：缩放到框架的方式聚焦在当前框架周围。关注当前帧，如何缩放到框架。框架类型包含 Keep Range（保持范围）、Seconds（秒）、关键帧。

操纵件：启用和关闭操纵件，使用 3D 变换操纵件。

尺寸：操纵件的尺寸。

控制柄大小：操纵件控制柄比例大小，用操纵件半径（尺寸 /2）的百分比表示。

热区：操纵件控制柄上可以接受鼠标响应的范围。

（3）菜单包括鼠标划过时开启菜单、顶级菜单、次级菜单等。

鼠标划过时开启菜单：勾选此选项之后，把鼠标指针悬浮在菜单按钮上就能开启菜单，这样就不用再进行单击。

菜单开启延迟：开启菜单的时间。

顶级菜单：在展开主菜单前会有 1/10 秒的延迟，需启用鼠标滑过开启菜单。

次级菜单：在展开次菜单前会有 1/10 秒的延迟，仅作用于次级菜单展开。如：选择“文件”“打开近期文件”。

（4）菜单盘包括 Animation Timeout（动画超时）、Recenter Timeout（接收者超时）、半径、阈值。

Animation Timeout（动画超时）：打开菜单时的动画长度。

Recenter Timeout（接收者超时）：窗口系统会尽量使饼菜单位于窗口边界内。饼菜单会在这段时间内（1/100 秒）使用鼠标初始位置作为中心。这样可以使用快速拖动选择。

半径：饼菜单选项到中心的距离（像素）。

阈值：执行菜单选择前到中心的距离。

Confirm Threshold（确认阈值）：执行菜单选择后的距离阈值（0 为禁用）。

欢迎画面：显示欢迎画面，启动 Blender 时显示启动画面。

2.2 Blender 游戏引擎窗口控制

首先启动 Blender 游戏引擎，软件显示欢迎界面。Blender 用户界面在所有的操作系统上都是一样的。通过定制屏幕布局，可以让它适应不同的工作应用范围，这些定制可以重命名后保存，方便今后的工作使用。Blender 游戏引擎用户界面特征：支持多窗口操作，不重叠可以清楚显示所有的选项和工具，而不用四处拖动窗口。工具和界面选项不会被遮挡，界面中的各种工具可以直接找到。用户输入应尽可能保持一致和可预测性。

Blender 游戏引擎界面由多个编辑器组成，Blender 游戏引擎界面主要由标头、3D 视图编辑器、场景大纲（视图）、场景属性编辑器以及动画时间线等功能模块构成。Blender 游戏引擎界面主要功能模块划分，如图 2-3 所示。

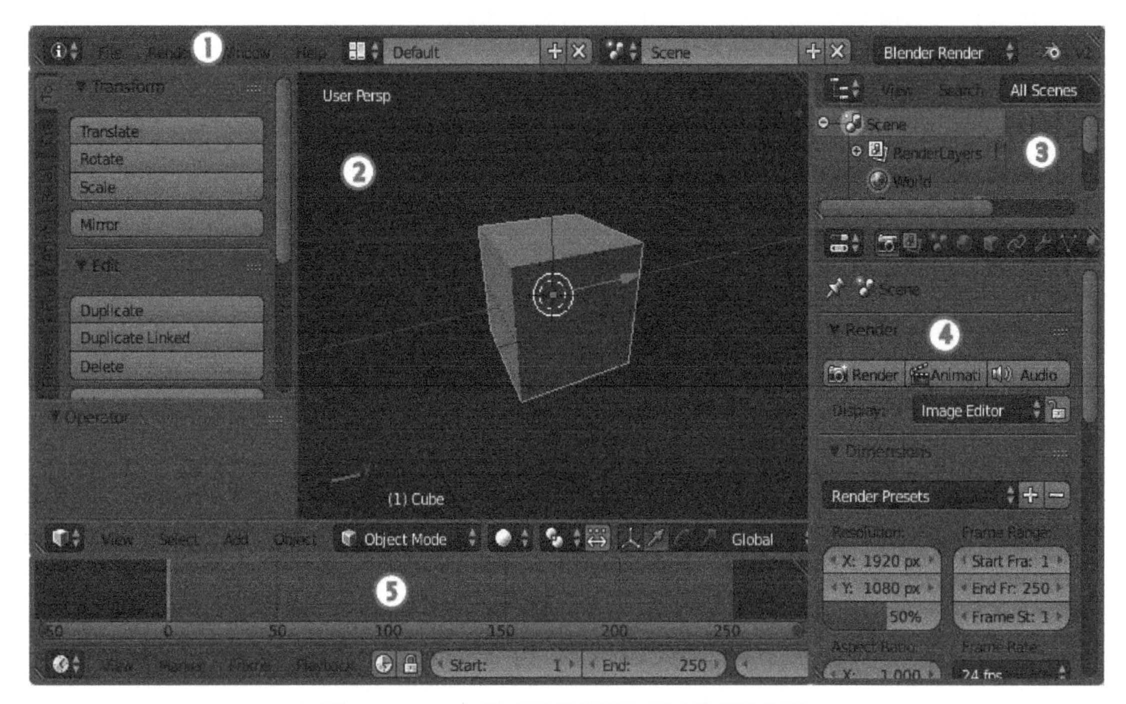

图 2-3　Blender 游戏引擎界面主要功能模块划分

Blender 游戏引擎界面主要功能模块划分及所在位置如下：

（1）标头，位于引擎界面的顶部显示的信息栏，在标头信息窗口中，主要用于标题栏的头部。

（2）3D 视图编辑器，在引擎界面的中间部分，可以对 3D 模型进行雕刻、移动、旋转以及缩放等功能设计。

（3）场景大纲（视图），在引擎界面的右上方。是一颗场景树包含根场景、子场景以及节点等，包含有层次视图、场景搜索等功能。

（4）场景属性编辑器，在引擎界面的右下角，对场景中的各种属性进行设置。

（5）动画时间线，在引擎界面的底部，利用时间线通过视图、标记、帧以及回放等功能进行动画设计。

关闭欢迎界面开启一个新的工程，只需要按 Esc 键或者单击 Blender 窗口内除了欢迎界面外的任何位置，默认布局和立方体的场景就显示出来了。Blender 游戏引擎默认主窗口，如图 2-4 所示。

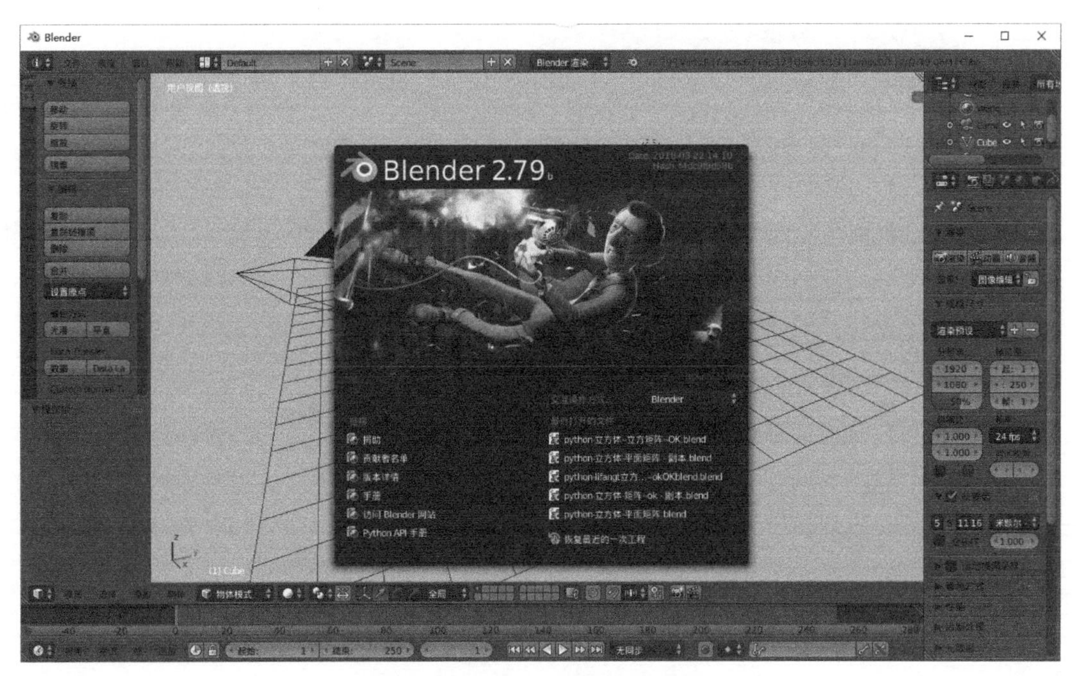

图 2-4 Blender 游戏引擎默认主窗口

2.3 Blender 游戏引擎界面控制

Blender 游戏引擎界面控制涵盖 Blender 游戏引擎界面面板、Blender 游戏引擎界面控件和按钮以及 Blender 游戏引擎界面扩展控件。

1. Blender 游戏引擎界面面板

Blender 游戏引擎界面面板是可折叠的部分区域，可以帮助更好地组织界面，界面面板可以显示或隐藏工具架和属性面板。如果要显示“工具架”界面面板，在 3D 视图窗口中，选择“View”（视图）→“Tool”（工具）或按快捷键 T 进行快速切换。如果要显示“属性”界面面板，在 3D 视图窗口中，选择“View”（视图）→“Properties shelf”（工具架属性）或按快捷键 N 进行快速切换。Blender 游戏引擎界面面板显示了不同区域内，可折叠的部分区域界面面板。Blender 游戏引擎界面面板控制，如图 2-5 所示。

在工具架、属性以及场景属性编辑器中，用鼠标左键单击面板左边的黑色小三角形按钮可以展开或收起面板，还可以用鼠标左键拖动单击面板左边的黑色小三角形按钮展开或收起面板。按住 Ctrl 键再用鼠标左键单击指定面板的顶部，可以折叠全部其他的面板，只留当前选中的展开面板。

很多面板只在适当的上下文下显示，如“工具架”面板就会在物体的不同模式下有不同显示。

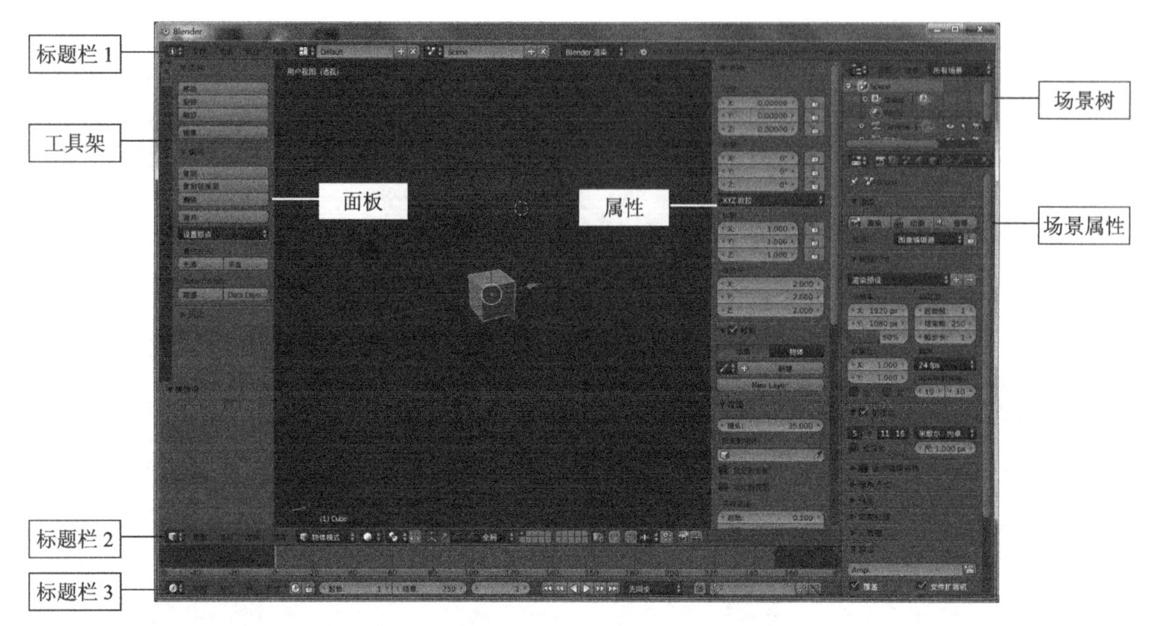

图 2-5　Blender 游戏引擎界面面板控制

2. Blender 游戏引擎界面控件和按钮

几乎所有的 Blender 游戏引擎界面窗口都有按钮和其他的控件。不同类型的控件描述如下。

操作按钮，可以通过鼠标左键单击这些按钮执行操作，它们在默认 Blender 主题中是灰颜色。

开关按钮，由勾选框组成，单击这些按钮将会切换一个状态但不会执行任何的操作。在某些情况下，这些按钮将连接到数字控制来影响属性。

单选按钮，单选按钮是用来选择一个“互斥”的选项按钮。

数字按钮，可由标签辨别出它们，多数情况下它们包含一个名称后面跟冒号和数字。数字按钮的几种操作方式：增减步幅要改变其中的值，用鼠标左键单击按钮边上的小三角形。拖动要改变范围的数值，按住鼠标左键进行拖动。如果按住 Ctrl 键后再按鼠标左键，可以手动改变值。如果按住 Shift 键，可以更精确地控制值。文字输入；按鼠标左键或者 Enter 键手工输入数值。手动输入值时，按钮和其他的文字按钮一样。按 Enter 键确认修改，按 Esc 键取消输入数值。

多数值编辑，这是非常有用的一次编辑多个值，如物体缩放或渲染分辨率，可以通过单击按钮和拖动垂直于包括上面 / 下面的按钮来完成。在垂直运动后可以拖动从一边到另一边，或释放鼠标左键要键入一个值。

表达式，可以输入表达式，如 3*2 而不是 6，甚至像常数圆周率 pi (3.142) 或使用 sqrt(2)（2 的平方根）。

Blender 游戏引擎中表达式的单位可以混合使用数字和单位，需要在场景设置公制或英制。有效的输入包括 1cm、1m、3mm、2ft、3ft/0.5km、2.2 毫米 +5/3'−2yards。注意：逗号是可选的，也须注意公制和英制可以混合使用尽管可以显示一次。

单位名称具有可用于长期和短期的形式，在这里使用被上市公司认可的单位名称，复数名称也都能识别到。如表 2-1 和表 2-2 所示。

表 2-1　英制单位

汉 化 全 名	英 制 名 称	数 值 缩 放
密耳	mil	0.0000254
英寸	”，in	0.0254
英尺	’，ft	0.3048
码	yd	0.9144
冈特测链	ch	20.1168
浪	fur	201.168
英里	mi，m	1609.344

表 2-2　公制单位

汉 化 全 名	公 制 名 称	数 值 缩 放
微米	um	0.000001
毫米	mm	0.001
厘米	cm	0.01
分米	dm	0.1
米	m	1.0
十米	dam	10.0
百米	hm	100.0
千米	km	1000.0

菜单按钮，Blender 使用各种不同的菜单来访问选项、工具和选择数据块。

菜单快捷键：箭头键可用于导航。每个菜单项都有带下画线的字符。可以用数字键或数字键盘来访问菜单项。按 Enter 键激活所选的菜单选项，按 Esc 键取消输入数值。

标题菜单，用于配置编辑器和访问工具，“标题栏”菜单包含“标题栏 1”“标题栏 2”以及“标题栏 3”等菜单功能。

弹出菜单，是一种类型的菜单按钮块，将显示一个静止的列表范围。如要添加一个 Modifier（修改器）按钮，将显示所有的可用的修改按钮。选择“场景工具按钮”→“添加修改器”（单击工具），再单击右侧上下箭头按钮，显示全部可用修改器功能。全部可用修改器功能按钮选项，如图 2-6 所示。

数据块菜单按钮用来将数据块链接到彼此。数据块的项目包括网格、对象、材料以及纹理等。这些菜单可能会显示预览，并允许通过名称搜索，它的共同所有项目将不适合在列表中。有时也有应用数据块列表，如物体上使用的材质列表。数据块包含关联、数据以及物体等。数据块列表链接按钮，如图 2-7 所示。

图 2-6　全部可用修改器功能按钮选项

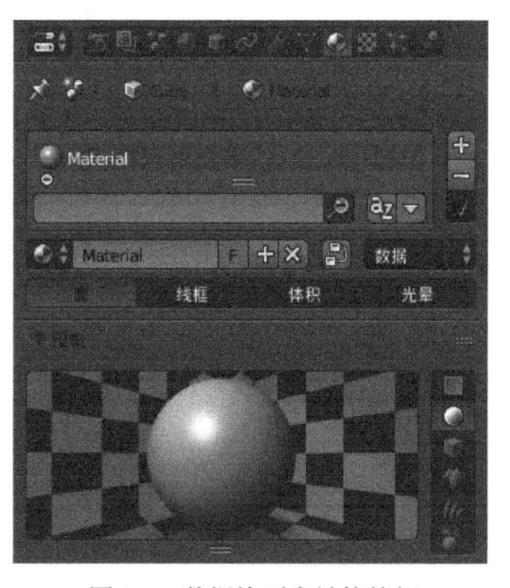

图 2-7　数据块列表链接按钮

通用快捷键，许多按钮类型之间有快捷键。快捷按钮性能包括：快捷键 Ctrl + C 复制按钮的值；Ctrl + V 粘贴按钮的值；按鼠标右键（打开上下文菜单）；快捷键 Backspace 清除值（设为零或者清除文字）；Minus（—）负值（乘以 -1.0）；Ctrl + Wheel（控制滚轮）逐步改变值。

对于弹出选项菜单按钮，快捷按钮性能有文件选择器图标：按鼠标左键（选择一个新的文件）；Shift + 鼠标左键打开文件（使用系统默认的编辑器）；Alt + 鼠标左键打开目录（使用系统文件管理器）。

动画快捷键包含：快捷键 I 插入关键帧；快捷键 Alt + I 清除关键帧；快捷键 D 赋予一个驱动；快捷键 Alt + D 清除驱动；快捷键 K 添加键控集；快捷键 Alt + K 清除键设置。

Python 脚本快捷键包含：快捷键 Ctrl + C 将 Python 脚本命令复制到剪贴板，用于在 Python 控制台或文本编辑器中编写脚本时；快捷键 Ctrl + Shift + C 可在属性按钮复制其数据路径为此属性；快捷键 Ctrl + Alt + Shift + C 可在属性按钮复制完整的数据路径的数据块和属性。

当拖拉数字时，快捷键 Ctrl 拖拉的时候捕捉固定长度的间隔；快捷键 Shift 对值进行精细化的控制。

当编辑文字时，快捷键 Home 设置起始值；快捷键 End 设置末尾值；快捷键 Left，Right 左右移动光标一个字符；快捷键 Ctrl + Left，Ctrl + Right 左右移动光标一个词；快捷键 Backspace，Delete 删除字符；按住 Shift 移动光标进行选择；快捷键 Ctrl + C 复制选择文字；快捷键 Ctrl + V 复制文字到光标位置；快捷键 Ctrl + A 选择所有文字。

所有模式下，快捷键 Esc 和鼠标右键表示取消；Enter 和鼠标左键表示确认。

3. Blender 游戏引擎界面扩展控件

操作搜索菜单，即访问所有 Blender 命令时，可以通过按下空格键，前后推动鼠标滚轮，查看所提供的 Blender 命令和快捷键搜索。如播放动画（Alt + A）、重新载入初始化工程（Ctrl + N）、删除关键帧（Alt + I）、将光标吸附到中心点、球形化（Shift + Alt + S）、编辑翻译、选择菜单、层 / 通道、切换显示系统控制台、改变碰撞外观、形变动画位增量、传递网格数据（Shift + Ctrl + T）、增加棱角球以及添加 UV 贴图等。Blender 游戏引擎界面扩展控件操作搜索弹出菜单，如图 2-8 所示。

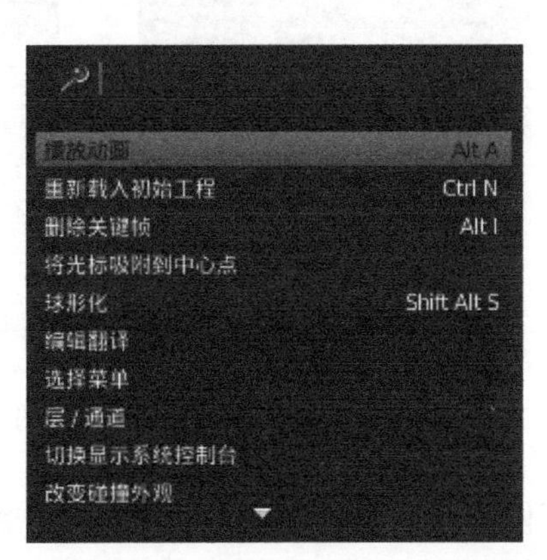

图 2-8　Blender 游戏引擎界面扩展控件操作搜索弹出菜单

（1）拾色器，Blender 所有的颜色选择器类型常见的有 RGB、HSV 和 Hex 选项以显示值。RGB 表示红、绿、蓝三原色，取值范围 0 ～ 1.0 的颜色值。HSV 分别由色调（Hue）、饱和度（Saturation）、明度（Value）构成，取值范围 0 ～ 1.0 值的颜色值。

Hex 表示十六进制数伽玛校正，对图像进行非线性色调编辑，表示为 RRGGBB，取值范围 000000 ～ FFFFFF。有些颜色也定义了一个 Alpha 值。使用鼠标滚轮修改颜色值，按 Backspace 键重置为原始颜色。

颜色选取器类型，默认颜色选取器类型可以在用户首选项中选择，对于能够使用 Alpha 的操作，另一个滑块被添加在拾色器的底部。是一种显示全色域的颜色从中心到边缘的色彩，中心是一个混合的颜色。其中包括红、绿、蓝三基色，还有色调、饱和度、明度以及 Alpha 值。吸管可以从放在窗口的任意位置取样，从而选择不同的数据。颜色选取器中的 RGB、HSV 和 Hex 的颜色值设置，如图 2-9 所示。

（2）颜色渐变工具，颜色的渐变就是由一种颜色渐渐过渡到另一种颜色，即从一种颜色到另一种颜色的插值和选择插值的渐变过程。一般颜色的渐变可以分为色相渐变和明度渐变，色相渐变就是广义的从一种颜色变成另一种颜色，如红色经橙色渐变成黄色，黄色经绿色渐变成蓝色等，另一种明度渐变就是在色相不变的基础上明度发生变化。渐变类型包含混合、云絮、畸变噪波、环境贴图、图像 / 影片、幻彩、大理石纹、马氏分形、噪波、洋面以及木纹等。设置操作为选择“属性工具按钮”→“纹理”（▩）→“颜色渐变”功能。颜色渐变工具和渐变类型，如图 2-10 所示。

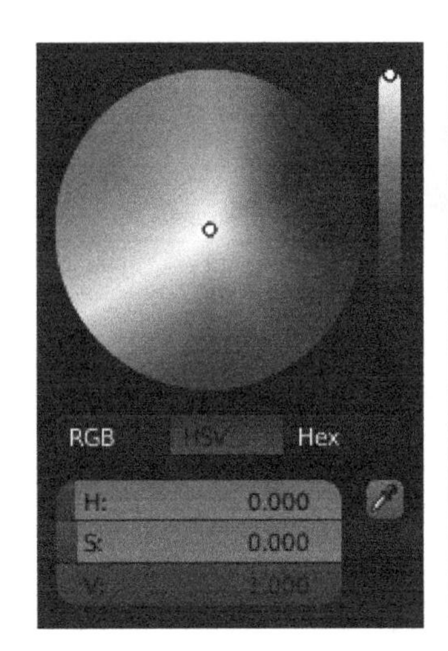

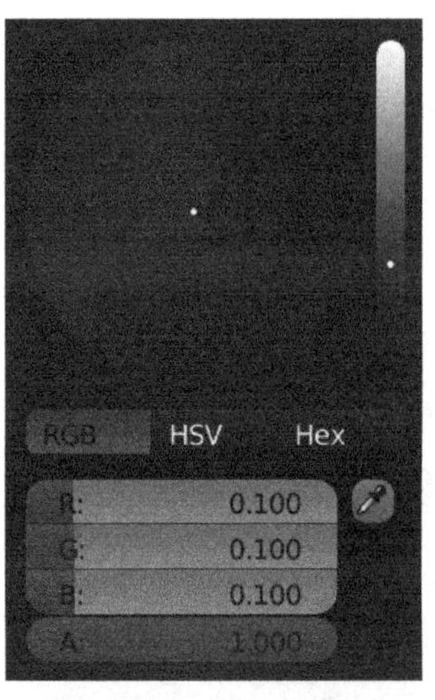

图 2-9　颜色选取器中的 RGB、HSV 和 Hex 的颜色值设置

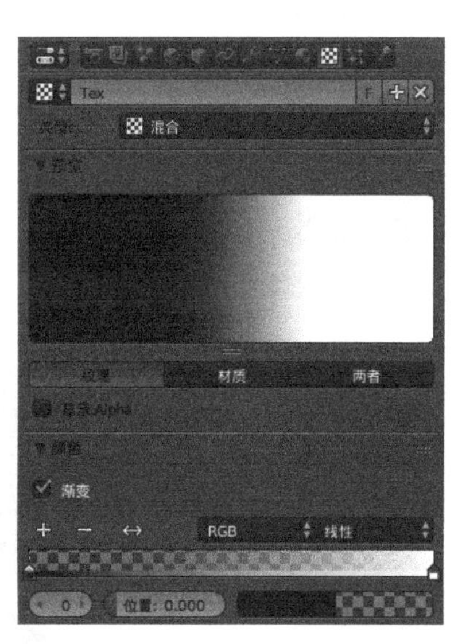

图 2-10　颜色渐变工具和渐变类型

在颜色渐变工具中，可供选择的颜色渐变是：选择单击+按钮将停止添加到自定义权重颜色渐变。选择单击−按钮从列表中删除选定的颜色渐变。选择单击↔按钮翻转颜色渐变，翻转的自定义权重颜色渐变范围的值。

颜色模式，允许控制混合的颜色。RGB：混合颜色利用每个颜色通道实现颜色的结合。

HSV 和 HSL 颜色：颜色的混合控制首先转换成 HSV 或 HSL，通过对不同的色调、饱和度、明度进行调和，使颜色具有更丰富的饱和梯度。

插值类型，用户可以选择每一个颜色渐变的颜色插值计算类型。可用的选项如表 2-3 所示。

表 2-3 颜色插值类型

英 文	中 文 释 义
B-Spline	使用 *B- 样条 * 插值的色标
Cardinal	使用 *Cardinal* 插值的色标
Linear	使用 * 线性 * 插值的色标
Ease	使用 * 松驰 * 插值的色标
Constant	设置两个色彩隔断间的差值算法

（3）曲线的小部件，在 Blender 引擎中，曲线小部件包含 RGB 曲线节点、矢量曲线节点、油漆 / 造型刷衰减、色彩管理曲线等。曲线构件是允许用户修改输入（如图像）以直观的方式通过顺利调整其值向上和向下的曲线。输入的值映射到图上，x 轴和 y 轴被映射到输出值。RGB 曲线节点，如图 2-11 所示。

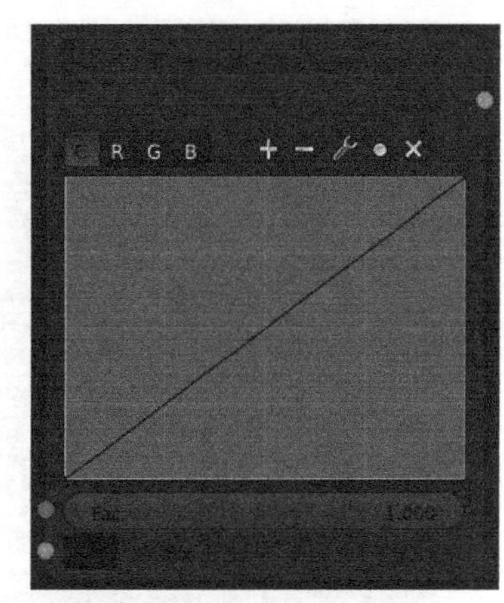

图 2-11 RGB 曲线节点

控制点：默认情况下，有两个控制点：（0.0，0.0），（1.0，1.0）这意味着输入直接映射到输出（不变）。对于移动的控点，使用鼠标单击或拖动。对于添加新的控制点，在曲线上的任意位置单击那里作为新添加的控点。对于删除的控点，在曲线上选择它并单击 Delete 键删除控制点或单击右上角的 ✕ 按钮。

控件：上面的曲线图形是控件的行，这些： X Y Z + − 🔧 ● ✕ 都是曲线控制。

多镜头选择器：允许选择适当的曲线通道。放大 +：放大曲线图形，以显示更多详细信息，并提供更准确的控制中心（要导航绕曲线而放大，请单击并拖动图上的空白部分）。缩小 −：缩小曲线图形，以显示较少的细节，并查看整个图。工具曲线 🔧：包含恢复视图（重置视图的曲线）、矢量型控制柄（矢量的曲线点句柄的类型）、自动型控制柄（自动曲线点手柄类型）、延伸水平线（延伸的曲线水平）、延伸已外扩项（延伸曲线外推）以及重置曲线（重置的默认，即删除所有已添加的曲线点中的曲线）等。截断区间 ●：启用 / 禁用剪切和设置要截断的值。删除 ✕：删除所选的控制点。

2.4　Blender 游戏引擎界面工具

Blender 游戏引擎界面工具包括 Blender 游戏引擎界面撤销和重做、Blender 游戏引擎界面 3D 量尺和量角器。

1. Blender 游戏引擎界面撤销和重做

Blender 游戏引擎界面撤销、重做和重做上一步的操作或让操作者选择要恢复到一个特定的点，选择 Blender 已经保存的最近操作的列表。

撤销：在 Blender 游戏引擎界面中，撤销操作，按 Ctrl + Z 快捷键。

重做：回退到用户撤销前的那一步，按 Ctrl + Shift + Z 快捷键。

重做上一步：重做最后是指重新做最后一步动作的简称。按下 F6 快捷键后在 3D 视图窗口中，显示一个上下文相关弹出式窗口。显示最后一步动作状态，如移动、矢量、约束轴、参照坐标系、衰减编辑、衰减编辑的衰减方式以及衰减编辑区域大小。撤销、重做和重做上一步按 F6 键显示下拉菜单效果，如图 2-12 所示。

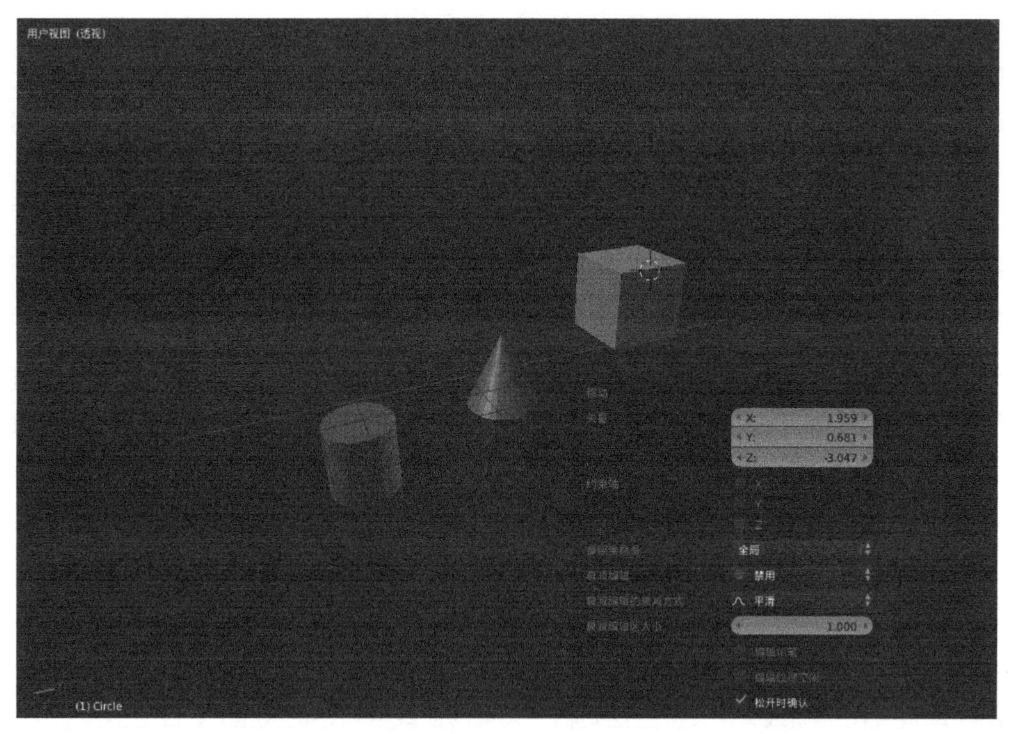

图 2-12　撤销、重做和重做上一步按 F6 键显示下拉菜单效果

2. Blender 游戏引擎界面 3D 量尺和量角器

在 Blender 游戏引擎界面工具架中可以找到 3D 量尺和量角器，一旦激活就可以在场景中丈量长度和角度。

使用 3D 量尺和量角器的步骤：

（1）在工具架激活 3D 量尺，选择“蜡笔”→“工具”→“3D 量尺和量角器”。

（2）在实时 3D 视图窗口中，单击鼠标左键并拖动，以此来定义 3D 量尺的起始点和最终点。在 3D 视图窗口中，按“Ctrl + 鼠标左键”即启动“3D 量尺”，连续单击要测量物体的起始点、中间点和最终点。

（3）在两个测量点中间单击鼠标左键，可以测量角度。

（4）按 Enter 键保持 3D 量尺的最后状态。按 Esc 键取消“3D 量尺和量角器”功能。

3D 量尺和量角器快捷键：添加新量尺按 Ctrl + 鼠标左键；使用鼠标左键拖动端点来放测量点，按住 Ctrl 键对齐，按住 Shift 键测量厚度；单击鼠标左键并拖拉中心点来测量角度，拖动出实时窗口便回到量尺状态；按 Delete 键删除量尺；按快捷键 Ctrl + C 复制尺寸数值到粘贴板；按 Esc 键退出；按 Enter 键保存量尺状态直到下次该工具被激活。3D 量尺和量角器，如图 2-13 所示。

图 2-13　3D 量尺和量角器

2.5 Blender 游戏引擎数据文件系统

Blender 游戏引擎数据文件系统涵盖数据块设计、文件处理、场景设计以及数据文件的追加和链接等功能模块。

1. Blender 游戏引擎数据文件系统

Blender 游戏引擎数据文件系统格式为 *.blend，每一个 .blend 文件包含了一套数据库，数据库涵盖了场景、物体、网格以及纹理等，都保存在文件当中。一个文件可以保存多个场景，每个场景可以保存多个物体。物体可以保存多个材质，材质可以保存多张纹理。在不同的物体之间还可以创建链接关系。

使用大纲视图编辑器的时候，可以很方便地在文件中获得需要的内容，编辑器显示某个 * .blend 文件中所有的数据。大纲视图可以进行一些对物体的简单操作，如选择、重命名、删除、链接以及父子化关系设定等。

打包和解包数据，打包数据 Blender 有能力将不同类型的数据封装进 .blend 文件中。例如，一个以 .jpg 为后缀名的图片材质可以通过选择“File”（文件）→“External Data”（外部数据）→“Pack into .blend file”（打包到 blend 文件），把数据放入 .blend 文件中。当 .blend 文件被保存时，那个 .jpg 文件的副本就会被放入 .blend 文件里面。这个 .blend 文件可以被复制和邮寄到任何地方，那个图片副本跟着一起移动。只要在标题栏看到一个小的“圣诞礼物盒”，那就说明已经将一张图片打包进 .blend 文件了。

解包数据，当收到一个打包好的文件，可以使用“File”（文件）→“External Data”（外部数据）→“Unpack into Files”（解压包到文件）进行文件的提取。解压数据包时会出现两种选项，一种选项是按原来的目录结构解压文件，另一种是将文件放在和当前 .blend 文件的同一目录下。如果打算将修改后的文件打包发回给原来将文件发给你的人的话，那么可以选择第一种选项进行操作。

2. Blender 游戏引擎数据块设计

Blender 游戏引擎数据块设计涵盖数据块文件的使用和分类两大部分。数据块文件的使用包括数据块特性、数据块垃圾回收、数据块删除等。数据块文件的分类包含动作、骨架、笔刷、相机、字形、蜡笔、组、图像以及库等。

1）Blender 游戏引擎数据块使用

一个 Blender 工程项目文件是由基本的数据块单元构成，例如：网格（meshes）、物体（objects）、材质（materials）、纹理（textures）、节点树（node-trees）、场景（scenes）、文本（texts）、笔刷（brushes）甚至是屏幕（screens）等。而骨骼（bones）、序列片段（sequence strips）和顶点组（vertex groups）不是数据块。

数据块特性：数据块是 Blend 文件的主要内容。数据块可以互相连接、重用和实例化，如子 / 父、对象 / 对象数据以及具有修改和约束等；具有唯一名字，允许被添加、删除、修改和复制；数据块可以在文件之间连接；数据块能有自己的动画数据；数据块可以有自定义属性。

当处理很复杂的工程项目管理任务时，数据块就会变得更加重要，特别是对 .blend 文件进行内部链接的时候。在大纲视图编辑器中，选择“大纲视图”→“数据块”。数据块视图，如图 2-14 所示。

图 2-14 数据块视图

数据块使用（垃圾回收），Blender 使用常规的数据块处理规则，没有被使用就移除。该规则通过设置一个数据块的使用数目来实现，当一个数据块的使用数目为 0 时，该数据块就会被释放。当数据块写入 .blend 文件的时候，这些零使用数据块将不会被保存。

数据块共享，很多种类的数据块可以与其他的数据库共享，如在通常的数据共享形式里：在材质中共享纹理；不同的物体中共享网格；不同的物体中分享动画动作，如让所有的灯光同时变暗。还可以在文件间共享数据库。

删除数据块，数据块通常在不再使用的时候被删除，但是也有例外的时候，如 Scene（场景）、Text（文本）、Group（组）和 Screen（屏幕）这些数据块可以被直接移除。其他数据块，如分组和动作可以在大纲编辑器的上下文按钮中取消链接。

2）Blender 游戏引擎数据块分类

Blender 游戏引擎数据块分类包含数据块类型、链接以及打包等。数据块类型包含动作、骨架、笔刷、相机以及曲线等。链接表示链接库，支持 Bing（Bing 中文名为“必应”，是全球领先的搜索引擎之一）链接到其他 Blender 文件，并支持将文件内容打包到 Blender 文件中，如表 2-4 所示。

表 2-4 Blender 游戏引擎数据块分类表

类型（Type）	链接（Link）	打包（Pack）	描 述
动作（Action）	✓	✗	存储动画函数曲线 用作动画数据及非线性编辑
骨架（Armature）	✓	✗	形变网格的骨骼 骨架修改器（Armature Modifier）使用的数据
笔刷（Brush）	✓	✗	画图工具

续表

类型（Type）	链接（Link）	打包（Pack）	描　述
相机（Camera）	✓	✗	用作对象数据
曲线（Curve）	✓	✗	应用于相机，文字以及物体表面
字形（Font）	✓	✓	字体文件 应用于字形数据
蜡笔（GreasePencil）	✓	✗	2D/3D 素描数据 在 3D 视窗、图像、序列 & 影片剪辑编辑器中 3D View，Image，Sequencer & MovieClip editors.
组（Group）	✓	✗	物体的引用 用作副本组和常用库链接
图像（Image）	✓	✓	图像文件 应用于纹理以及着色器节点
灯（Lamp）	✓	✗	用作对象数据
晶格（Lattice）	✗	✗	基于网格的晶格变形 晶格编辑器的对象数据
库（Library）	✗	✓	引用到外部 ".blend" 文件 Access from the outliner's blend-file view
线条样式（LineStyle）	✓	✗	FreeStyle 渲染引擎使用
遮罩（Mask）	✓	✗	平面动态遮盖曲线 被合成节点与序列片段使用
材质（Material）	✓	✗	设置阴影和纹理的渲染属性 应用于物件，网格与曲线
网格（Mesh）	✓	✗	几何形状（顶点 / 边 / 面） 用作对象数据
融球（MetaBall）	✓	✗	三维的等值曲面 用作对象数据
影片剪辑（MovieClip）	✓	✗	引用给图片序列或视频文件 用于运动追踪编辑器
节点组（NodeGroup）	✓	✗	复用节点的收集 用于节点编辑器
物体（Object）	✓	✗	场景中有位置， 旋转和缩放的物体。 被用于场景和组

续表

类型（Type）	链接（Link）	打包（Pack）	描　　述
粒子（Particle）	✓	✗	粒子设置 用于粒子系统
调色板（Palette）	✓	✗	存储预设的颜色 从绘图工具中使用
场景（Scene）	✓	✗	存储所有的显示数据和动画数据 是物体和动画的最高存储位置
屏幕（Screen）	✗	✗	屏幕布局 被每个有自己屏幕的窗口使用
形变关键帧（ShapeKeys）	✗	✗	几何形状的形变信息 被网格、曲线和晶格物体使用
声音（Sounds）	✓	✓	声音文件的引用 用于扬声器物件和游戏引擎
扬声器（Speaker）	✓	✗	为三维场景的发声源 用作对象数据
文本（Text）	✓	✗	文本数据 用于 Python 脚本和 QSL shaders
纹理（Texture）	✓	✗	2D/3D 纹理 用于材质，世界和笔刷
世界（World）	✓	✗	用于场景的环境渲染设置

3. Blender 游戏引擎场景设计

Blender 游戏引擎场景设计是对管理 Blender 工程项目非常有用的工具。每个 *.Blender 文件都包含多个场景，这些场景可能共享了物体或者材质等数据。Blender 游戏引擎场景设计包含新建、复制设置、链接物体、链接物体数据、完整复制等功能。Blender 游戏引擎场景设计，如图 2-15 所示。

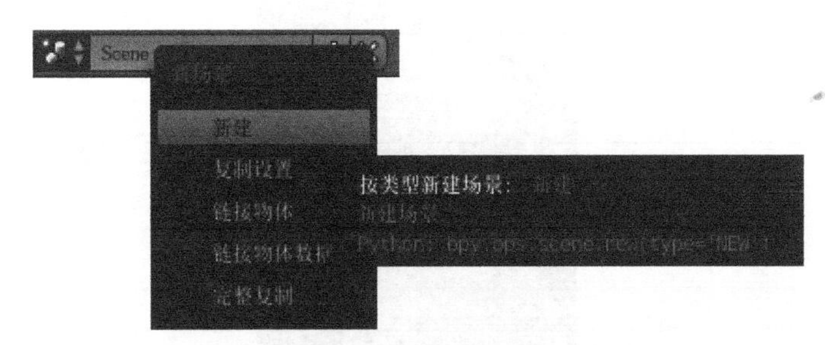

图 2-15　Blender 游戏引擎场景设计

可以通过单击 按钮添加一个场景在新场景列表中，选择“新建”按钮，添加一个新的场景。

新建：表示使用默认值新建一个空的场景。

复制设置：使用当前活动场景，再新建一个场景。如新建场景为（场景），复制设置场景为（场景 .001）。

链接物体：该选项会创建一个新的场景使用活动场景的设置和内容。然而链接物体与复制设置的区别为新场景的物体都是链接于旧场景的。因此，新场景中物体的改动都会对旧场景产生相同的改变。

链接物体数据：在当前选定的场景中创建新的、复制的所有对象的副本，但这些重复的对象中的每一个都将有链接到原始场景中的对象的数据（如网格、材料等）的链接。这意味着，可以改变新的场景中的对象的位置、大小和方向，而不会影响其他场景，但任何修改的对象数据（如网格、材料等）将会影响其他场景。这是因为“对象数据”的一个实例现在正在被所有场景中的所有对象共享。

完整复制：该选项创建一个活动场景的独立复制，任何数据都不会共享，对象数据也是如此。

移除场景：在信息编辑器中，可以通过单击场景名字旁边的 按钮删除当前场景。

4. Blender 游戏引擎文件处理

Blender 游戏引擎文件处理包括新建文件、打开文件、保存文件、导入 / 导出文件、相对路径以及媒体格式等相关内容。Blender 游戏引擎文件处理，如图 2-16 所示。

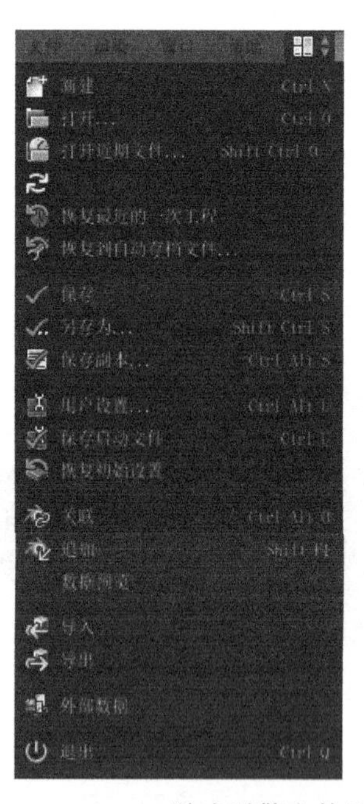

图 2-16　Blender 游戏引擎文件处理

新建文件，选择“文件”→“新建”，即创建一个新的工程文件。快捷键为 Ctrl + N。

打开文件，选择“文件”→“打开”，即打开已保存的工程文件。快捷键为 Ctrl + O 或 F1 键。上部文本框中显示当前目录路径，而下部文本框包含所选的文件名。打开已保存的工程文件，如图 2-17 所示。

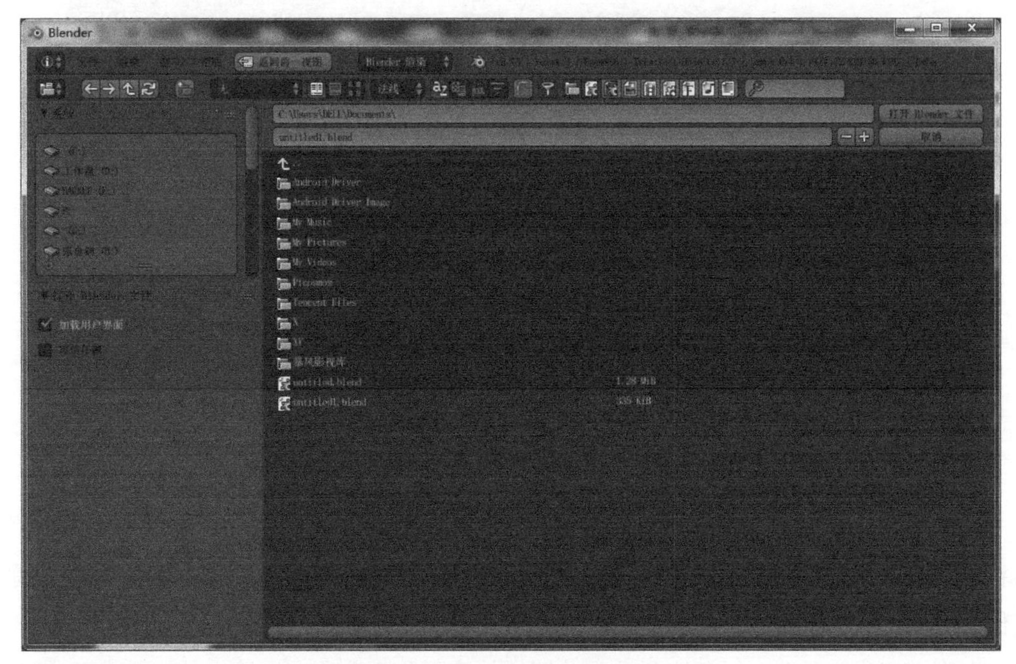

图 2-17　打开已保存的工程文件

打开最近文件，选择“文件”→“打开最近文件”，即列出最近打开的文件，单击后载入文件。

恢复最后一次工程，选择“文件”→“恢复最后一次工程”，将会载入退出 Blender 前最后一次自动保存的 quit.blend 文件，所以该选项可以恢复最后一次工程的文件。

恢复自动保存的工程，选择“文件”→“恢复自动保存的工程”，该选项将会打开自动保存的工程文件。

保存文件包含保存、另存为…、保存副本…等功能。保存文件，选择“文件”→“保存”，即将文件保存到默认目录或指定的硬盘文件中的相应目录。快捷键为 Ctrl + S 或 Ctrl + W 将现有的 .Blend 文件保存在本身。

另存为，选择“文件”→“另存为…”，即将文件另存为到默认目录或指定的硬盘文件中的相应目录。快捷键为 Ctrl + Shift + S 或 F2 键，选择要保存到 Blend 的文件。在保存文件时，如果没有写文件的扩展名，Blend 则自动添加扩展名。如果一个具有相同名称的文件已经存在，文本将弹出一个警告，文件将被覆盖，变成红色。Blend 文件另存为窗口，如图 2-18 所示。

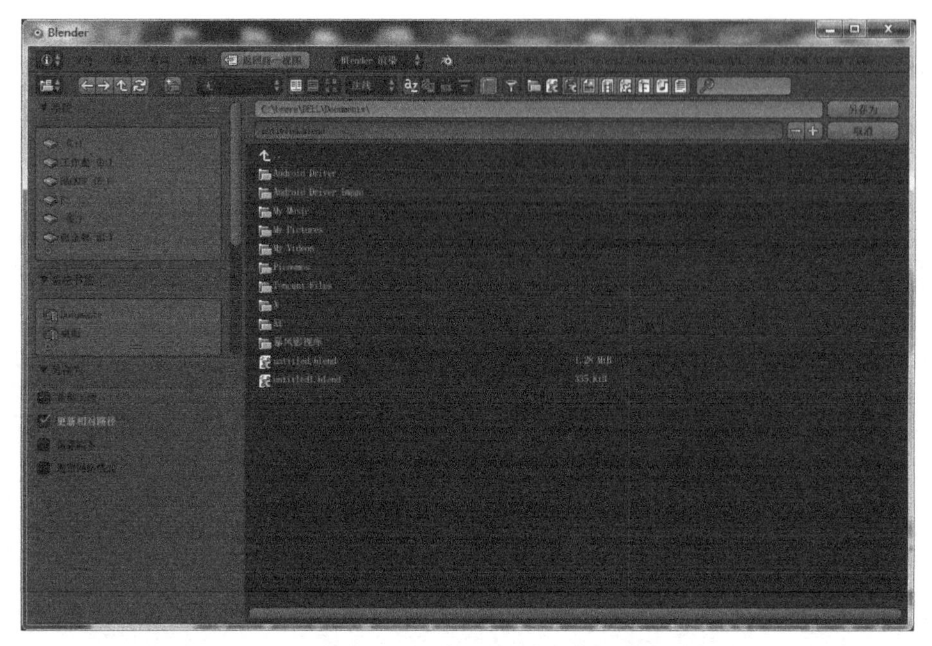

图 2-18　Blend 的文件另存为

保存副本，选择“文件”→“保存副本…”，即保存副本到默认目录或指定的硬盘中的相应文件目录。快捷键为 Ctrl + Alt + S，选择要保存的 Blend 文件，即返回到编辑原始文件完成后的文件，这可以用来保存当前的工作状态的备份而不修改原始文件。

在保存工程文件时，保存选项显示左侧栏的底部包含选项有压缩文件、更改相对路径、保存副本、遗留网格格式。

压缩文件：当保存文件时，可以勾选该功能。使保存的文件占用更小的硬盘空间，但需要较长时间保存和加载。

更新相对路径：该选项用来重新映射保存的“相对路径”，如链接的库和图像，在一个新的位置保存一个文件。

保存副本：该选项保存一个副本的实际工作状态，但并不使保存的文件处于活动状态。

遗留网格格式：该选项保存 Blend 文件时，忽略了多边形四个以上的顶点，老版本的 Blend（2.63 版前）可以打开它。

导入 / 导出文件：Blender 支持导入 / 导出其他格式的文件，如 *.OBJ、*. FBX、*.3DS、*.PLY 等文件格式。这些格式的导入 / 导出可以通过菜单选择“文件”→“导入 / 导出”。

相对路径：许多 Blend 文件引用外部图像或其他链接的 Blend 文件。路径告诉 Blend 在哪里寻找这些文件，如果外部文件被移动，引用它们的 Blend 文件将找不到外部文件。

使用相对路径，可以移动该 Blend 文件到一个新位置提供的外部链接的文件与它一起移动。如，能包含 Blend 文件和它引用的外部图像的子文件夹的文件夹。

大多数文件选择窗口提供 * 相对路径 * 检查框中，或当操作者将文本字段键入路径中，使用双斜杠前缀“//”。

媒体格式涵盖图像格式和视频格式等。图像格式包含 BMP、Iris、PNG、JPEG、Targa、OpenEXR、TIFF 等。视频格式包括 AVI、H.264、MPEG、MOV 和 MP4 等。支持的图像格式及 Blender 内置的图像格式一览表。如表 2-5 所示。

表 2-5　Blender 内置支持的图像格式一览表

格　式	通 道 深 度	Alpha	Metadata	DPI	扩 展 组 件
BMP	8 位	✗	✗	✓	.bmp
Iris	8 位	✓	✗	✗	.sgi .rgb .bw
PNG	8、16 位	✓	✓	✓	.png
JPEG	8 位	✗	✓	✓	.jpg .jpeg
JPEG 2000	8、12、16 位	✓	✗	✗	.jp2 .jp2 .j2c
Targa	8 位	✓	✗	✗	.tga
Cineon & DPX	8、10、12、16 位	✓	✗	✗	.cin .dpx
OpenEXR	float 16，32bit	✓	✓	✓	.exr
Radiance HDR	浮点型	✓	✗	✗	.hdr
TIFF	8，16 位	✓	✗	✓	.tif .tiff

常用的图像输出格式有：OpenEXR、PNG、JPEG 等。如果想做合成或者对图像做色彩灰度可以使用 OpenEXR 图像格式；如果做屏幕输出或者要压缩成各种视频格式可以使用 PNG 图像格式；如果对于屏幕上输出文件的大小和质量要求不高，通常使用 JPEG 图像格式。

通道深度表示图像文件格式支持不同数量每个像素位数，这将影响色彩的质量和文件大小。

常用的深度：8 位（2^8 = 256）；最常见的屏幕上的图形和视频有 10 位、12 位、16 位（2^{10} = 1024，2^{12} = 4096，2^{16} = 65536）；用于某些格式，专注于摄影和数字电影的格式，如 DPX 和 JPEG 2000。16 位浮点，由于完整的 32 位浮点数通常是超过足够的精度，那么半浮法可以节省空间同时提供高动态范围的磁盘空间。32 位浮点数，高质量颜色深度。

Blender 内置的图像系统支持以下其中之一：

每个通道（4 × 8 位）的 8 位。

每个通道（4 × 32 位）的 32 位浮点。

支持的视频格式，视频格式主要用于将渲染完成的序列压缩成一个可播放的电影，也可以被用来制造普通的音频文件。编码器是压制视频的常用工具，所以会适用于 DVD 或者互联网，缆线传播的流媒体技术或只是一个合适的文件尺寸。编码器把视频的各个通道压制进储存空间并支持回放。有损的编码器可以消耗图像的质量来减小文件的尺寸。像 H.264 编码器适用于较大的图像。编码器可用来编码和解码视频，并且也通用于制作器和播放器，解码完成的数据会被储存在文件中。

常用的编解码器，包括 XviD 格式、H.264、DIVX 以及微软等。每个编解码器都有各自优点和缺点，并兼容不同的操作系统及不同的播放器。大多数编解码器只能压缩 RGB 或 YUV 色彩空间，但一些编码器也很好地支持 Alpha 通道。

支持 RGBA 的编解码器包括：QuickTime。

PNG TIFF Pixlet：不损失少，并且可以是仅可在 Apple Mac、Lagarith Lossless Video Codec。

AVI 解码压缩器。依附于操作系统的可用编码器。当选择了 AVI 编解码器，编解码对话框会自动启动。该编解码器可以使用“集编解码器”按钮进行更改（AVI 解码器设置）。

AVI Jpeg（AVI 格式）：也是 AVI 但使用了 JPEG 压缩。有损，能得到占空间更小的文件但小不过一个由编解码器的压缩算法得到的文件。JPEG 压缩在数字摄像机中使用的 DV 格式中也有使用。

AVI Raw（AVI 原）：音视频交织（AVI）的未压缩的帧集。常用的视频文件格式包含：MPEG-1、MPEG-2、MPEG-4、AVI、MOV、DV、Flash、Wav 以及 Mp3 等。

MPEG-1：表示一个标准的视频和音频的有损压缩格式。它被设计用来压缩 VHS 质量的原始数字视频和低至 1.5Mb/s 的音频。视频格式为 .mpg、.mpeg。

MPEG-2：表示一个标准的“运动图像的通用编码和相关音频信息”。它描述了有损视频压缩和有损音频压缩方法的合集，其允许存储和传输使用目前可用的存储介质的电影，和传输带宽。视频格式为 .dvd、.vob、.mpg、.mpeg。

MPEG-4（DivX）：该格式吸收了许多 MPEG-1、MPEG-2 和其他相关标准的功能，并增加了新的功能。视频格式为 .mp4、.mpg、.mpeg。

AVI：指资源交换文件格式（RIFF），它把一个文件的数据分成块。视频格式为 .avi。

Quicktime：表示一个多跟踪格式。QuickTim 和 MP4 容器的格式可以使用相同的 MPEG-4 格式，它们大多在仅使用 QuickTime 的环境中可交换。MP4 作为国际标准，有更多的支持项。视频格式为 .mov。

DV：表示帧内视频压缩方案，它使用离散的余弦变换（DCT）来从帧接帧的基础上压缩视频，音频存储不经过压缩。视频格式为 .dv。

H.264：一种标准的视频压缩格式，是目前最常用的记录，压缩和分配高清晰度视频的格式中的一种。视频格式为 .avi。

Xvid：该视频编解码器库遵循 MPEG-4 标准。它使用了 ASP 功能如 b 帧，全局和四分之一像素运动补偿、LUMI 掩蔽、网格量化和 H.263，MPEG 自定义量化矩阵。视频格

式为 .avi。

Ogg：表示免费的有损压缩格式。它是由 Xiph.Org 基金会开发并免费分发。视频格式为 .ogg、.ogv。

Matroska：表示一个开放的标准自由容器格式，可以容纳在一个文件中无限数量的视频、音频、图片或字幕轨道的一个文件格式。视频格式为 .mkv。

Flash：表示容器文件格式，用于提供使用 Adobe Flash 播放器的互联网视频服务。视频格式为 .flv。

Wav：表示未压缩（或轻度压缩）的微软和 IBM 音频文件格式。视频格式为 .wav。

Mp3：表示高度压缩的，采用有损数据压缩形式的数字音频编码格式。它是一种常见的用来储存音频的音频格式，其实它是用来在电子播放器上传输和重放音频的标准数字音频压缩。视频格式为 .mp3。

5. Blender 游戏引擎追加和链接

Blender 游戏引擎追加和链接功能帮助重复使用材质、物体和其他数据块从外部源 Blend 文件加载，可以建立的共同内容库和跨多个引用文件共享它们。

“链接”能从源文件中链接数据，如果源文件中的数据被改变，那么引用数据的文件将在下次打开的时候更新数据内容。而“追加”使数据完整复制到你的 Blender。可以向本地副本中的数据进行进一步的编辑，但外部源代码文件中的更改不会反映在该引用的文件。

追加，选择“文件”→“追加”，快捷键为 Shift + F1。链接，选择“文件”→“链接 / 关联”，快捷键为 Ctrl + Alt + O。Blender 游戏引擎链接数据，如图 2-19 所示。

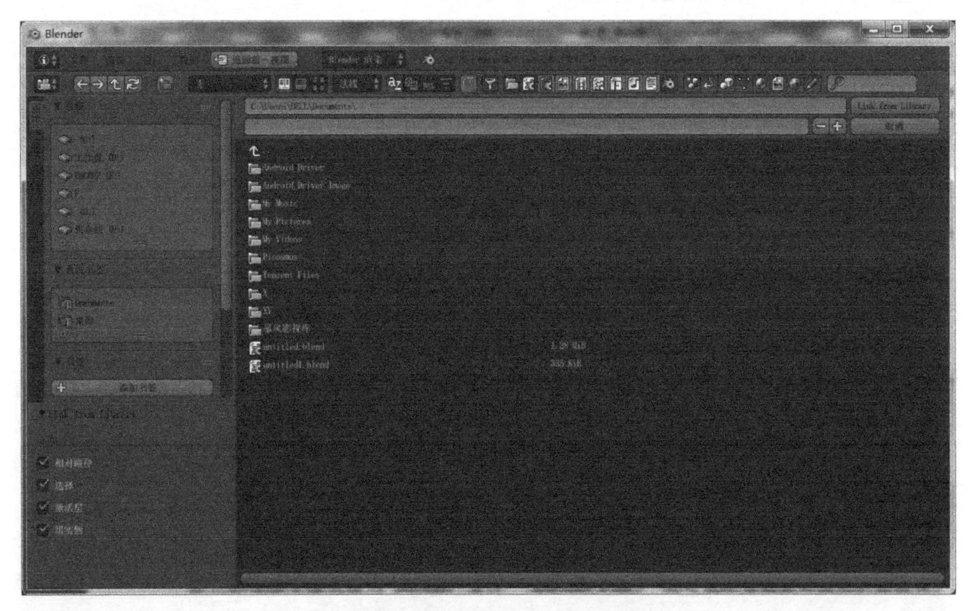

图 2-19　Blender 游戏引擎链接数据

链接数据选项，在图 2-19 所示左侧底部选项栏。包含有相对路径、选择、激活层、组实例等。

相对路径：允许使用相对路径来链接。

选择：使物体在加载后处于选中状态。

激活层：默认启用，对象将被添加到场景的可见层还是所处文件原有图层。

组实例：该选项将组中的物体添加到激活了的场景。物体被选择后，会放置在游标处，其他的数据如相机、曲线和材质被选中后需要链接到一个物体上才能可视。

在 D 视图和节点编辑器中，选择“添加” → “组实例”，分别可以看到新添加的组和节点树组。在大纲视图中模式设为 Blender 文件，则可见所有链接和追加的数据块。快捷键 Ctrl + 鼠标左键选择文件名字可以从定向链接到其他文件。提示：链接的物体不可移动，其坐标在源文件中设定。如果想在当前文件中修改这个物体可以使用复制组。

2.6 Blender 游戏引擎笔记本模拟键盘设计

Blender 游戏引擎笔记本模拟数字键盘设计，是指在笔记本上使用 Blender 游戏引擎时没有数字小键盘，有些快捷功能不能使用，故可利用笔记本模拟台式机的数字小键盘，步骤如下：

- 启动 Blender 游戏引擎集成开发环境。
- 在标题栏 1 中，选择“文件” → “用户设置” → “用户设置面板”。选择用户设置面板设计，如图 2-20 所示。

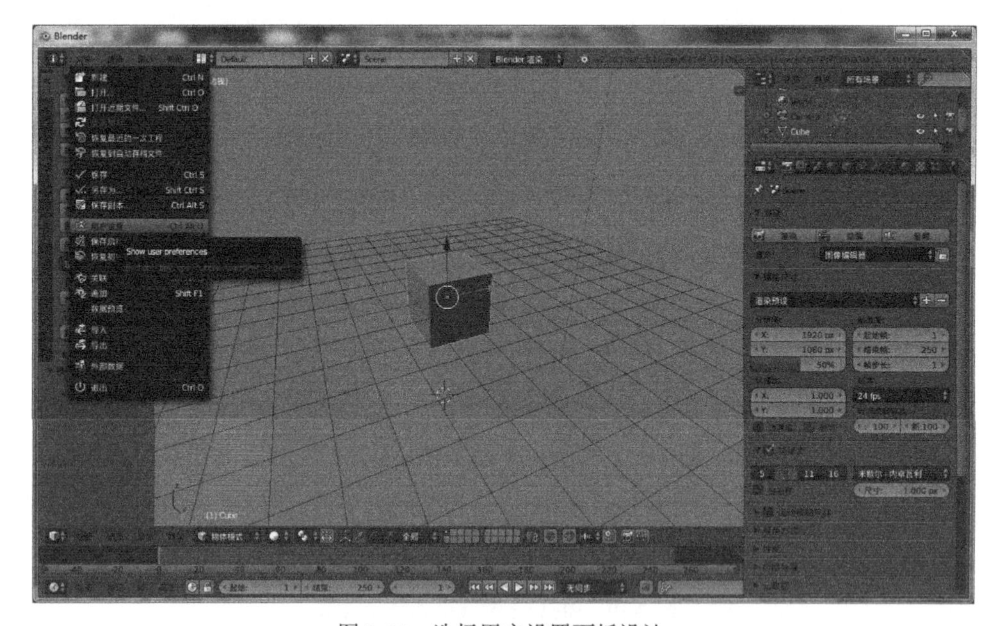

图 2-20　选择用户设置面板设计

- 在“用户设置面板”默认显示“系统”信息或上一次使用信息，在“用户设置面板”顶部，选择“输入”功能设置，如图 2-21 所示。

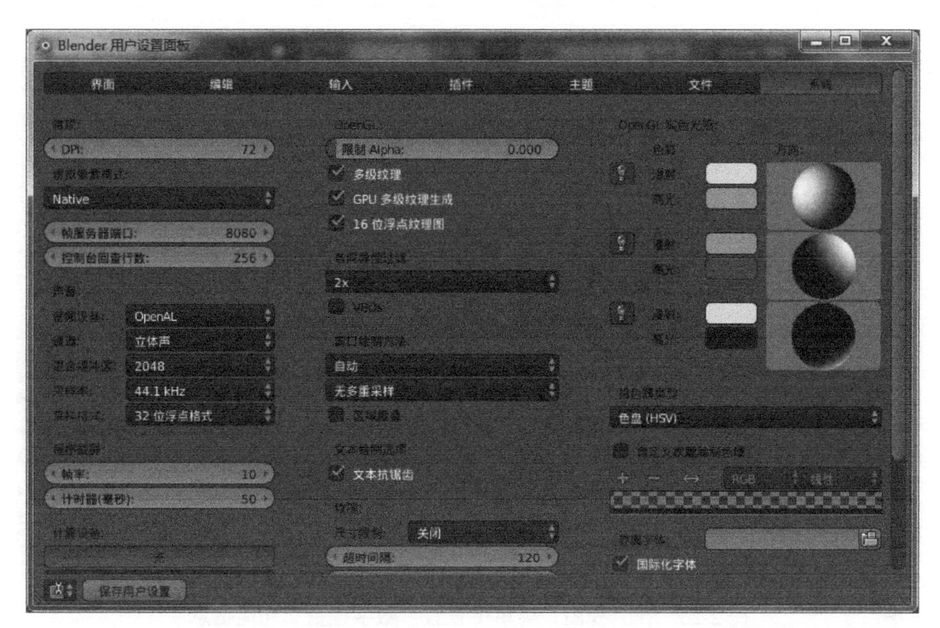

图 2-21　在“用户设置面板”顶部，选择“输入”功能设置

- 在“用户设置面板”中的“输入”功能面板的左侧，找到“模拟数字键盘”并勾选。并在“用户设置面板”左下方选择“保存用户设置”，具体如图 2-22 所示。

图 2-22　在“用户设置面板”左下方选择“保存用户设置”

- 现在可以使用笔记本顶部的数字按键来切换视图方式了。

- 在标题栏 2 中，选择“视图”菜单，显示具体的数字对应视图方式，如前视图对应数字键 1、顶视图对应数字键 7、右视图对应数字键 3 等，具体如图 2-23 所示。

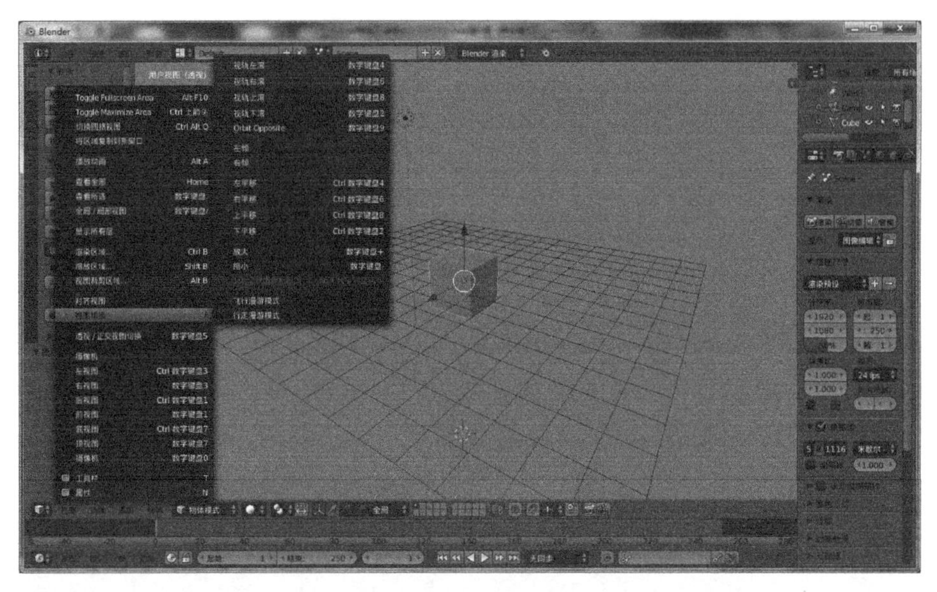

图 2-23　在“视图”菜单中查看“数字键盘”功能信息

第 3 章　Blender 游戏逻辑编辑器设计

Blender 游戏逻辑编辑器设计包括游戏触发器设计、游戏控制器设计、游戏促动器设计以及游戏逻辑编辑器属性设置等。

3.1　Blender 游戏逻辑编辑器概述

Blender 游戏逻辑编辑器主要涉及 Blender 游戏引擎中使用的逻辑模块的编辑开发与设计，以及控制游戏物体的运动、动画以及动态交互设计。

Blender 游戏逻辑编辑器用户界面包含触发器、控制器、促动器以及游戏属性等。

Blender 游戏逻辑编辑器用户控制界面设置，在标题栏 3 中，选择“时间线”→“逻辑编辑器”。在逻辑编辑器用户控制界面中，按快捷键 Shift + A →“触发器 / 控制器 / 促动器”分别选择三种功能。Blender 逻辑编辑器用户控制界面，如图 3-1 所示。

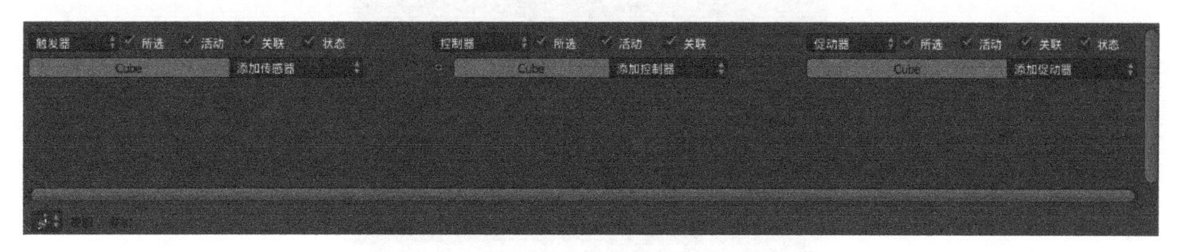

图 3-1　Blender 逻辑编辑器用户控制界面

3.2　Blender 游戏触发器设计

Blender 游戏触发器设计是为活动的游戏物体添加一个传感器。添加的传感器包括光线、随机、雷达、属性、相近、鼠标、信息、键盘、操纵杆、延迟、碰撞、总是以及促动器等。Blender 触发器用户控制界面，如图 3-2 所示。

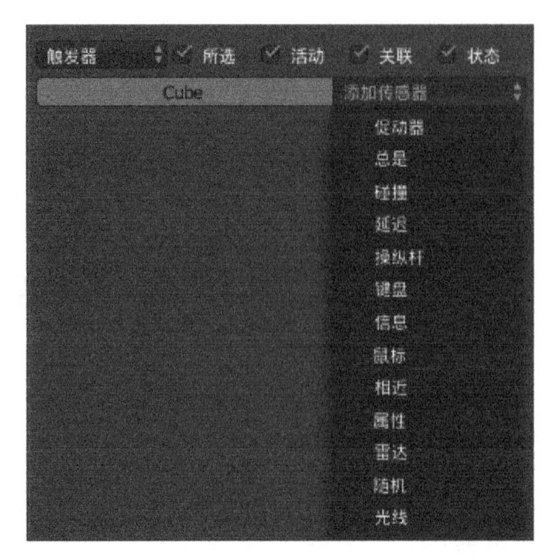

图 3-2　Blender 触发器用户控制界面

3.3　Blender 游戏控制器设计

Blender 游戏控制器设计是为活动的游戏物体添加一个控制器，实现游戏物体的运动逻辑行为控制。添加的控制器包含 And、Or、Nand、Nor、Xor、Xnor、表达式以及 Python 等逻辑运算功能。Blender 控制器用户控制界面，如图 3-3 所示。

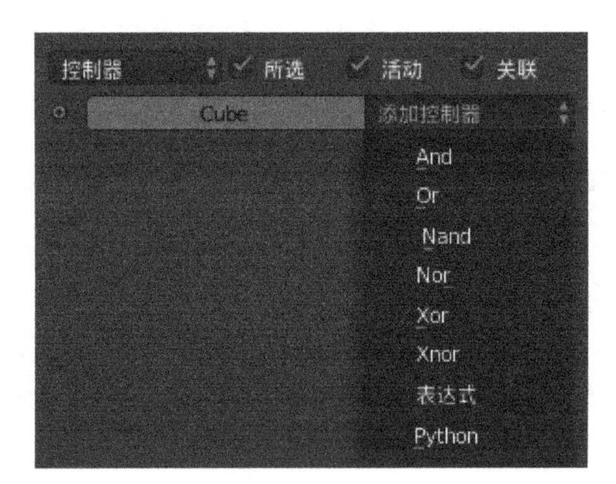

图 3-3　Blender 控制器用户控制界面

3.4　Blender 游戏促动器设计

Blender 游戏促动器设计是为活动的游戏物体添加一个触动器，以实现游戏物体的运动逻辑控制。添加的促动器包括可见性、状态、声音、转向、场景、随机、属性、父级、运动、鼠标、信息、游戏引擎、平面过滤、编辑物体、约束、摄像机以及动作等逻辑功能。Blender 促动器用户控制界面，如图 3-4 所示。

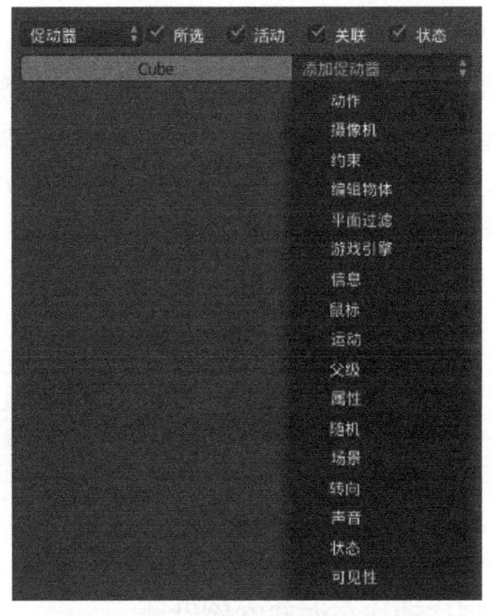

图 3-4　Blender 促动器用户控制界面

3.5　Blender 游戏逻辑编辑器属性设置

Blender 游戏逻辑编辑器属性设置是指为活动的游戏新建一个可供游戏引擎调用的属性，可以添加多个游戏属性。其中属性的类型包括计时器、字符串型、浮点型、整数以及布尔等数据类型。Blender 逻辑编辑器属性设置控制界面，如图 3-5 所示。

图 3-5　Blender 逻辑编辑器属性设置控制界面

3.6　Blender 控制移动战车游戏案例设计

Blender 控制移动战车游戏案例设计包括 Blender 控制移动战车游戏策划、Blender 控制移动战车游戏案例设计两个部分。Blender 控制移动战车游戏策划包含游戏场景地面设计、3D 战车模型设计与导入、游戏战车移动控制逻辑设计等。

3.6.1 Blender 控制移动战车游戏策划

Blender 控制移动战车游戏主要包括在游戏场景中创建一个游戏战车 3D 模型，一个地面和相应的逻辑控制编辑器设计等。在 Blender 游戏引擎中，通过 W 键（前进）、S 键（后退）、A 键（左转）、D 键（右转）等功能按键控制游戏战车在游戏场景中自由移动和行驶。控制移动战车游戏层次结构，如图 3-6 所示。

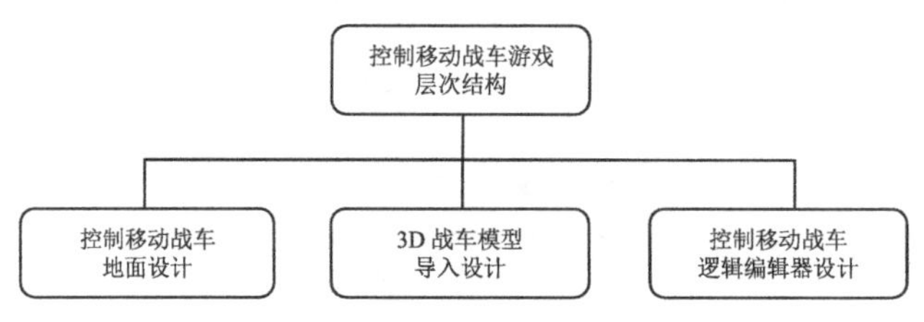

图 3-6　控制移动战车游戏层次结构

3.6.2 Blender 控制移动战车游戏案例设计

Blender 控制移动战车游戏案例设计是利用游戏引擎的逻辑编辑器来控制游戏战车在游戏场景中前、后、左、右快速移动。其中游戏战车 3D 建模工作就不再赘述了，直接导入战车模型，创建一个地面并对游戏战车进行逻辑编辑器开发与设计。

Blender 控制移动战车游戏案例设计流程和步骤：

- 启动 Blender 互动引擎集成开发环境。在物体模式中，删除默认立方体物体。
- 在标题栏 1 中，选择“Blender 渲染”→“Blender 游戏”。
- 导入游戏战车 3D 模型，选择“文件”→“打开”→“游戏战车模型 .blend”模型文件。单击“打开文件”按钮，导入游戏战车 3D 模型设计，如图 3-7 所示。

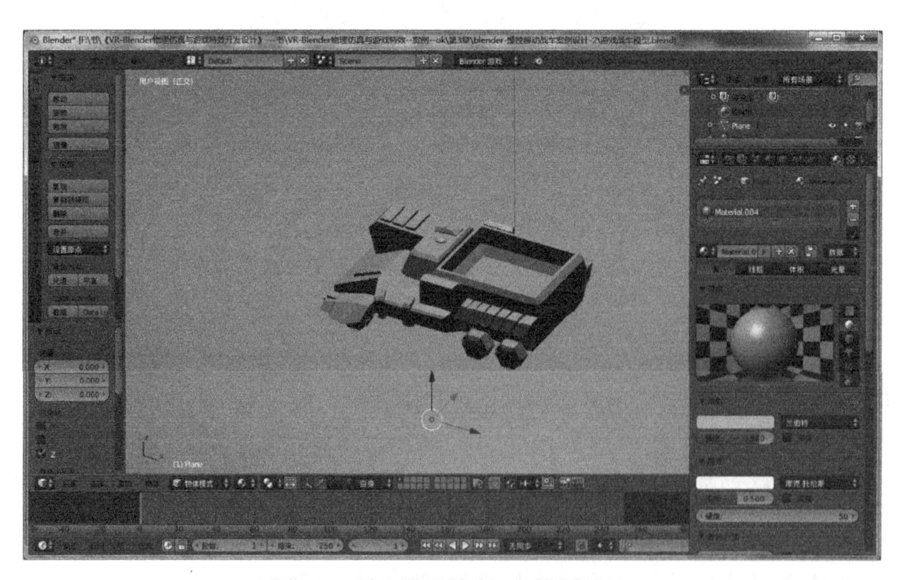

图 3-7　导入游戏战车 3D 模型设计

- 在物体模式下，选中地面，在右侧的场景工具按钮中，选择“物理”→“物理类型”→“静态”。
- 接着选中游戏战车模型，在右侧的场景工具按钮中，选择“物理”→“物理类型”→“刚体”，勾选“演员”复选框。
- 在标题栏 2 中，选择“添加”→“网格”→“平面”，创建一个游戏地面。
- 在右侧的场景工具按钮中，选择“材质”→“漫射颜色”，设置 R = 0.309；G = 0.8；B = 0.8。游戏战车物理仿真设计，如图 3-8 所示。

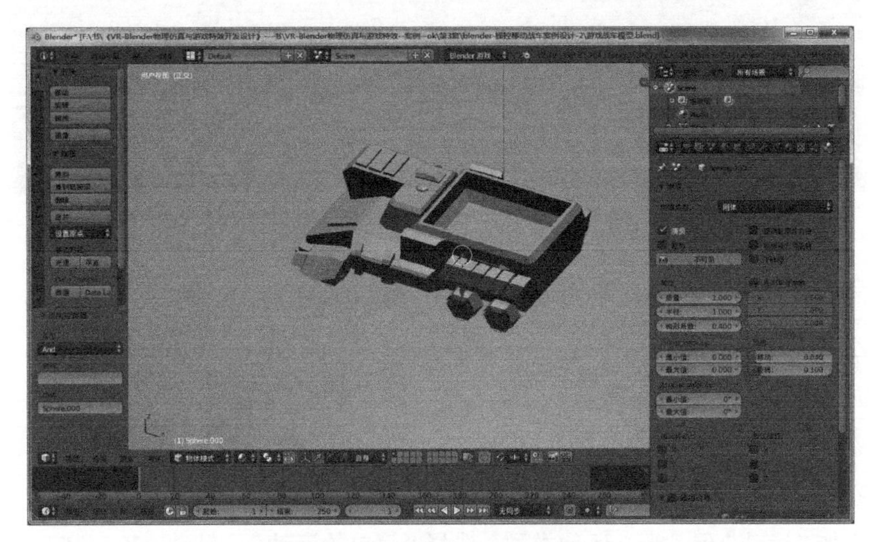

图 3-8　游戏战车物理仿真设计

- 游戏战车前进逻辑编辑器设计。选中“游戏战车”模型，切换至物体模式。
- 在标题栏 3 中，选择“时间线”→“逻辑编辑器”。
- 添加“键盘”传感器，在“按键”选项中，单击“W”。
- 添加“控制器”，选择 And。
- 添加“运动”促动器，运动类型：选择“简单的运动”，位置：X = 0.0；Y = −0.2；Z = 0.0。游戏战车前进逻辑编辑器设计，如图 3-9 所示。
- 按照相似的方法，设置游戏战车后退逻辑编辑器设计，选中“游戏战车”模型。
- 添加“键盘”传感器，在“按键”选项中，单击“S”。
- 添加“控制器”，选择“And”。
- 添加“运动”促动器，运动类型：选择“简单的运动”，位置：X = 0.0；Y = + 0.2；Z = 0.0。
- 游戏战车左转逻辑编辑器设计，选中“游戏战车”模型。
- 添加“键盘”传感器，在“按键”选项中，单击“A”。
- 添加“控制器”，选择“And”。

图 3-9 游戏战车前进逻辑编辑器设计

- 添加“运动”促动器，运动类型：选择“简单的运动”，转动：X=-5°；Y=0°；Z=0°。
- 游戏战车右转逻辑编辑器设计，选中“游戏战车”模型。
- 添加“键盘”传感器，在“按键”选项中，单击“D”。
- 添加“控制器”，选择“And”。
- 添加“运动”促动器，运动类型：选择“简单的运动”，转动：X=+5°；Y=0°；Z=0°。
- 单击“P”运行游戏，分别按 W 键（前进）、S 键（后退）、A 键（左转）、D 键（右转）等功能键，实现 Blender 控制移动游戏战车设计效果，如图 3-10 所示。

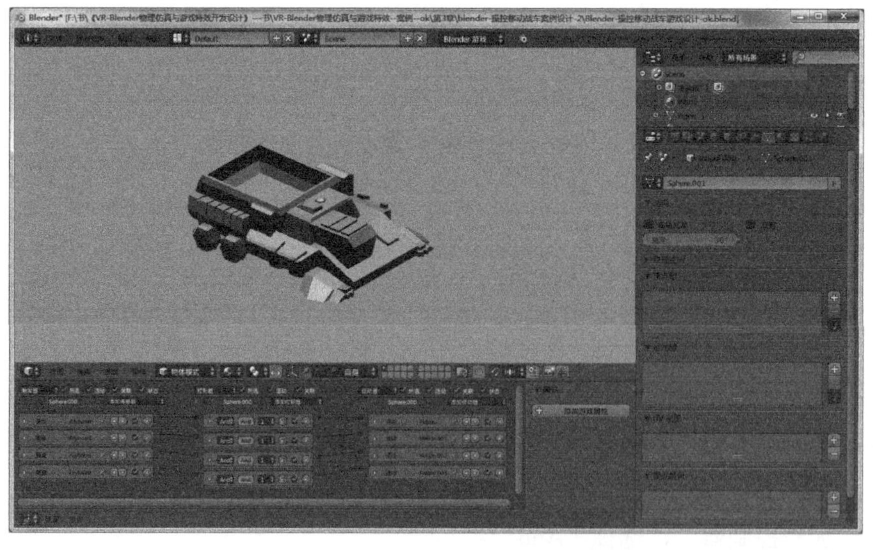

图 3-10 Blender 控制移动游戏战车设计效果

3.7 Blender 射击游戏案例设计

Blender 射击游戏案例设计包括射击游戏策划和射击游戏案例设计两大部分。射击游戏策划包含射击场景设计、道具设计以及逻辑编辑器动画设计等。

3.7.1 Blender 射击游戏策划

Blender 射击游戏是指在游戏场景中，开发设计一个左轮手枪和子弹，通过 Blender 游戏引擎中的逻辑编辑器设计，当单击鼠标左键时，可以实现左轮手枪自动连续发射子弹的动画效果。左轮手枪自动发射层次结构，如图 3-11 所示。

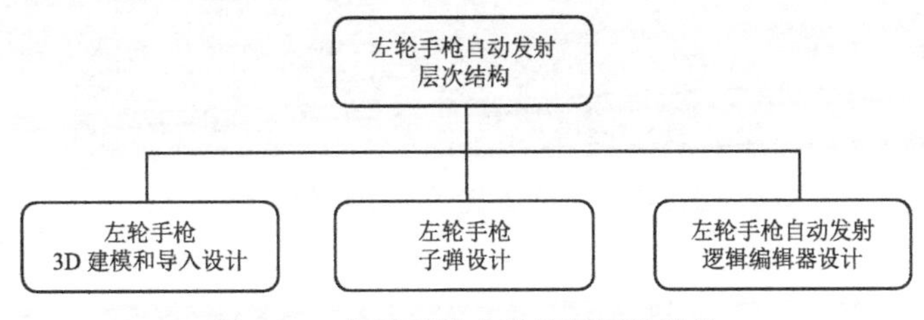

图 3-11　左轮手枪自动发射层次结构

3.7.2 Blender 射击游戏案例设计

Blender 射击游戏案例设计主要包括左轮手枪 3D 建模和导入设计、左轮手枪子弹设计、左轮手枪自动发射逻辑编辑器设计等，其中左轮手枪 3D 建模部分就不再赘述了。本节主要介绍左轮手枪 3D 模型导入和左轮手枪子弹设计，以及左轮手枪自动发射逻辑编辑器设计中的传感器、控制器和促动器的具体设计流程和步骤。具体方法如下：

- 启动 Blender 互动引擎集成开发环境。在物体模式中，删除默认立方体物体。
- 导入左轮手枪 3D 模型，选择“文件”→“打开”→“左轮手枪 .blend”模型文件。单击“打开文件”按钮。导入左轮手枪 3D 模型设计，如图 3-12 所示。
- 在物体模式中，按快捷键 A，全选“左轮手枪”。
- 在标题栏 1 中，选择“Blender 渲染”→“Blender 游戏”。
- 在右侧的场景工具按钮中，选择“物理”→“物理类型”→“字符”。
- 选中左轮手枪 3D 模型设计，如图 3-13 所示。

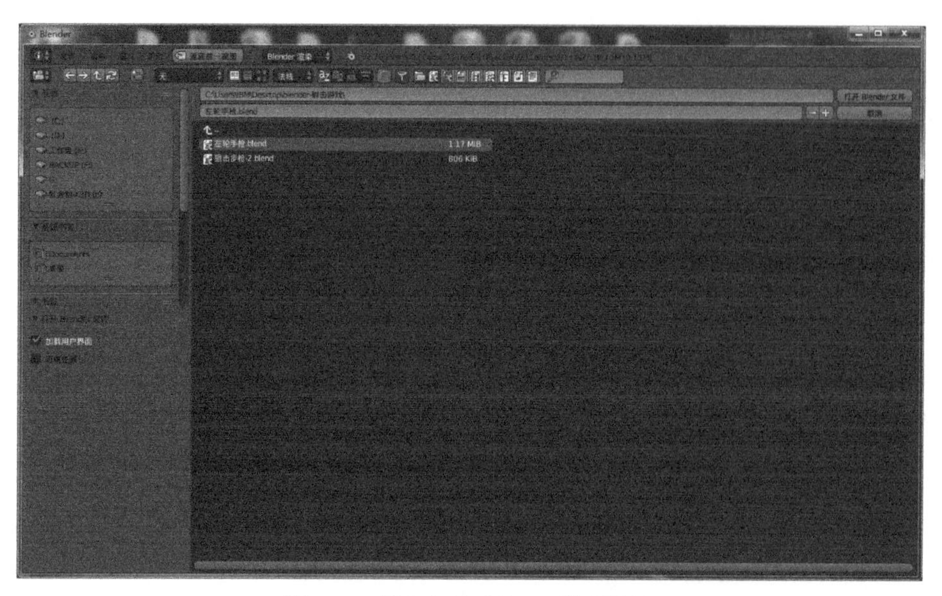

图 3-12　导入左轮手枪 3D 模型设计

图 3-13　选中左轮手枪 3D 模型设计

- 在选中“左轮手枪”情况下，切换至逻辑编辑器，在标题栏 3 中，选择“时间线”→“逻辑编辑器”。
- 添加“鼠标”传感器，在“鼠标事件”中，选择“移动”设置。
- 添加“控制器”，选择“And”。
- 添加“鼠标”促动器，模式：选择“视图”，单击“使用 Y 轴”。设置左轮手枪逻辑编辑器设计，如图 3-14 所示。

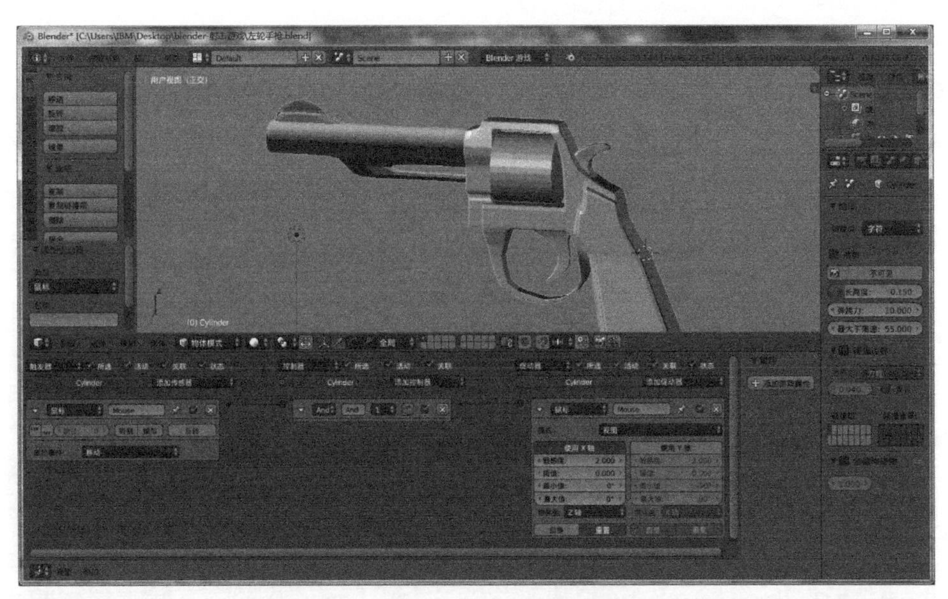

图 3-14　设置左轮手枪逻辑编辑器设计

- 在左轮手枪的前方创建一个空物体，作为射击口的位置。
- 在标题栏 2 中，选择“添加”→“空物体”→“球体”。利用移动、缩放等功能把空物体调整至左轮手枪枪口位置。
- 选择“空物体”，然后按快捷键 Shift 选择“左轮手枪”，接着按快捷键 Ctrl + P →选择“物体”，或选择“选择”→“安组”→“父级”（快捷键为 Shift + G）。左轮手枪设置为空物体的父级设计，如图 3-15 所示。

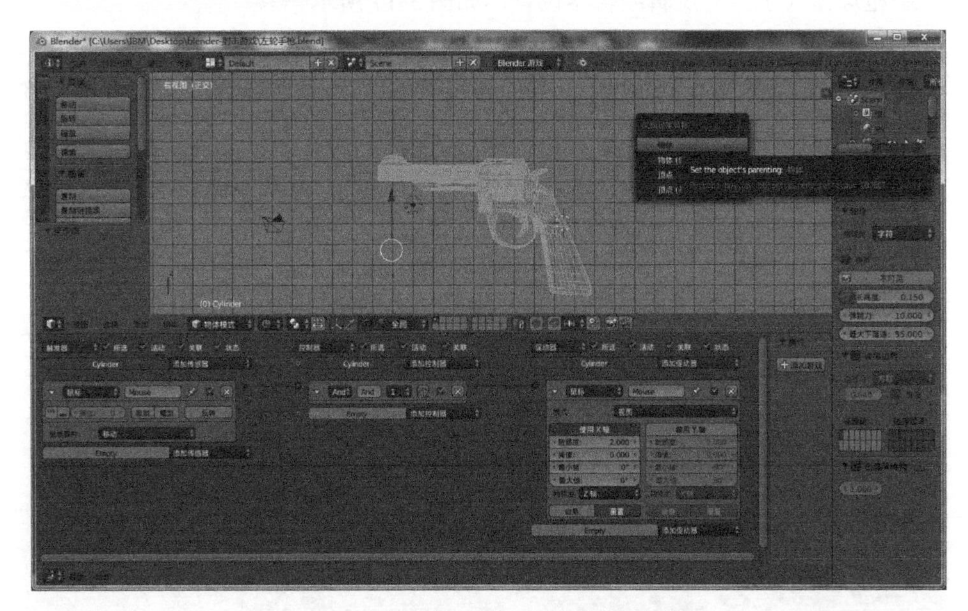

图 3-15　左轮手枪设置为空物体的父级设计

- 创建一个球体，选择“添加”→“网格”→“经纬球”。
- 利用移动、缩放命令对其进行定位和缩放设计，并设置球体的材质。
- 选择“球体”，然后按快捷键 M，把球体移动到第 2 层，效果如图 3-16 所示。

图 3-16　把球体（子弹）移动到第 2 层

- 选择“球体”（子弹）逻辑编辑器。触发器设置：添加传感器，选择“总是”。
- 控制器设置：选择“And”。促动器设置：选择“运动”，位置 Y= −0.25。左轮手枪球体（子弹）逻辑编辑器设置，如图 3-17 所示。

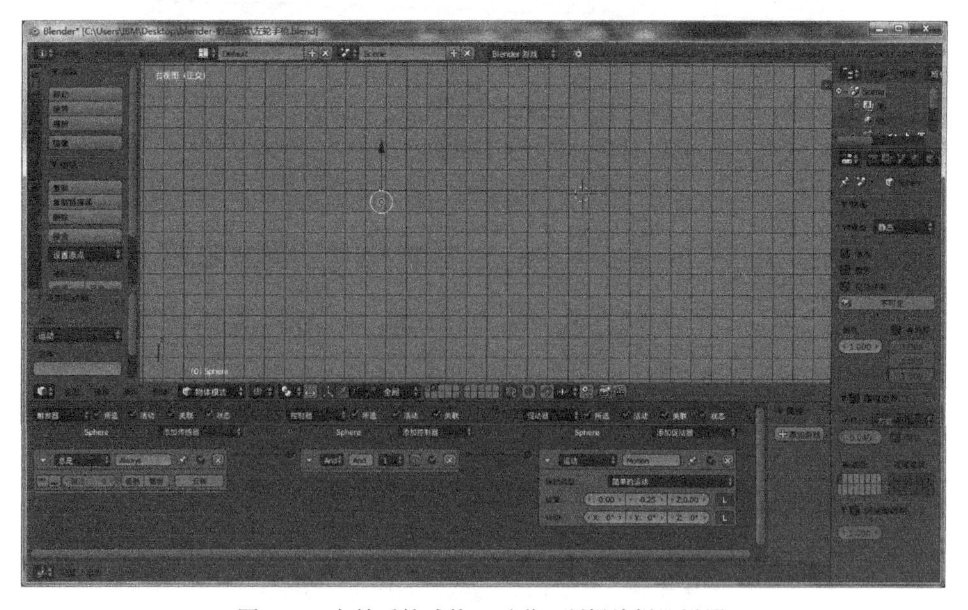

图 3-17　左轮手枪球体（子弹）逻辑编辑器设置

- 回到左轮手枪所在的游戏层，选择“空物体”。
- 触发器设置：添加传感器，选择“鼠标”，鼠标事件设置“左键”。
- 控制器设置：选择“And”。促动器设置：选择“编辑物体”，“物体”设置“球体”。
- 左轮手枪游戏层对空物体进行逻辑编辑器设置，如图 3-18 所示。

图 3-18　左轮手枪游戏层对空物体进行逻辑编辑器设置

- 添加一个地面，选择“添加”→“网格”→“平面”，利用缩放和移动对平面进行移动和缩放，把平面放在左轮手枪的下面。
- 按快捷键 P 运行游戏，移动鼠标并单击鼠标左键左轮手枪发射子弹，效果如图 3-19 所示。

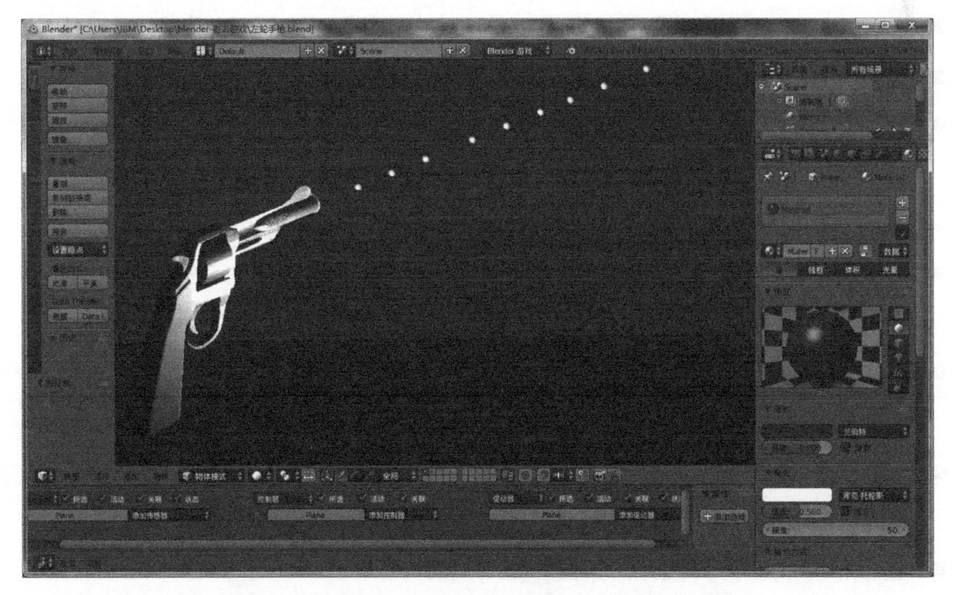

图 3-19　单击鼠标左键左轮手枪发射子弹射击效果

3.8 Blender 铲车拾取计数游戏案例设计

3.8.1 Blender 铲车拾取计数游戏策划

Blender 铲车拾取计数游戏需要首先创建铲车游戏场景，其中包含铲车 3D 模型、地面和拾取物等，其次要开发设计一个铲车的逻辑编辑器功能，最后要编写铲车游戏拾取逻辑设计过程。铲车拾取计数游戏层次结构，如图 3-20 所示。

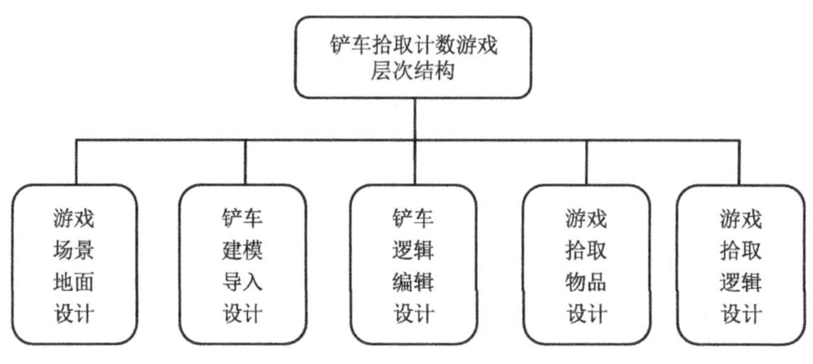

图 3-20　铲车拾取计数游戏层次结构

3.8.2 Blender 铲车拾取计数游戏案例设计

Blender 铲车拾取计数游戏案例设计主要包括两大部分，一部分是游戏地面、铲车 3D 建模和导入设计以及铲车逻辑编辑控制设计；另一部分是铲车拾取计数设计，涉及游戏场景的切换以及逻辑编辑和属性的设计等。

Blender 铲车拾取计数游戏案例设计流程和步骤：

- 启动 Blender 互动引擎集成开发环境。在物体模式中，删除默认立方体物体。
- 在标题栏 1 中，选择“Blender 渲染”→“Blender 游戏”。
- 导入游戏铲车 3D 模型，选择“文件”→“打开”→“游戏铲车模型 .blend”模型文件。单击“打开文件”按钮，导入游戏铲车 3D 模型设计。
- 在标题栏 2 中，选择“添加”→“网格”→“平面”，创建一个游戏地面。
- 在右侧的场景工具按钮中，选择“材质”→“漫射颜色”，设置 R = 0.4；G = 0.8；B = 0.4。导入游戏铲车 3D 模型和地面设计，如图 3-21 所示。
- 切换至物体模式下，选中地面，在右侧的场景工具按钮中，选择“物理”→“物理类型”→“静态”。
- 接着选中游戏铲车模型，在右侧的场景工具按钮中，选择“物理”→“物理类型”→“动态”，单击“演员”复选框。
- 游戏铲车物理仿真设计，如图 3-22 所示。

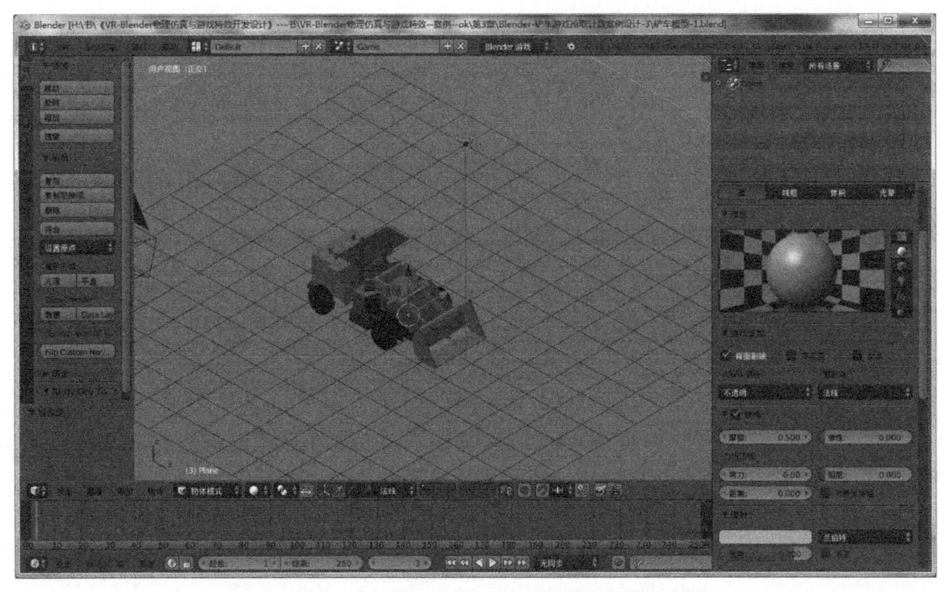

图 3-21　导入游戏铲车 3D 模型和地面设计

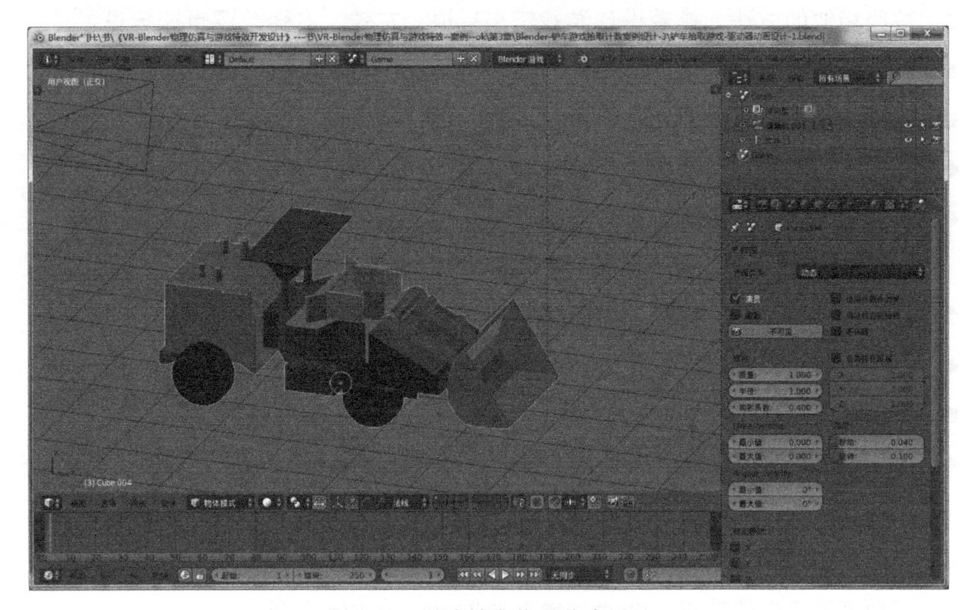

图 3-22　游戏铲车物理仿真设计

- 游戏铲车前进逻辑编辑器设计。选中“游戏铲车”模型，切换至物体模式。
- 在标题栏 3 中，选择“时间线”→“逻辑编辑器”。
- 添加“键盘”传感器，在“按键”选项中，单击“上箭头”。
- 添加“控制器”，选择“And”。
- 添加“运动”促动器，运动类型：选择“简单的运动”，位置：X= + 0.2；Y= 0.0；Z= 0.0。游戏铲车前进逻辑编辑器设计，如图 3-23 所示。

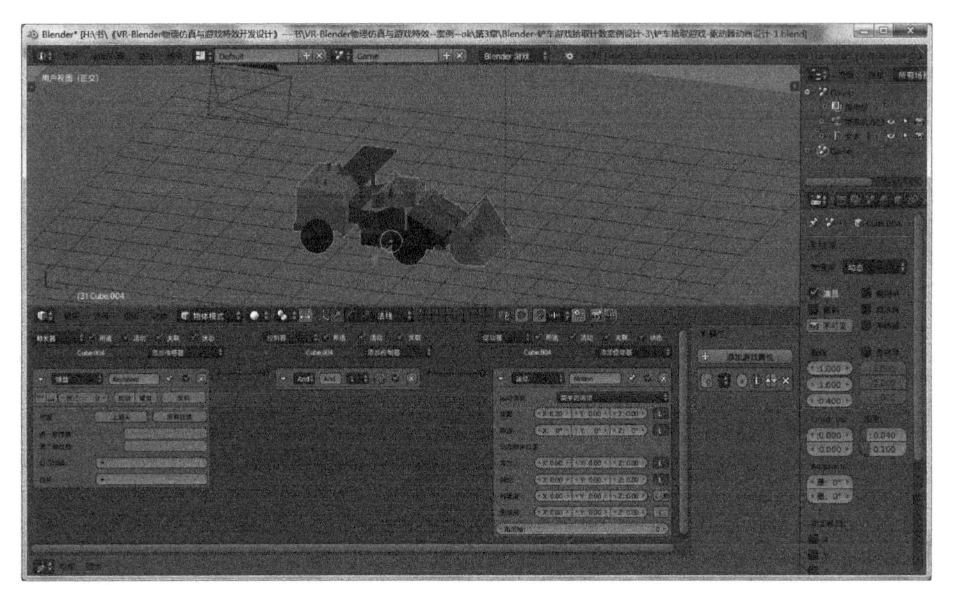

图 3-23　游戏铲车前进逻辑编辑器设计

- 按照相似的方法，接着设计游戏铲车后退、左转、右转等逻辑编辑设置。
- 选中“游戏铲车”模型，设置游戏战车后退逻辑编辑器设计。
- 添加“键盘”传感器，在“按键”选项中，单击“下箭头”。
- 添加“控制器”，选择“And”。
- 添加“运动”促动器，运动类型：选择“简单的运动”，位置：X=−0.2；Y=0.0；Z=0.0。
- 选中“游戏铲车”模型，游戏铲车左转逻辑编辑器设计。
- 添加“键盘”传感器，在“按键”选项中，单击“左箭头”。
- 添加“控制器”，选择“And”。
- 添加“运动”促动器，运动类型：选择“简单的运动”，转动：X=0°；Y=0°；Z=+1°。
- 选中“游戏铲车”模型，游戏战车右转逻辑编辑器设计。
- 添加“键盘”传感器，在“按键”选项中，单击“右箭头”。
- 添加“控制器”，选择“And”。
- 添加“运动”促动器，运动类型：选择“简单的运动”，转动：X=0°；Y=0°；Z=−1°。
- 单击 P 键运行游戏，分别按控制键“上箭头”键前进、“下箭头”键后退、“左箭头”键左转、“右箭头”键右转等功能实现 Blender 控制移动游戏铲车设计效果，如图 3-24 所示。
- 在设置好游戏铲车移动逻辑编辑器后，为游戏添加拾取计数设计。

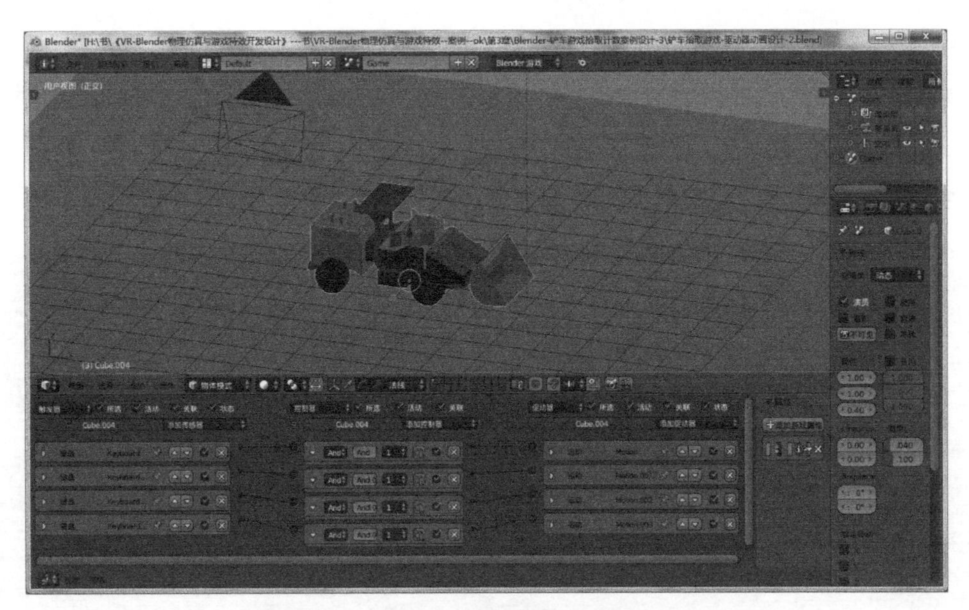

图 3-24　Blender 控制移动游戏铲车设计效果

- 在游戏场景 Game 中，添加一个红色球体。
- 在物体模式中，选择“添加”→“网格”→“经纬球”或按快捷键 Shift + A →“网格”→“经纬球”。按快捷键 G 调整球体的位置、按快捷键 S 调整球体的大小。
- 在右侧的场景工具按钮中，选择“材质”→“新建”→“漫射颜色”，颜色设置为红色：R = 0.8；G = 0.2；B = 0.2。在游戏场景 Game 中，添加球体设计。
- 选中红球，在右侧的场景工具按钮中，选择“物理”→“物理类型”→“刚体”，单击“演员”复选框，完成效果如图 3-25 所示。

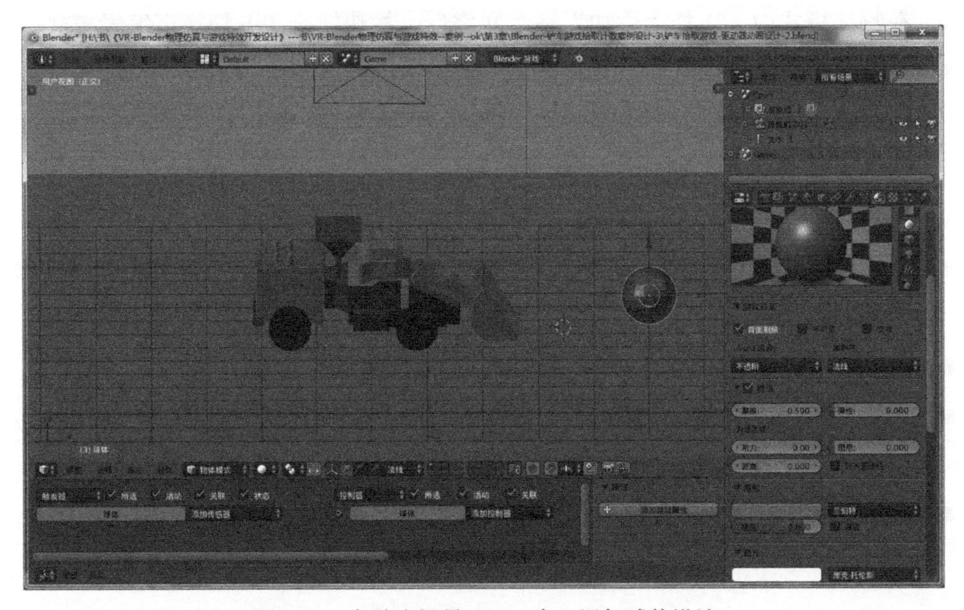

图 3-25　在游戏场景 Game 中，添加球体设计

- 在标题栏 1 的游戏场中单击⊞按钮添加一个新的场景 Count。
- 并创建一个“摄像机”，选择“添加”→“摄像机”，按快捷键 N 调整摄像垂直朝向场景中心位置。旋转：X= 0°；Y= 0°；Z= 0°。
- 添加一个新的 Count 场景并创建一个“摄像机”设计，如图 3-26 所示。

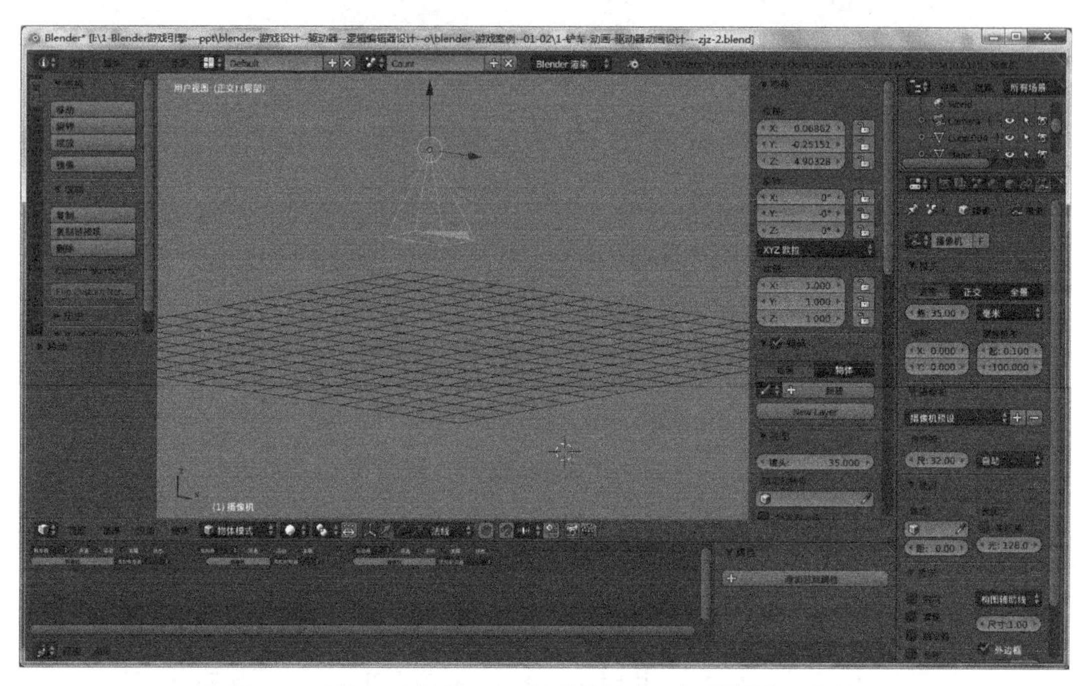

图 3-26　添加一个新的 Count 场景并创建一个“摄像机”设计

- 在 Count 场景中，接着创建一个“文字”，设为数字“0”。
- 在物体模式中，选择“添加”→“文字”，按快捷键 Tab 切换至编辑模式。
- 按数字键“0”进入摄像机视图模式，按退格键删除默认 Text 文字，输入数字“0”。再次切换回物体模式，调整数字“0”的位置，放在右上角。在右侧的场景工具按钮中，选择“文本”→“右对齐”。
- 在 Count 场景中，添加初始数据“0”设计，如图 3-27 所示。
- 在标题栏 3 中，选择“时间线”→“逻辑编辑器”，选择文字“添加文字游戏属性”，设置“整数”。
- 为文字“添加文字游戏属性”设计，如图 3-28 所示。
- 切换到 Game 场景，选择红球，为其添加游戏属性，参数设置：名称“red”，类型“整形”，数值“0”。
- 在 Game 场景中，为红球添加游戏属性设计，如图 3-29 所示。

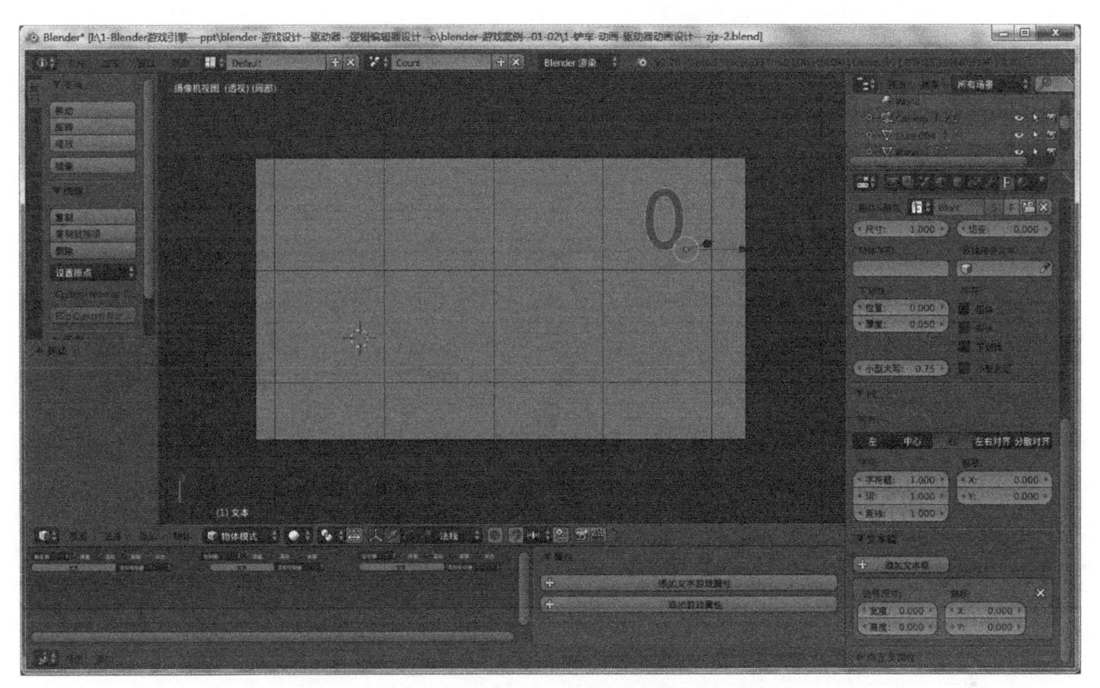

图 3-27　在 Count 场景中，添加初始数据“0”设计

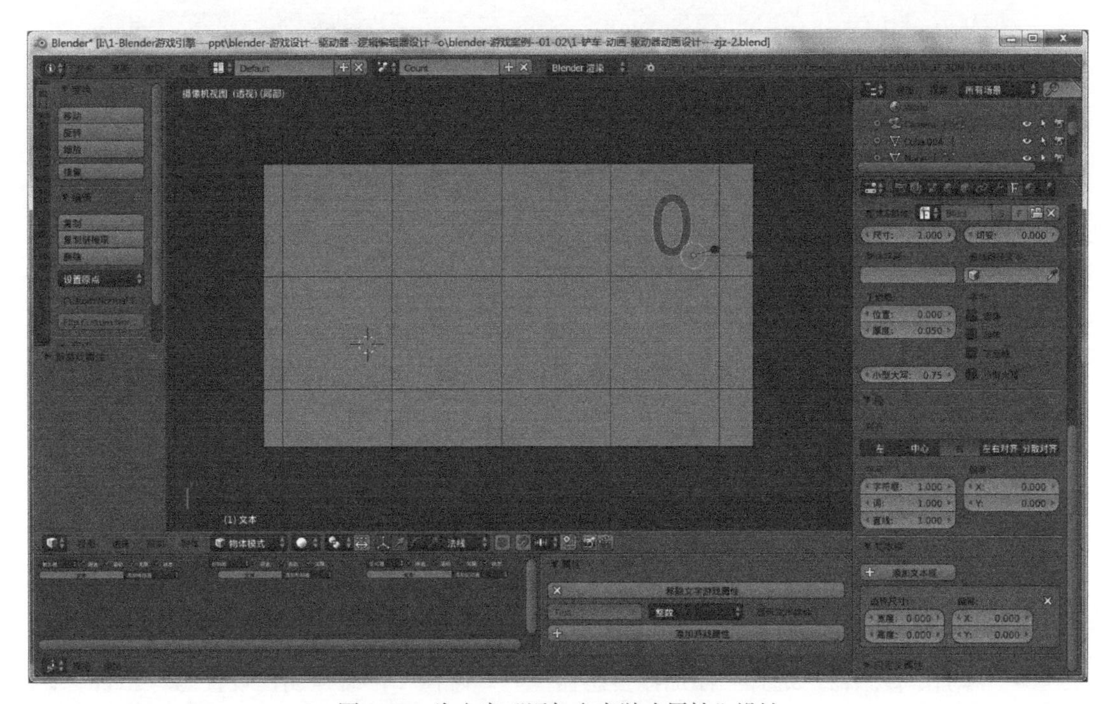

图 3-28　为文字“添加文字游戏属性”设计

- 在 Game 场景中，选中铲车模型，为铲车添加游戏属性，参数设置：名称“green”，类型“整数”，数值“0”。
- 在 Game 场景中，为铲车模型添加游戏属性设计，如图 3-30 所示。

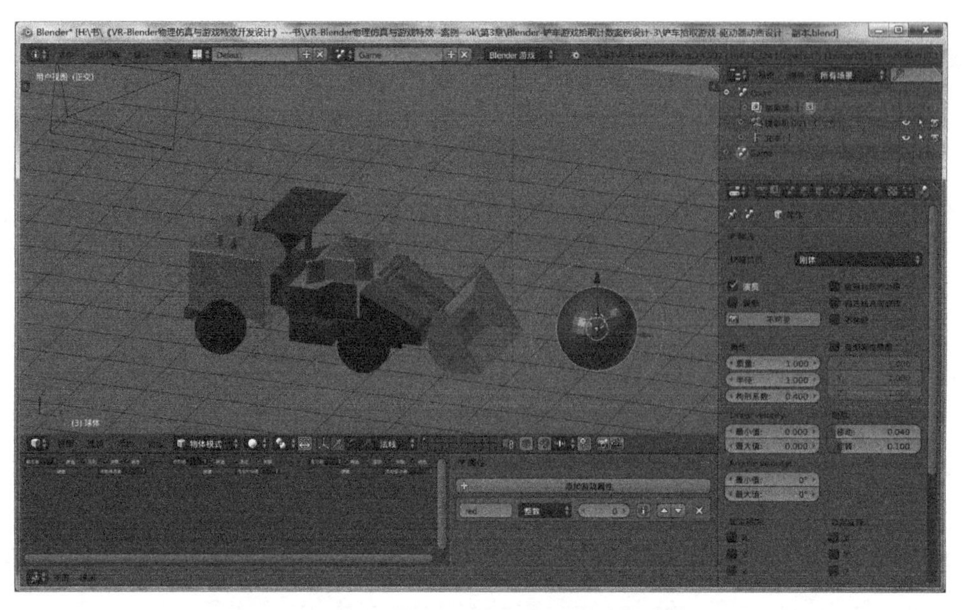

图 3-29　在 Game 场景中，为红球添加游戏属性设计

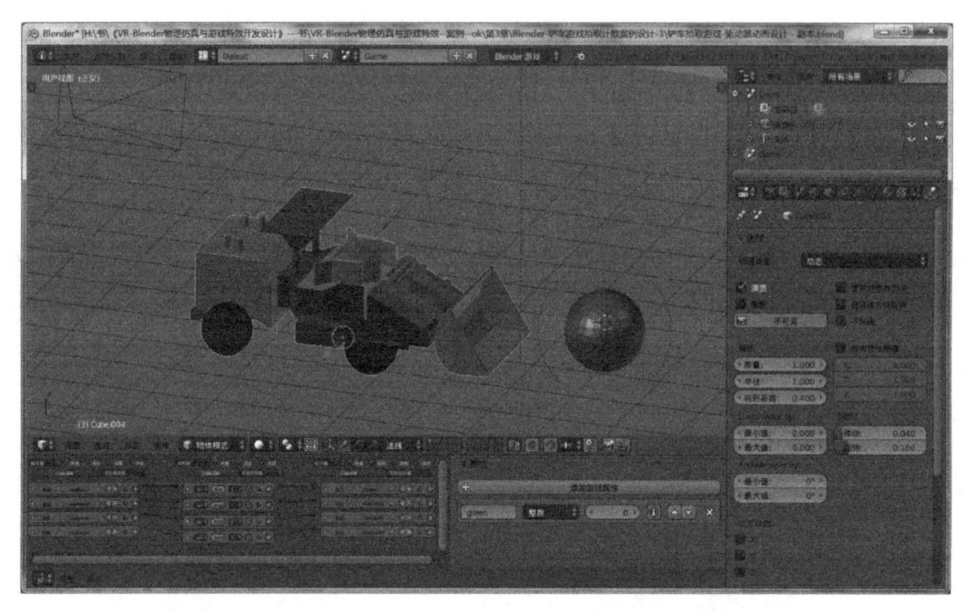

图 3-30　在 Game 场景中，为铲车模型添加游戏属性设计

- 在 Game 场景中，接着选中红球，为其添加逻辑编辑器属性。
- 添加添传感器，选择“添加添传感器”→“碰撞”，碰撞属性设置为“green”。
- 添加促动器，选择“添加促动器”→“编辑物体”，编辑物体设置：选择“最后一个物体”即销毁物体。
- 再选择“添加促动器”→“信息”促动器，服从设置：输入 Count add。
- 添加控制器，选择“添加控制器”→“And”，使用鼠标连接碰撞传感器和 And

控制器，再连接 And 至编辑物体和信息。按快捷键 Shift + D 复制多个游戏拾取红球。

- 为红球添加游戏逻辑编辑器属性设计，如图 3-31 所示。

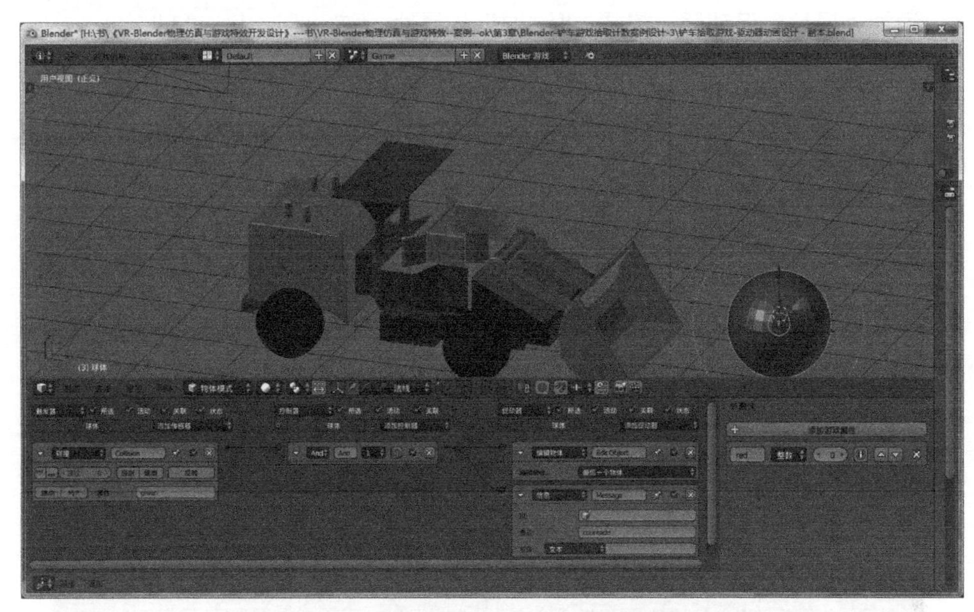

图 3-31　为红球添加游戏逻辑编辑器属性设计

- 在 Game 场景中，选中摄像机，为其添加逻辑编辑器属性。
- 添加“总是”传感器。添加“控制器”，选择“And”。
- 添加“场景”促动器，模式：选择“添加叠加场景”，场景选择“Count”。
- 在 Game 场景中，“摄像机”逻辑编辑器设计，如图 3-32 所示。

图 3-32　在 Game 场景中，“摄像机”逻辑编辑器设计

- 切换到 Count 场景，选中 0，为其添加逻辑编辑器属性。
- 添加“信息”传感器，服从：“countadd”。添加“控制器”，选择“And”。
- 添加“属性”促动器，模式：“添加”，属性：“Text”，值：“1”。
- 在 Count 场景中，为数字 0 添加逻辑编辑器设计，如图 3-33 所示。

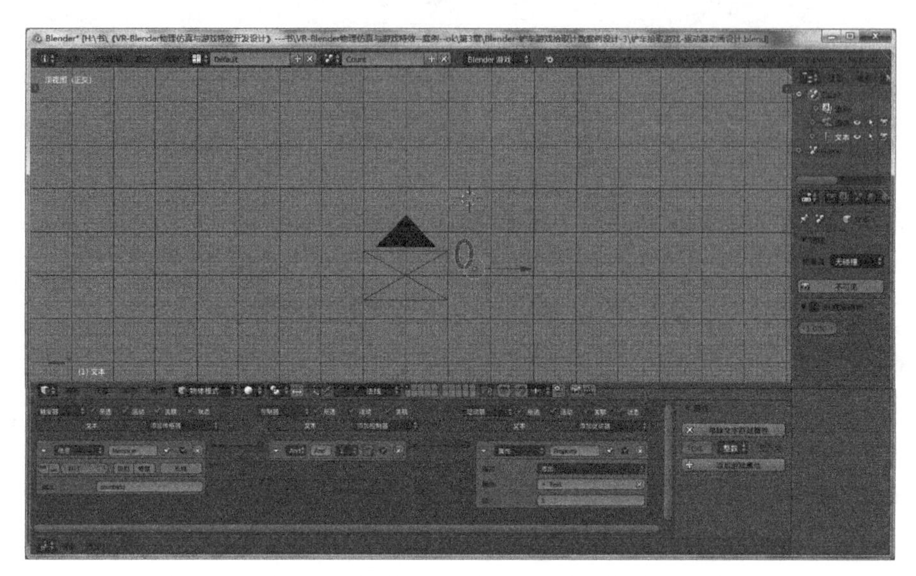

图 3-33　在 Count 场景中，为数字 0 添加逻辑编辑器设计

- 在 Blender 游戏模式下，按快捷键 P 运行游戏，按“上箭头”键、“左箭头”键、“右箭头”键、“下箭头”键移动游戏铲车，当碰撞到红球（拾取物体）时，右上角的分数计数就会自动加 1 计数处理。
- Blender 铲车拾取计数游戏设计效果，如图 3-34 所示。

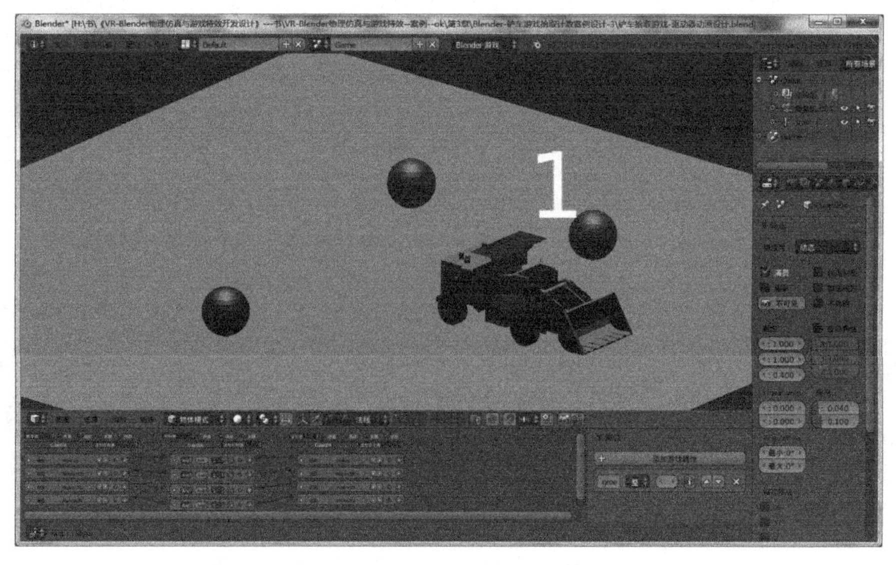

图 3-34　Blender 铲车拾取计数游戏设计效果

第 4 章　Blender 物理仿真与游戏特效设计 I

Blender 物理仿真与游戏特效设计是利用游戏的逻辑编辑器进行开发与设计，其中游戏逻辑编辑器包括游戏触发器设计、游戏控制器设计、游戏促动器设计以及游戏逻辑编辑器案例设计等。本章主要讲述 Blender 物理仿真引擎特效概述、游戏引擎力场设计、碰撞设计、布料模拟设计以及游戏引擎动态绘画笔刷设计等。

4.1　Blender 物理仿真引擎特效概述

Blender 物理仿真引擎特效设计主要用于模拟自然界中物理特效，如各种力场、物体之间的碰撞、布料模拟、动态绘制等游戏特效设计。

Blender 物理仿真引擎特效用户控制界面，在右侧的场景工具按钮中，选择“物理”→“力场 / 碰撞 / 布料 / 动态绘画 / 软体 / 流体 / 烟雾 / 刚体 / 刚体约束”等物理仿真游戏特效功能。Blender 物理仿真引擎特效用户控制界面，如图 4-1 所示。

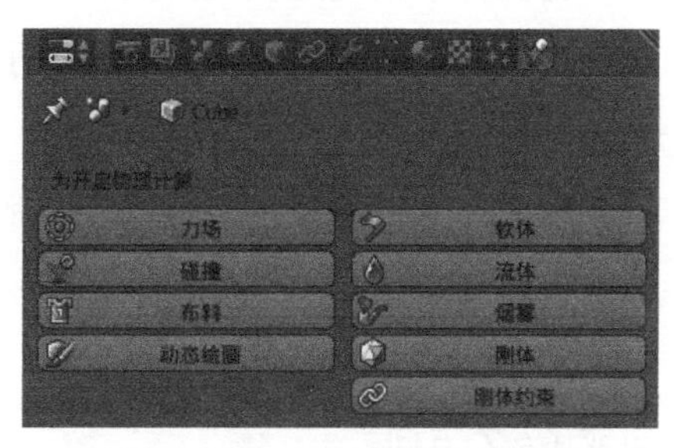

图 4-1　Blender 物理仿真引擎特效用户控制界面

4.2　Blender 游戏引擎力场设计

Blender 游戏引擎力场设计是为活动的游戏物体添加一个外力，模拟自然界中力场运动规律。Blender 游戏引擎力场控制界面，如图 4-2 所示。

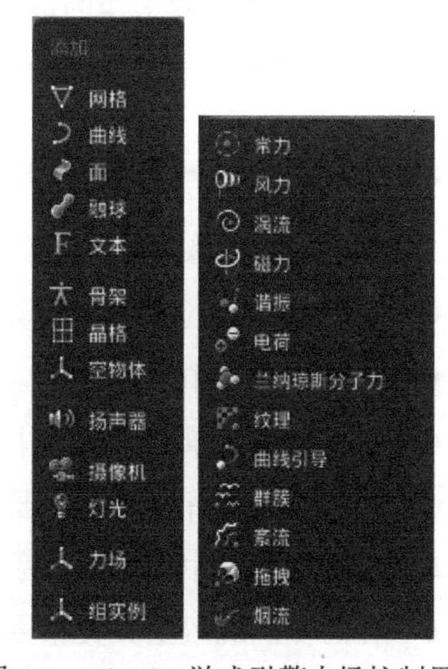

图 4-2　Blender 游戏引擎力场控制界面

4.2.1 Blender 游戏引擎力场属性设置

尽管各种力场的行为截然不同，但大多数力场具有共同或相似的参数设置属性。以力场中“常力”为例，其属性设置控制面板，如图 4-3 所示。

图 4-3　Blender 力场中“常力”属性设置控制界面

力场类型包括常力、风力、涡流、磁力、谐振、电荷、兰纳琼斯分子力、纹理、曲线引导、群簇、紊流、拖曳、烟流等。

力场外形包含点、每个点、平面以及面等，其中点指全方位影响，平面指 X、Y 平面中的常数仅在 Z 方向上变化。

强度 / 力度：指力的场效应，可以是正值或负值，以改变力的作用方向。可以通过调整力的大小改变力场的强度。

流：将力场的效果转化为空气流速。

噪波：增加外力噪声强度的数量。

随机种：改变随机噪声的种子。

特效片段：可以切换力场对粒子位置和旋转的影响。

碰撞：力被碰撞物体吸收。

衰减：指定力场的形状（如果脱落功率大于 0）。衰减类型包含球形衰减、管形衰减以及锥形衰减。

Z 向：可以设置为仅在正 Z 轴、负 Z 轴或两者的方向上应用，即力场的作用效果是双向或 + /-Z 方向。

能量：力场的重力与力场的距离（即力场距离物体中心的距离）的变化，即衰减能量。

最大值：力场有效工作的最大距离。

最小值：力场有效工作的最小距离。

4.2.2 Blender 游戏引擎常力案例设计

Blender 游戏引擎常力案例设计流程和步骤：

- 启动 Blender 互动引擎集成开发环境。在物体模式中，删除默认立方体物体。
- 在标题栏 2 中，选择“添加”→“网格”→“平面”，创建一个游戏地面。
- 在右侧的场景工具按钮中，选择“材质”→“漫射颜色”，设置 R = 0.4；G = 0.8；B = 0.8。接着选择“物理”→“刚体”→“类型”→“被动”。
- 在标题栏 2 中，选择“添加”→“空物体”→“纯轴”，移动到适当位置。
- 在右侧的场景工具按钮中，选择“物理”→“力场”→“常力”，设置常场参数：

强度力度 = 80，外形选“点”。添加常力参数设计控制，如图 4-4 所示。

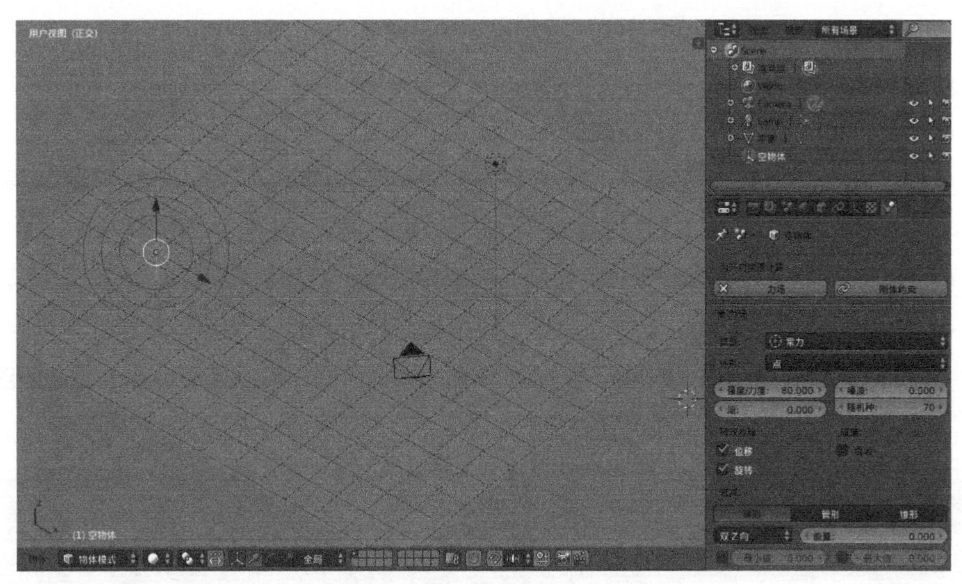

图 4-4　添加常力参数设计控制

- 在标题栏 2 中，选择“添加”→“网格”→“球体”，创建一个球体。
- 在右侧的场景工具按钮中，接着选择“物理”→“刚体”→“类型”→“活动项”，单击“动态”复选框。按快捷键 Shift + D 复制两个球体。
- 对三个球体分别赋予红、绿、蓝三种颜色。按快捷键 Alt + A 播放常力动画设计效果，如图 4-5 所示。

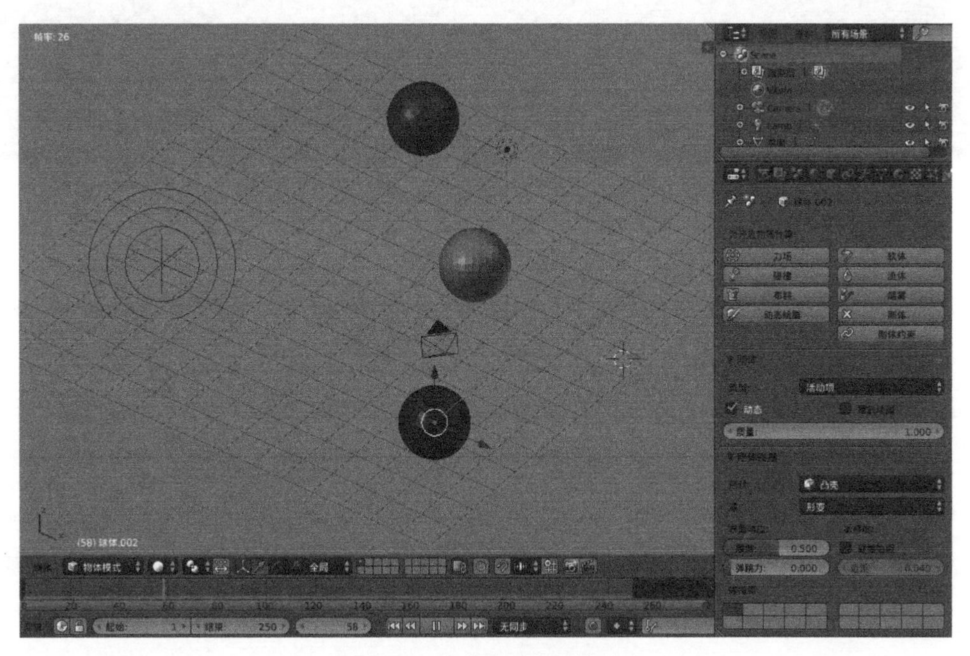

图 4-5　常力动画设计效果

4.2.3 Blender 游戏引擎风力和涡流案例设计

Blender 游戏引擎风力和涡流模拟龙卷风案例设计流程和步骤：

- 启动 Blender 互动引擎集成开发环境。在物体模式中，删除默认立方体物体。
- 在标题栏 2 中，选择“添加”→“网格”→“平面”，创建一个地面。
- 在右侧的场景工具按钮中，选择“材质”→“漫射颜色”，设置 R = 0.0；G = 0.8；B = 0.8。
- 在标题栏 2 中，选择“添加”→“网格”→“经纬球体”，移动到适当位置。
- 在右侧的场景工具按钮中，选择“粒子”，粒子参数设置：类型 = 发射体，自发光粒子数 = 3000，随机种 = 10，粒子 / 面 = 10，为球体添加粒子参数设计，如图 4-6 所示。

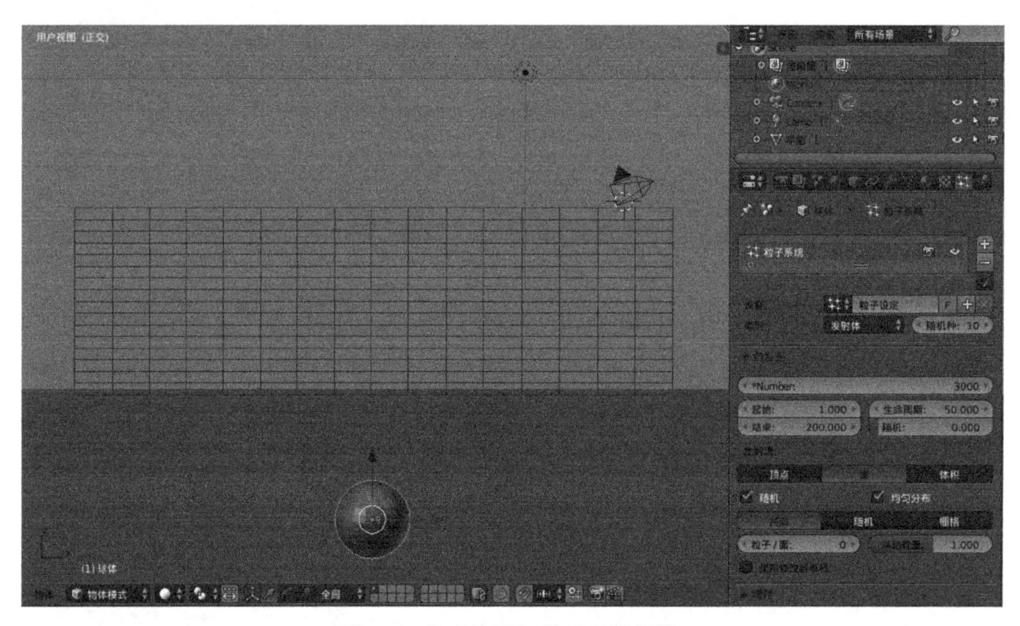

图 4-6 为球体添加粒子参数设计

- 在标题栏 2 中，选择“添加”→“空物体”→“箭头”，移动到球体位置。
- 在右侧的场景工具按钮中，选择“物理”→“力场”→“风力”，设置风力参数：强度力度 = 200，外形选“点”。
- 将球体的颜色改为红色，在右侧的场景工具按钮中，选择“材质”→“漫射颜色”，设置 R = 1.0；G = 0.0；B = 0.0。添加风力参数设计控制，如图 4-7 所示。
- 在标题栏 2 中，选择“添加”→“空物体”→“立方体”，移动到球体位置。
- 在右侧的场景工具按钮中，选择“物理”→“力场”→“涡流”，设置涡流参数：强度力度 = 100，外形选“点”。

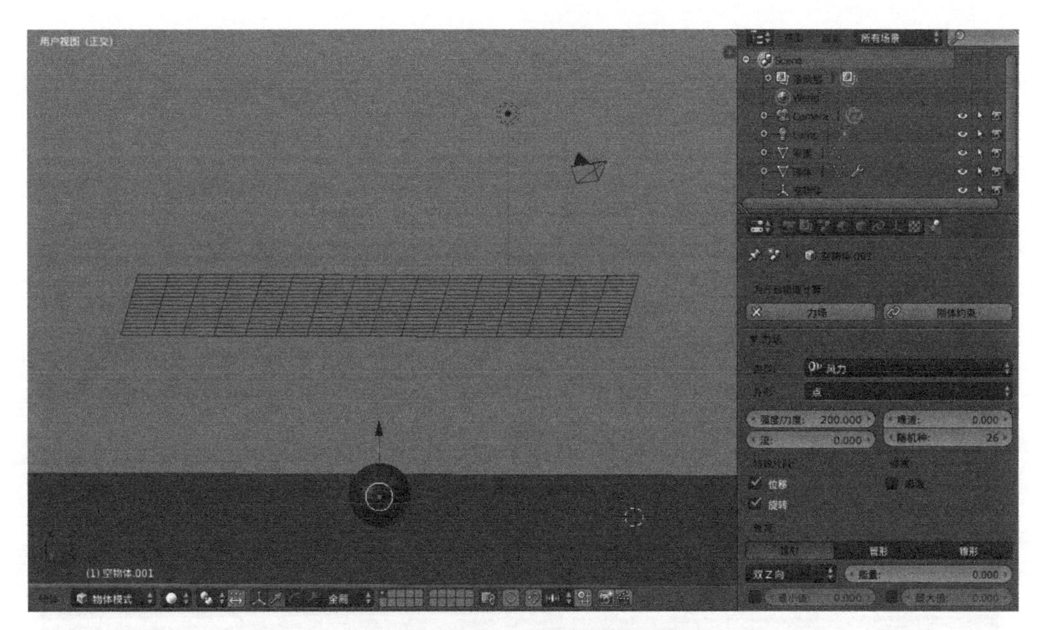

图 4-7　添加风力参数设计控制

- 按快捷键 Shift + A 或单击“播放”按钮▶，添加涡流参数设计控制，如图 4-8 所示。

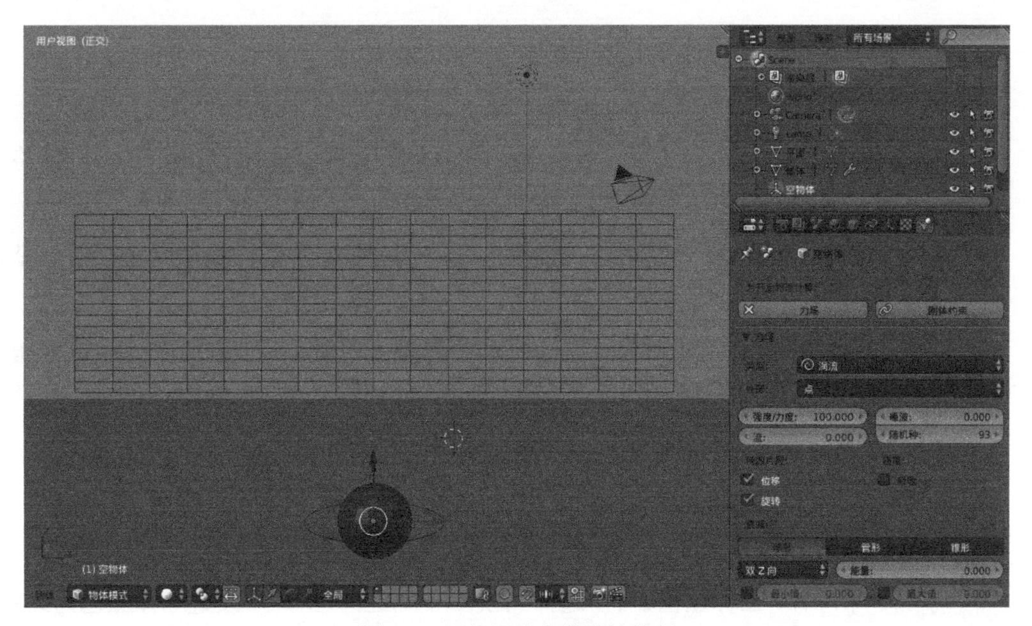

图 4-8　添加涡流参数设计控制

- 按快捷键 Shift + A 或单击“播放”按钮▶，风力和涡流模拟龙卷风案例设计效果，如图 4-9 所示。

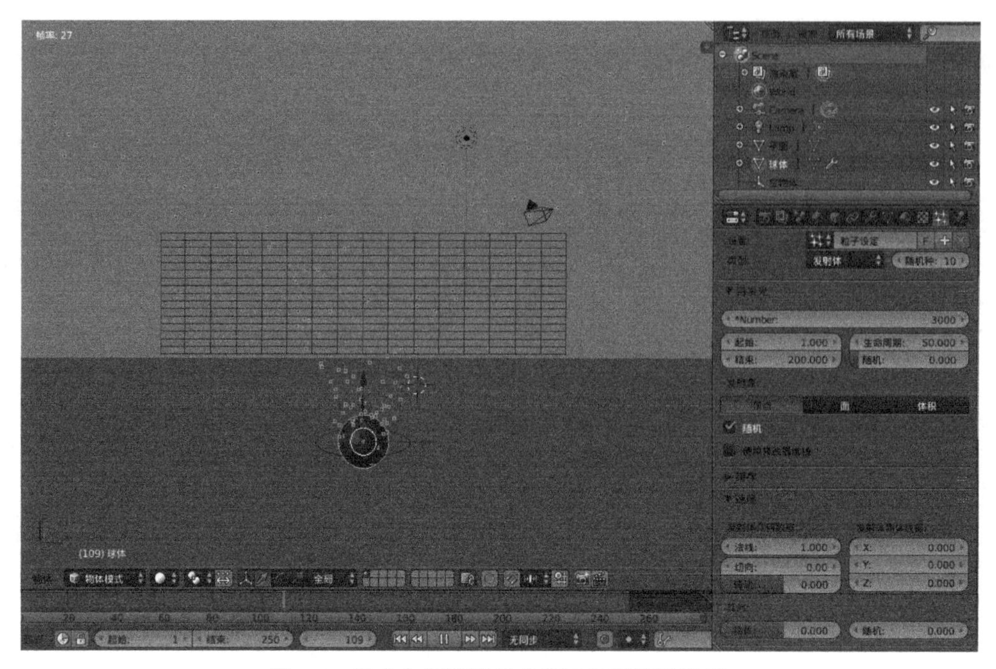

图 4-9　风力和涡流模拟龙卷风案例设计效果

4.2.4　Blender 游戏引擎磁铁案例设计

Blender 游戏引擎磁铁案例设计流程和步骤：

- 启动 Blender 互动引擎集成开发环境。在物体模式中，显示默认立方体，调整立方的尺寸，使之变为长方体，颜色调整为灰黑色。
- 在标题栏 2 中，选择“添加”→“网格”→“平面”，创建一个地面。地面设置为淡绿色。
- 选中长方体，在右侧的场景工具按钮中，选择“物理”→“刚体”，设置刚体类型 =“被动”。
- 接着选择“物理”→“力场”，力场类型为“磁力”，设置磁力参数：强度 / 力度 =-8，外形选“点”。
- 创建一个磁铁造型并设置参数设计，如图 4-10 所示。
- 添加一个球体，在标题栏 2 中，选择“网格”→“经纬球体”，设置球体颜色为红色。
- 在右侧的场景工具按钮中，选择“物理”→“刚体”，设置刚体类型 =“活动项”，勾选“动态”复选框。刚体动力学：阻尼移动 = 0.5，阻尼旋转 = 0.5。
- 按快捷键 Shift + D 再复制四个球体，并修改球体的颜色为紫色、绿色、蓝色和黄色。创建 5 个铁球模型并设置参数设计，如图 4-11 所示。

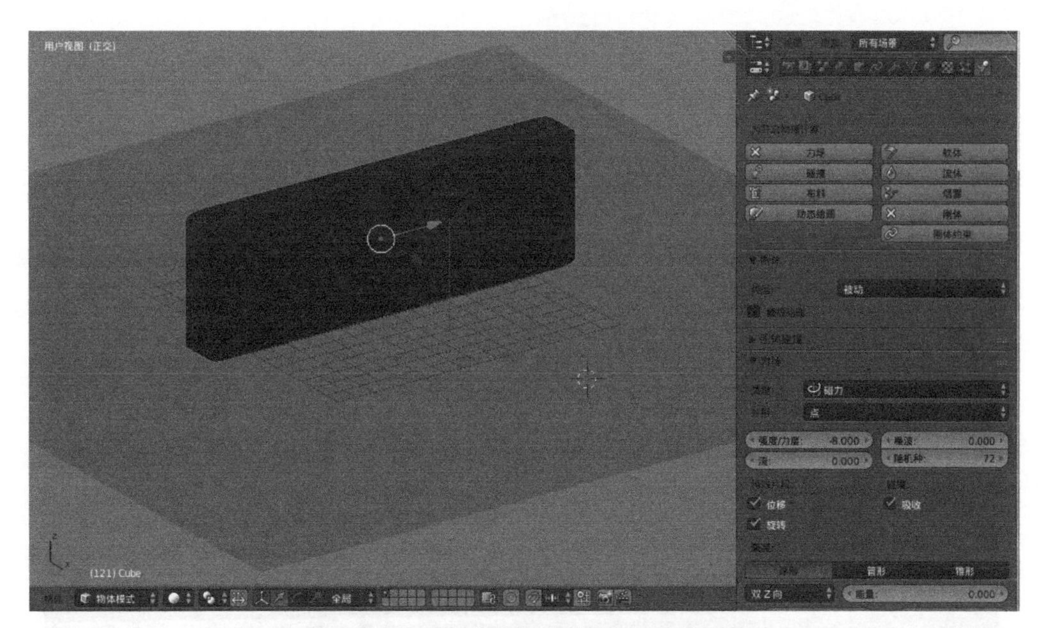

图 4-10　创建一个磁铁造型并设置参数设计

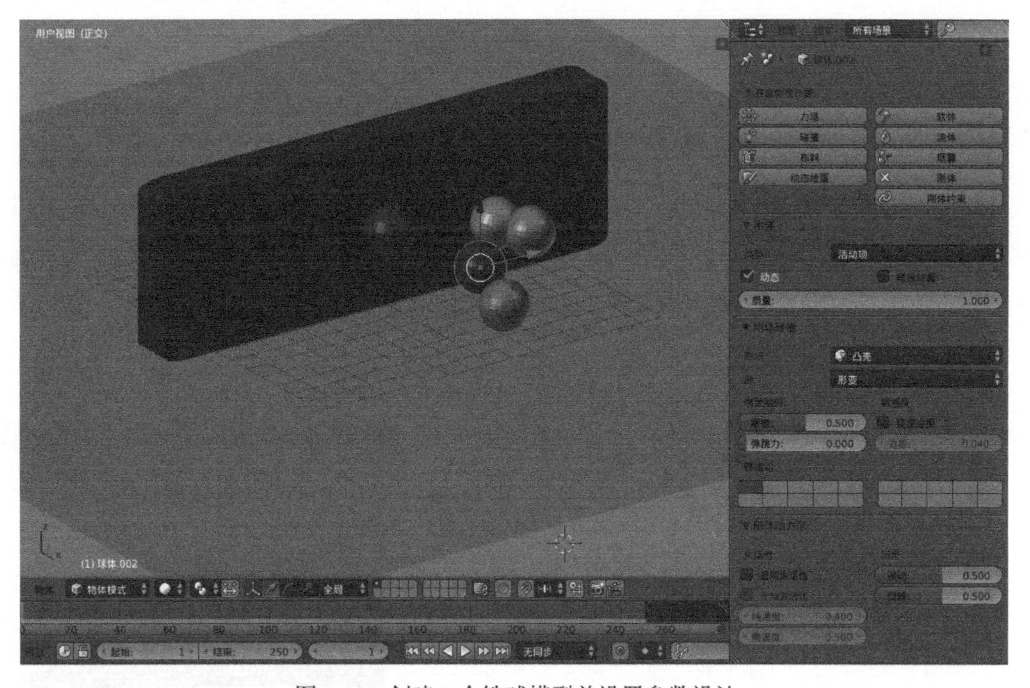

图 4-11　创建 5 个铁球模型并设置参数设计

- 单击“播放”按钮▷或按快捷键 Shift + A，磁铁吸引铁球物理仿真动画设计效果，如图 4-12 所示。

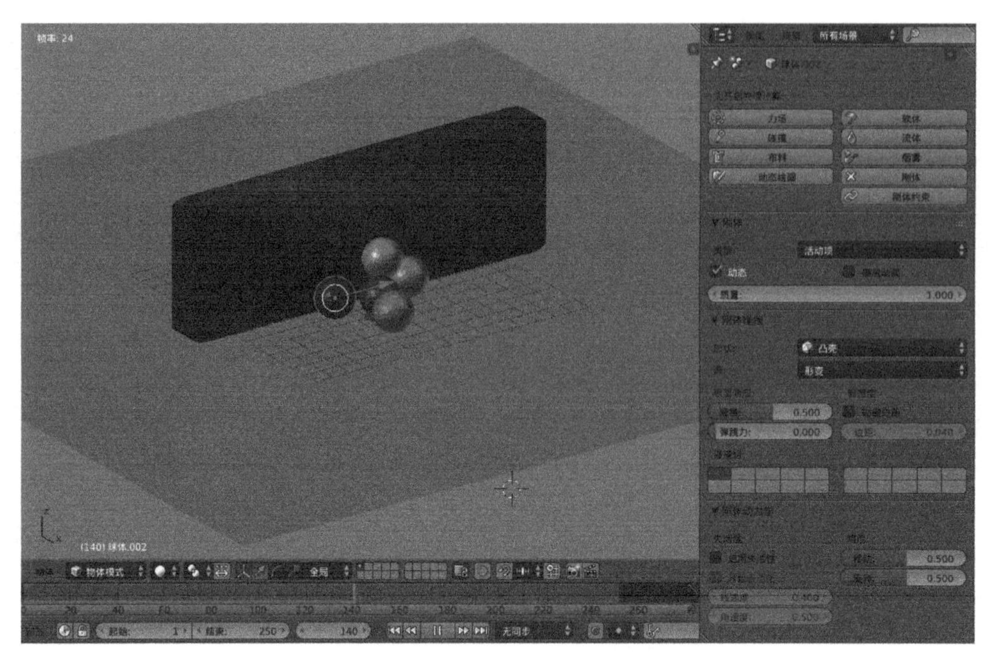

图 4-12　磁铁吸引铁球物理仿真动画设计效果

4.3　Blender 游戏引擎碰撞设计

在自然界中经常会看到碰撞事件，例如球体的碰撞、物体之间的碰撞、山体滑坡以及泥石流等。在虚拟的游戏世界中，同样存在着各种碰撞事件，可简化为一个物体撞击到另外一个物体，撞击物体和被撞击物体产生位移的过程。

4.3.1　Blender 游戏引擎碰撞属性设置

Blender 游戏引擎碰撞属性设置包含粒子、粒子阻尼、粒子摩擦、软体和布料、软体阻尼、力场等参数设置。Blender 碰撞属性设置控制面板，如图 4-13 所示。

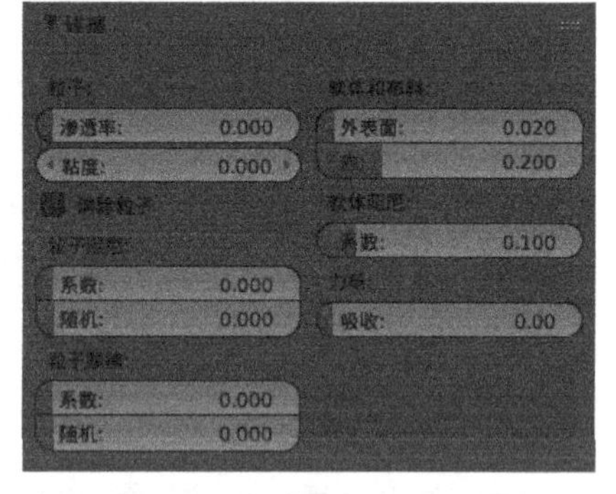

图 4-13　Blender 碰撞属性设置控制板

Blender 游戏引擎碰撞属性详解如下：

粒子：包含渗透率和黏度。渗透率：是指粒子穿透网格的比率；黏度：表示多少颗粒粘在物体上。

消除粒子：删除碰撞后的粒子。

粒子阻尼：包含阻尼系数和随机阻尼。阻尼系数：粒子碰撞时的阻力数量；随机阻尼：阻尼随机变化数量，即任意阻尼变化数量。

粒子摩擦：包括摩擦系数和随机摩擦数。摩擦系数：粒子碰撞时候的摩擦数量；随机摩擦数：摩擦随机变化数量。

软体和布料：包含外表面和内表面，可以设置软体和布料的外表面的厚度值和内表面的厚度值。

软体阻尼：软体阻尼系数是指软体碰撞时候的阻尼数量。

力场：力场吸收表示对象的作用力的大小值。

4.3.2 Blender 游戏引擎碰撞案例设计

Blender 游戏引擎简单刚体碰撞运动设计步骤如下：

- 启动 Blender 互动引擎集成开发环境。
- 在物体模式中，显示默认立方体物体。按快捷键 S + Z 或 S 进行缩放设计。
- 切换至编辑模式，按快捷键“W”→“细分”，次数为 10 次。
- 选择中间的 9 个方格，按快捷键 E + Z 挤压 1 个单位。创建一个碰撞场景造型设计，如图 4-14 所示。

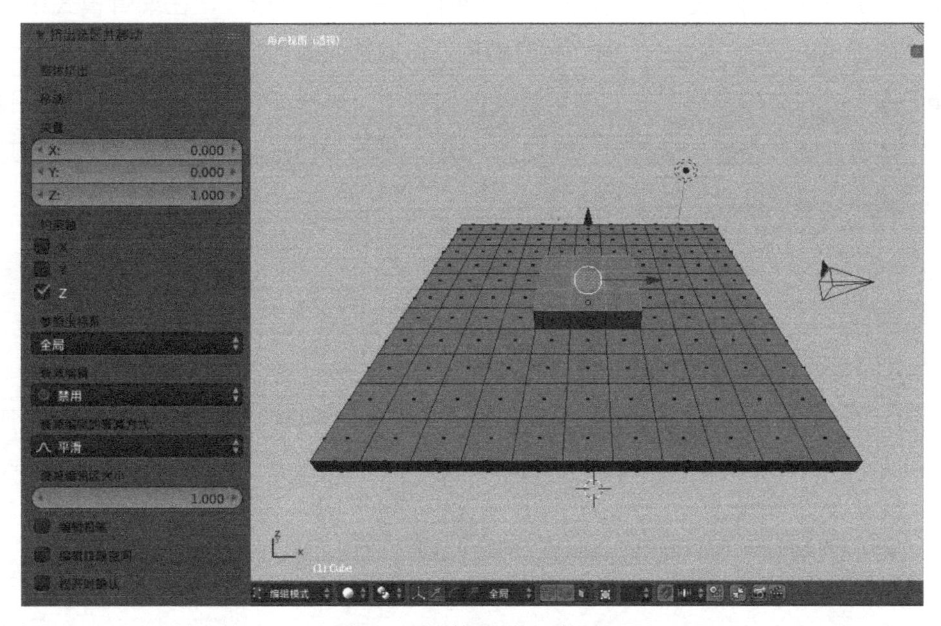

图 4-14　碰撞场景造型设计

- 选择 4 个环边方格继续挤压，按快捷键 E + Z 挤压 1 个单位，设置被创物体颜色为蓝色。
- 在右侧场景功能按钮中，选择“物理”→“碰撞”，设置碰撞属性为默认值。
- 选择“物理”→“刚体”，设置刚体类型为被动，弹跳力 = 1.0，刚体碰撞行状为网格。添加被动物体碰撞和刚体控制面板属性设置，如图 4-15 所示。

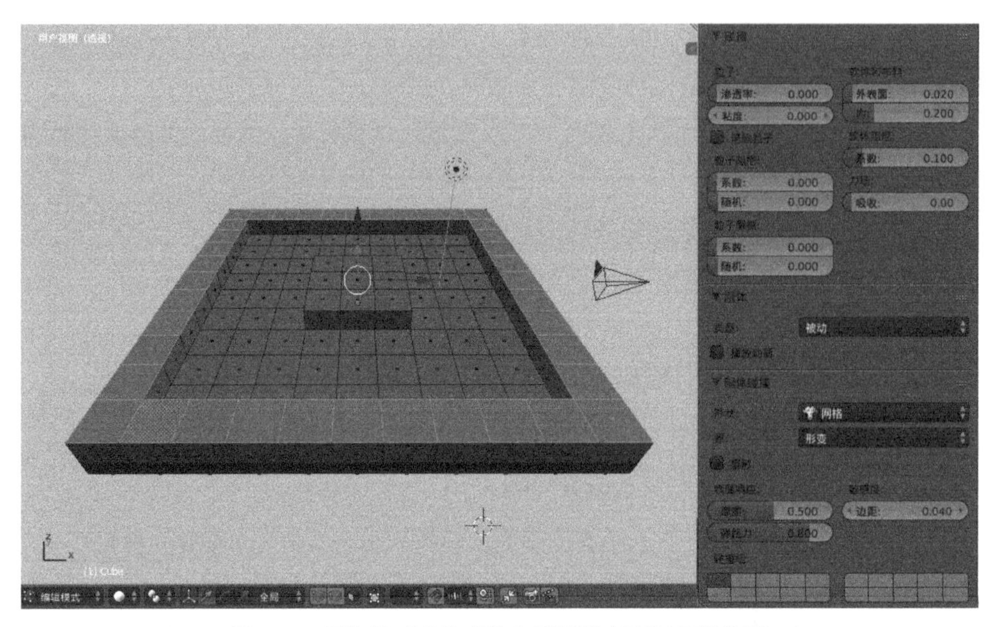

图 4-15　添加被动物体碰撞和刚体控制面板属性设置

- 添加一个球体，选择“添加”→“网格”→“经纬球”，在编辑模式中，按快捷键 W，选择“细分”→“光滑着色”，球体的颜色为绿色。
- 选中“球体”物体，在右侧场景功能按钮中，选择“物理”→“刚体”，设置刚体属性刚体类型：活动项，弹跳力 = 0.8，刚体碰撞形状：球体。添加碰撞球体控制面板属性设置，如图 4-16 所示。

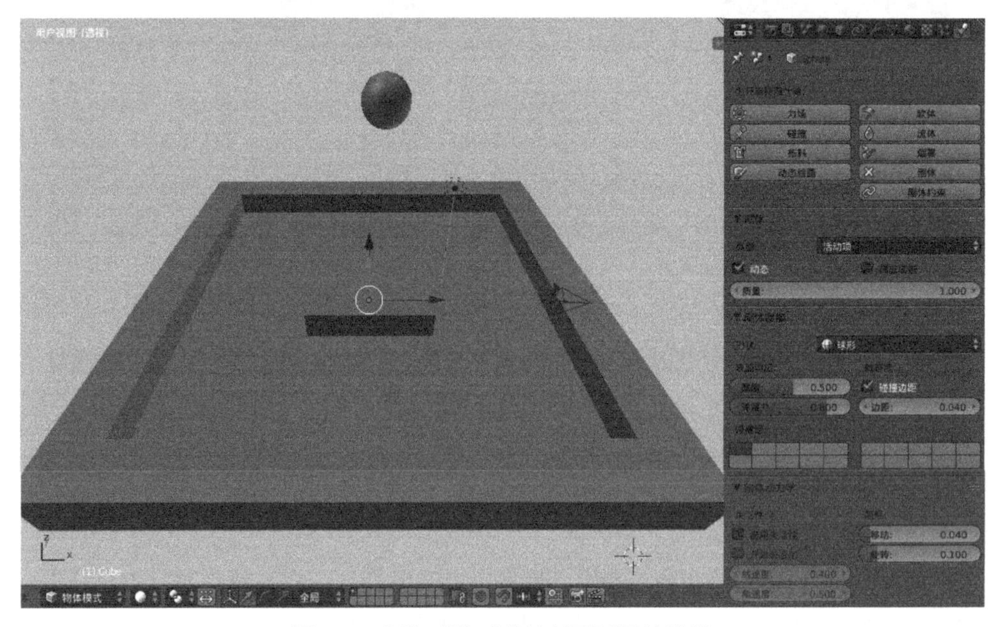

图 4-16　添加碰撞球体控制面板属性设置

- 球体掉落碰撞设计效果，单击“播放”按钮▶或按快捷键 Alt + A 播放球体掉落在碰撞物体沟槽中设计效果。球体掉落碰撞设计效果，如图 4-17 所示。

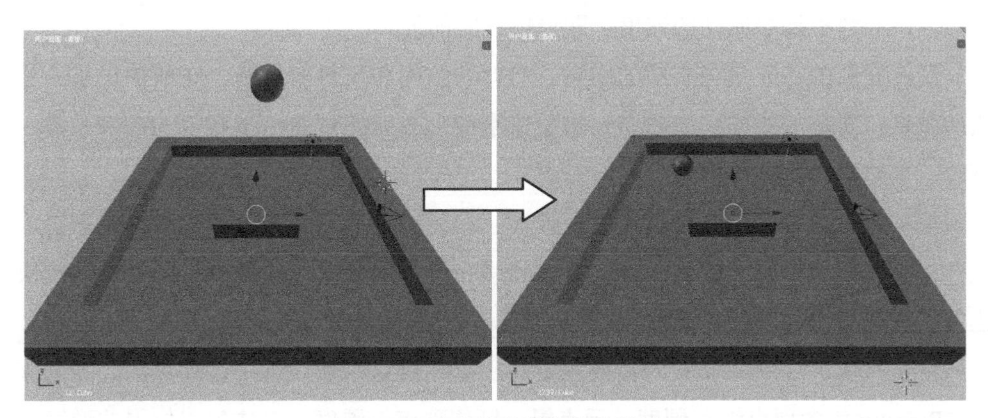

图 4-17　球体掉落碰撞设计效果

4.4　Blender 游戏引擎布料模拟设计

4.4.1　Blender 游戏引擎布料属性设置

Blender 游戏引擎布料属性包含布料、布料缓冲、布料碰撞、布料硬度比、布料力场权重设定等功能。本文重点介绍布料属性、布料碰撞属性以及布料硬度比属性三个部分。

在 Blender 游戏引擎的右侧，选择“物理”→“布料”，显示布料的各种功能属性。布料属性设置控制面板，如图 4-18 所示。

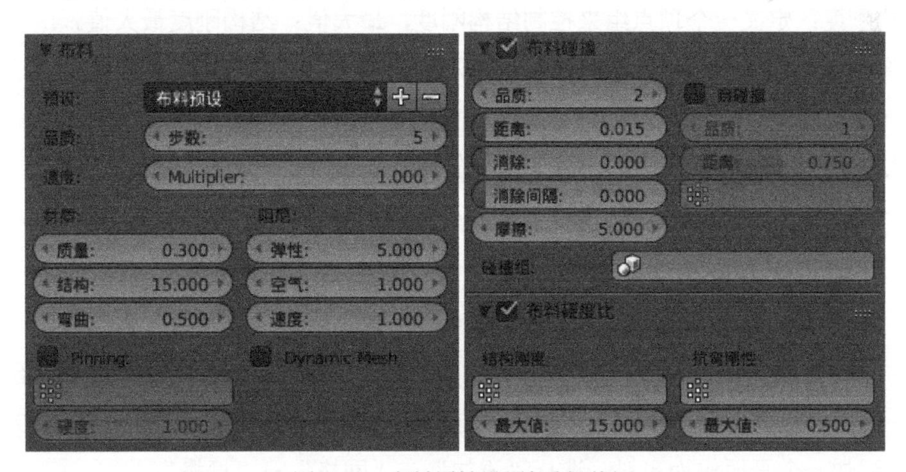

图 4-18　布料属性设置控制面板

（1）布料属性包括预设、品质、速度、材质、阻尼、Pinning（钉）、Dynamic Mesh 等。

预设：包含一系列预置布料类型，如 Cotton（棉）、Denim（牛仔布）、Leather（皮革）、Rubber（橡胶）、Silk（丝绸）。

品质：设置每帧的模拟步数。值越高，质量越好，但速度变慢。

速度：布料模拟中流动的速度，即调整时间的值。

材质：布料的品质包含布料的质量、布料的结构和布料弯曲等。布料的质量：指布料材质的质量；布料的结构：表示布料的整体刚度；布料的弯曲：指布料的褶皱系数，该值较高时，创建更大的布料褶皱。

阻尼：包含弹性、空气以及速度。弹性：布料的阻尼速度，该值越高，越平滑，抖动越轻微；空气：通常有一定的密度，可以减缓布料坠落速度；速度：有助于布料较快达到静止的阻尼速率，其中速度＝1.0 表示无阻尼，速度＝0.0 表示完全阻尼。

Pinning（钉）：钉住布料时需要先定义一个顶点组，然后选中该顶点组。勾选该功能即可。Pinning 包含顶点组和硬度。顶点组：钉住顶点；硬度：钉住顶点位置的弹簧刚度。

（2）布料碰撞属性包含品质、距离、消除、消除间隔、摩擦、自碰撞等。

品质：布料碰撞的迭代次数。

距离：碰撞物体间的最小碰撞距离。

消除：近距离碰撞时布料的排斥力。

消除间隔：布料碰撞时的最大排斥力，要大于最小距离。

摩擦：布料碰撞发生时设置的阻力。

自碰撞：包含品质、距离和顶点组。品质：是指自碰撞迭代次数；距离：自碰撞的距离，其中 0.5 表示无距离，1.0 为最大距离；顶点组：用于定义在自碰撞过程中不使用的顶点。

（3）布料硬度比属性包含结构刚度、抗弯刚性。

结构刚度：定义一个顶点组来控制结构刚度，最大值：结构刚度最大值。

抗弯刚性：定义一个顶点组来控制抗弯刚度，最大值：抗弯刚度最大值。

4.4.2 Blender 游戏引擎布料案例设计

为了实现布料与物体的碰撞效果，可利用网格平面物体作为布料，利用立方体作为碰撞物体。具体步骤如下：

- 启动 Blender 互动引擎集成开发环境。
- 在物体模式中，调整立方体的材质颜色。在右侧的场景工具按钮中，选择“材质”→“面”→“漫射”，设置立方体材质颜色为苹果绿，效果如图 4-19 所示。
- 添加一个平面作为布料，选择“添加”→“网格”→“栅格”。
- 调整栅格尺寸，按快捷键 N，设置规格尺寸 X＝6.0；Y＝6.0；Z＝0.0。

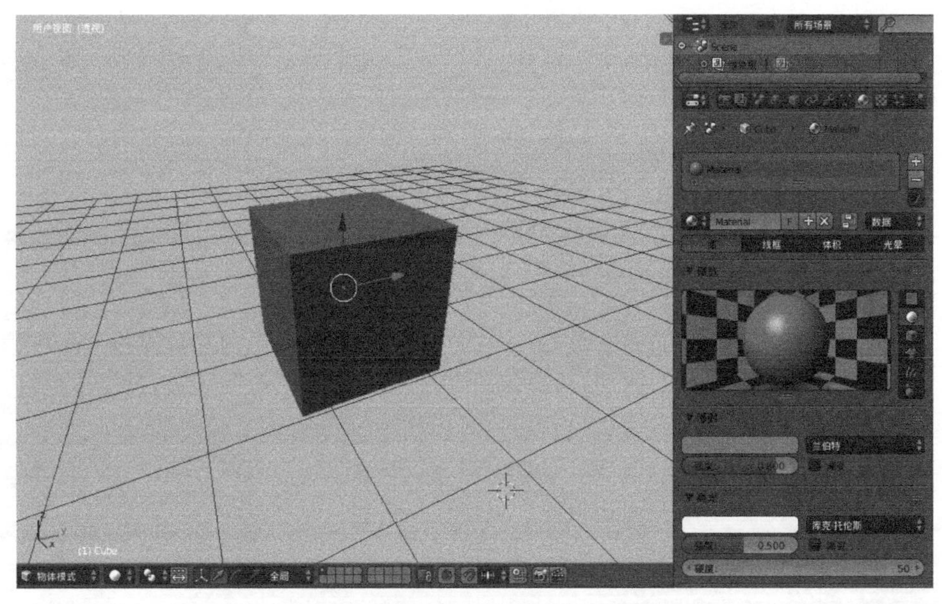

图 4-19　设置立方体材质颜色为苹果绿

- 对其进行细分，按快捷键 W→“细分”，设置细分次数 = 10，效果如图 4-20 所示。

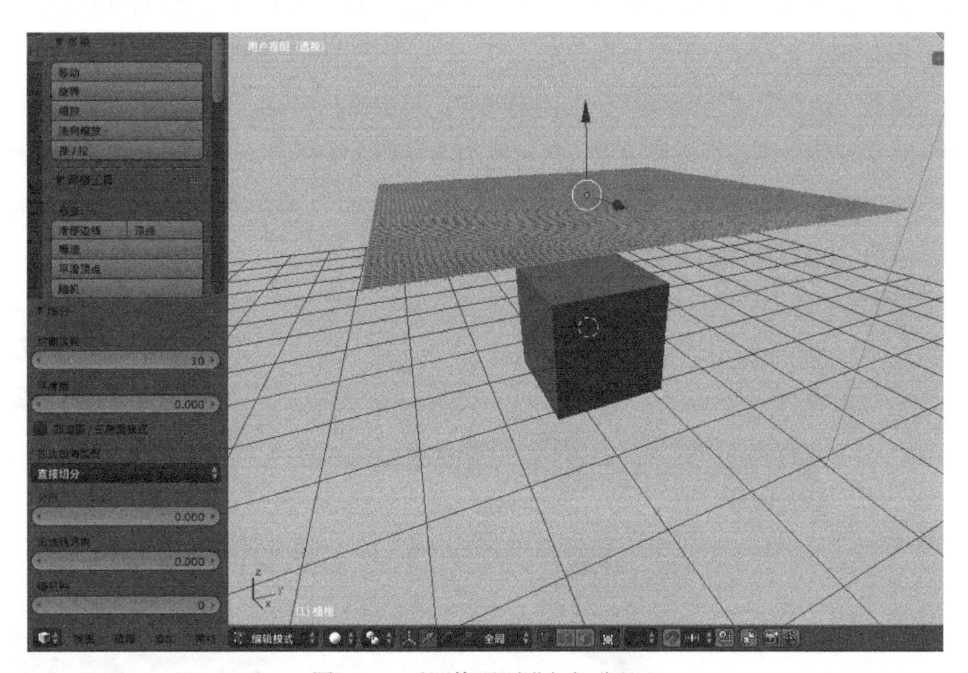

图 4-20　对网格平面进行细分处理

- 调整平面布料颜色为紫色，选择“材质”→“面”→“漫射”，设置颜色为紫色，其中 R = 0.8；G = 0.0；B = 0.8。
- 在右侧的场景功能按钮中，设置布料属性，选择“物理”→“布料”。布料设置采用默认值，布料碰撞勾选“自碰撞”复选框，如图 4-21 所示。

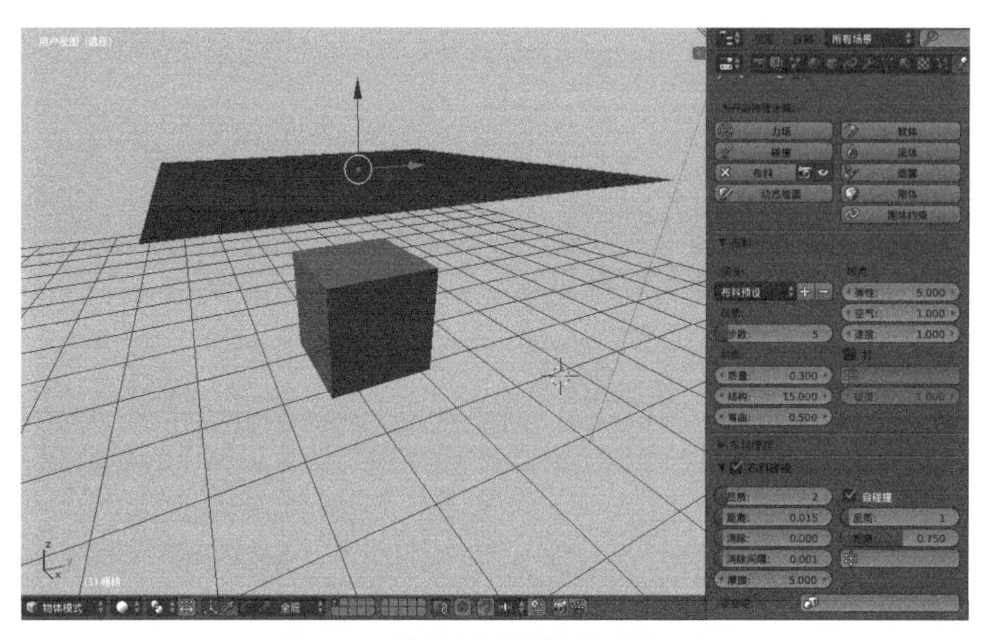

图 4-21　对布料和布料碰撞进行参数设置

- 按快捷键 Alt + A 或者单击“播放”按钮，演示布料与物体的碰撞过程，发现布料穿过立方体，暂时结束播放。
- 接着，选中立方体造型，在物体模式中，单击鼠标右键。
- 对立方体物体进行碰撞设置，在右侧的场景功能按钮中，设置布料属性，选择“物理”→“碰撞”，物体碰撞选择默认值。也可以设置碰撞参数：软体和布料外表面 = 0.1，软体阻尼系数 = 0.1，效果如图 4-22 所示。

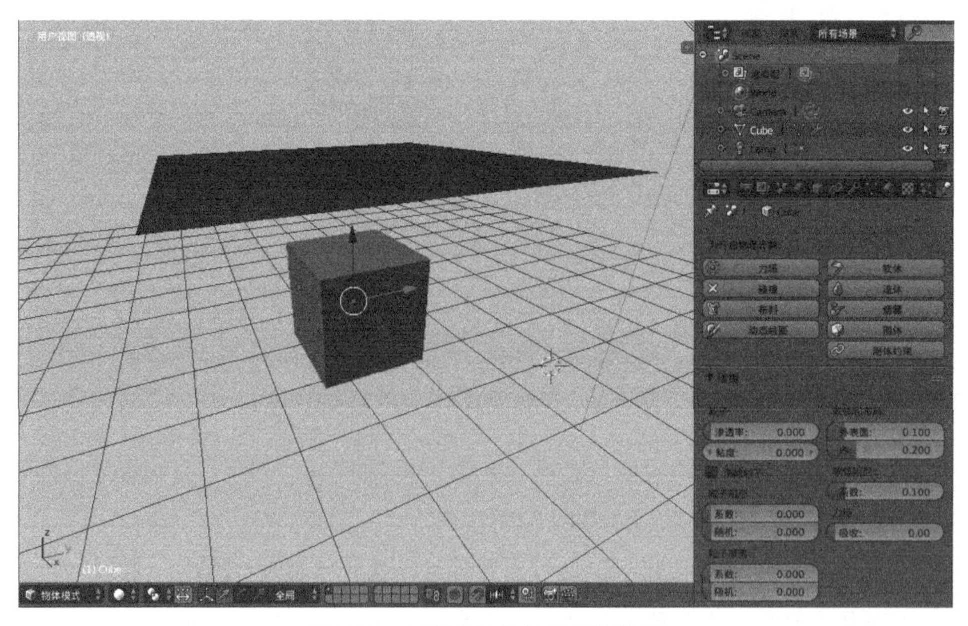

图 4-22　对碰撞物体进行参数设置

- 显示布料与物体的碰撞过程，按快捷键 Alt + A 或者单击“播放”按钮▶，演示布料与物体的碰撞过程。图 4-23（a）所示为初始状态，图 4-23（b）所示为布料物体从高处掉落时，受到空气阻力后产生的软体变形，当布料接触到立方体物体时，布料由于重力和摩擦作用力布料自然垂落在立方体上。

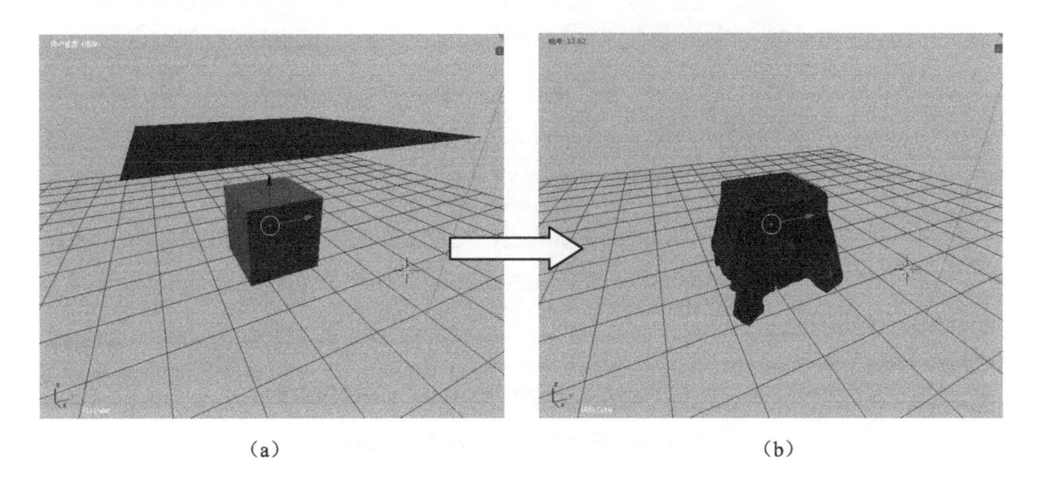

（a） （b）

图 4-23 布料与物体的碰撞设计效果

4.4.3 Blender 游戏引擎飘动的窗帘案例设计

在Blender游戏引擎布料设计中，利用网格平面物体作为窗帘布料，使窗帘的一端固定，再使用风力来吹动窗帘，可实现窗帘动画设计效果，具体步骤如下：

- 启动 Blender 互动引擎集成开发环境，删除默认立方体。
- 在物体模式中，添加网格物体。选择“添加”→“网格”→“栅格”，按快捷键 N 设置栅格规格尺寸：X = 8.0；Y = 6.0；Z = 0.0。接着按快捷键 R + Y 沿着 Y 轴旋转 90°。按数字键 3 和数字键 5 进入右视图正交模式。
- 在编辑模式中，对栅格物体进行细分，按快捷键 W →“细分”，细分切割次数 = 5。
- 按快捷键B框选栅格物体的顶部，在右侧的场景工具按钮中，选择“顶点组”→“添加顶点组”→“群组”，并单击“指定”按钮。设置布料顶部为顶点组设计，如图 4-24 所示。
- 在编辑模式中，按快捷键B框选栅格物体的下部和底部，在右侧的场景工具按钮中，选择“物理”→“布料”→“顶点组”→“群组”，并勾选“钉”复选框。
- 接着勾选“布料碰撞”→“自碰撞”，其他参数采用默认值。布料参数设置控制面板，如图 4-25 所示。

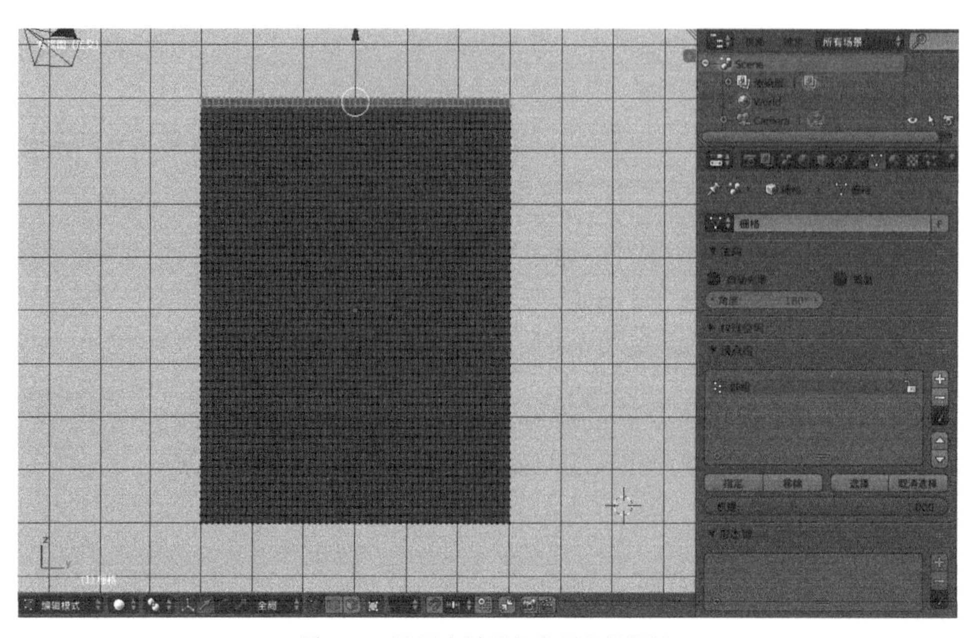

图 4-24　设置布料顶部为顶点组设计

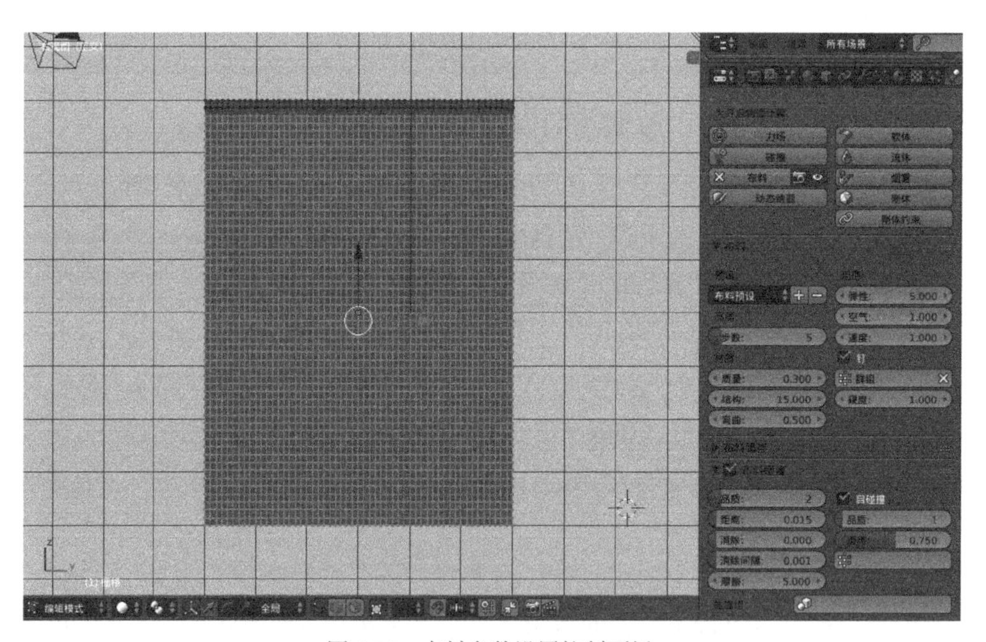

图 4-25　布料参数设置控制面板

- 为布料添加材质，在右侧的场景工具按钮中，选择“材质”→“添加”，接着选择“纹理”→“添加”，打开布料纹理，选择 cloth-111.jpg 文件。
- 接着选择“映射”→“生成”，投射模式为平展。在标题栏 2 中，选择渲染，或按快捷键 Shift + Z。布料纹理渲染设计效果，如图 4-26 所示。

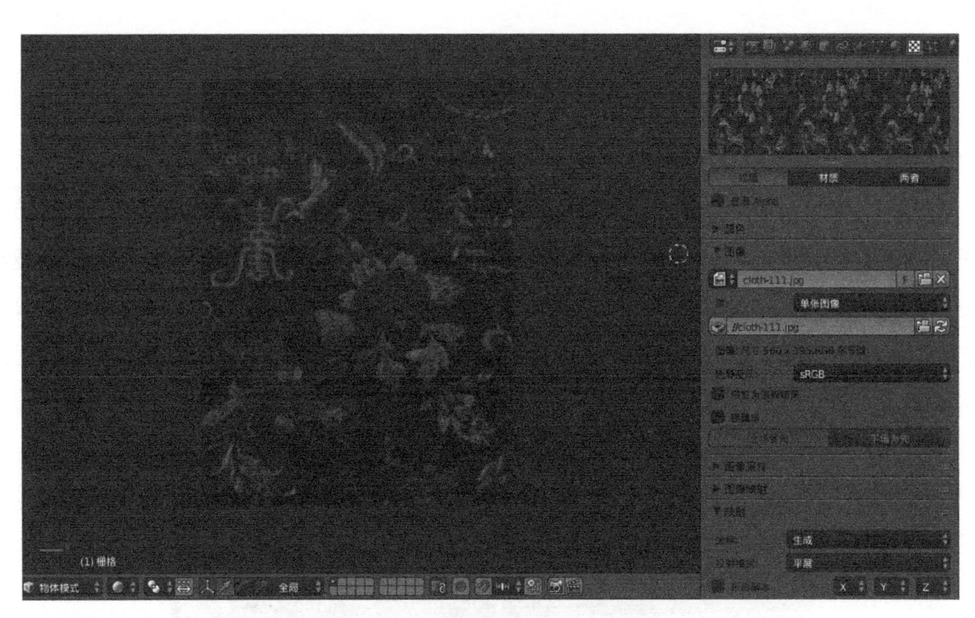

图 4-26　布料纹理渲染设计效果

- 添加风力，在物体模式中，选择“添加”→“力场”→“风力”。
- 按数字键 1 和数字键 5 切换至前视图正交，按快捷键 R + Y 沿 Y 轴旋转 90°。设置力场的风力大小，强度 / 力度 = 100，其他参数采用默认值。
- 在标题栏 2 中，选择“视图着色方式”→“材质”，布料纹理则显示出来。
- 单击“播放”按钮或按快捷键 Alt + A，播放 3D 动画设计。飘动窗帘最终设计效果，如图 4-27 所示。

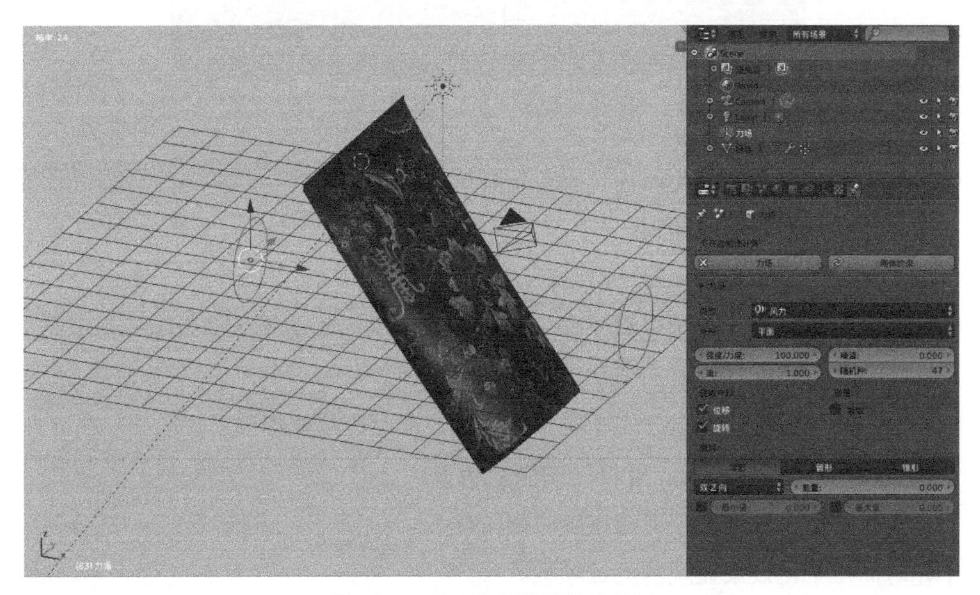

图 4-27　飘动窗帘最终设计效果

4.5 Blender 游戏引擎动态绘画笔刷设计

4.5.1 Blender 游戏引擎动态绘画笔刷属性设置

Blender 游戏引擎动态绘画笔刷属性设置包括画布和笔刷设置两大部分。动态绘画画布部分包含动态绘画高级设置、动态绘画输出、动态绘画初始色、动态绘画效果以及缓存等属性设置。动态绘画笔刷部分包含动态绘画源、动态绘画速率以及动态绘画波浪等属性设置。在右侧的场景工具按钮中，选择“物理”→“动态绘画”→“画布 / 笔刷”，动态绘画画布（左）/ 笔刷（右）属性设置，如图 4-28 所示。

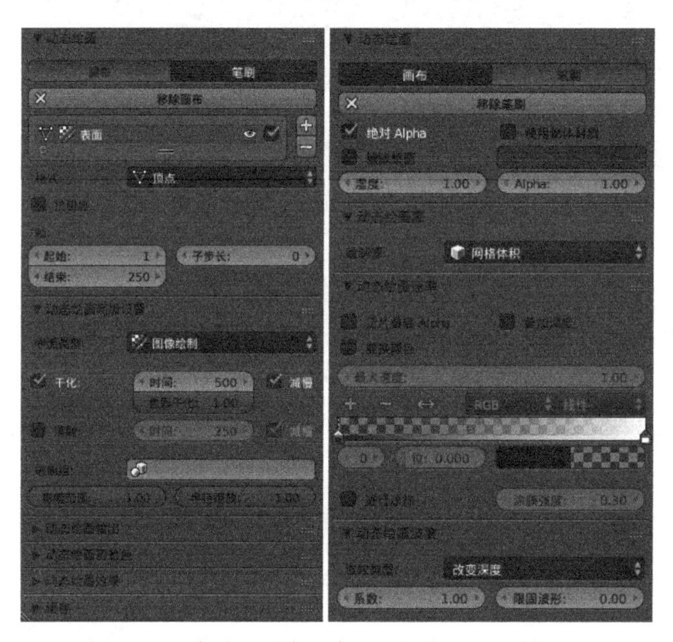

图 4-28 动态绘画画布（左）/ 笔刷（右）属性设置

（1）动态绘画画布：主要属性设置包括格式、抗锯齿、帧以及动态绘画高级设置等。

格式：包含顶点和图像序列。

抗锯齿：使用 5 级多重采样平滑绘制边缘。

帧：包含起始帧、结束帧以及子步长。起始帧：模拟起始帧；结束帧：模拟结束帧；子步长：在场景帧之间执行附加帧，以确保平滑运行。

（2）动态绘画高级设置包含表面类型、干化、消融、笔刷组等。

表面类型：Waves、权重、置换、图像绘制等。

干化：启动后，可使表层的湿度随时间干化。

干化时间：干化效果显现的大致帧数。

色彩干化：当颜色开始移至背景层时的湿度等级。

减慢：使用对数式干化，值越高，则干化速度越快。

消融：启动后，可使表层的变换随时间消失。

消融时间：消融效果显现的大致帧数。

减慢：使用指数型消融，值越高，则消融速度越快。

笔刷组：仅使用此组中的笔刷物体。笔刷组包含影响范围和半径缩放。影响范围：表示调节笔刷物体对当前表层的影响量；半径缩放：是指调节用于次表层的笔刷或粒子的邻近半径。

（3）动态绘画笔刷：主要属性设置绝对 Alpha、使用物体材质、擦除绘画、湿度、Alpha、动态绘画源、动态绘画速率以及动态绘画波浪等。

绝对 Alpha：表示如果图案的 Alpha 值高于已有的图案时，仅增加 Alpha 值。

使用物体材质：物体所用材质，如果不指定，则使用网格的关联材质。

擦除绘画：擦除 / 移除绘画，而不是添加绘画。

湿度：表示颜料的湿度，在湿度映射中可见（某些效果仅对湿颜料有影响）。

Alpha 系数：动态绘制 Alpha。

动态绘画源：包括网格体积、网格体积 + 邻近、邻近度、物体中心以及粒子系统等。

动态绘画速率：正片叠底 Alpha、叠加深度、替换颜色以及进行涂抹等。

动态绘画波浪：包含波纹类型有仅反射、常力、障碍以及改变深度。还包含系数和限制固定波形等。

4.5.2 Blender 游戏引擎动态绘画笔刷案例设计

Blender 游戏引擎可以使用动态绘画笔刷设计一个草坪案例，实现动态显示草坪被笔刷刷过的设计效果，步骤如下：

- 启动 Blender 互动引擎集成开发环境。
- 在物体模式中，显示默认立方体物体。
- 添加一个平面，选择“添加”→“网格”→“平面”，按快捷键 S 对平面进行缩放。
- 在右侧的场景功能按钮中，选择“物理”→“动态绘画”→“添加画布”。
- 设置动态绘画参数，在动态绘画高级设置中，选择表面类型为“权重”。动态绘画输出：显示默认 dp_weight 顶点组，在该顶点组的右侧，单击按钮创建 dp_weight 顶点组，如图 4-29 所示。
- 在右侧的场景功能按钮中，单击（顶点组）按钮显示一个已经被创建的顶点组，顶点组名字为 dp_weight。
- 接着选择“粒子”→“新建”，在粒子类型中，选择“毛发”，勾选“高级”；自发光选项，Number= 10000；速度选项，发射体几何数据：法线 = 0.1；随机 = 0.1。
- 在平面上添加草坪造型设计，如图 4-30 所示。

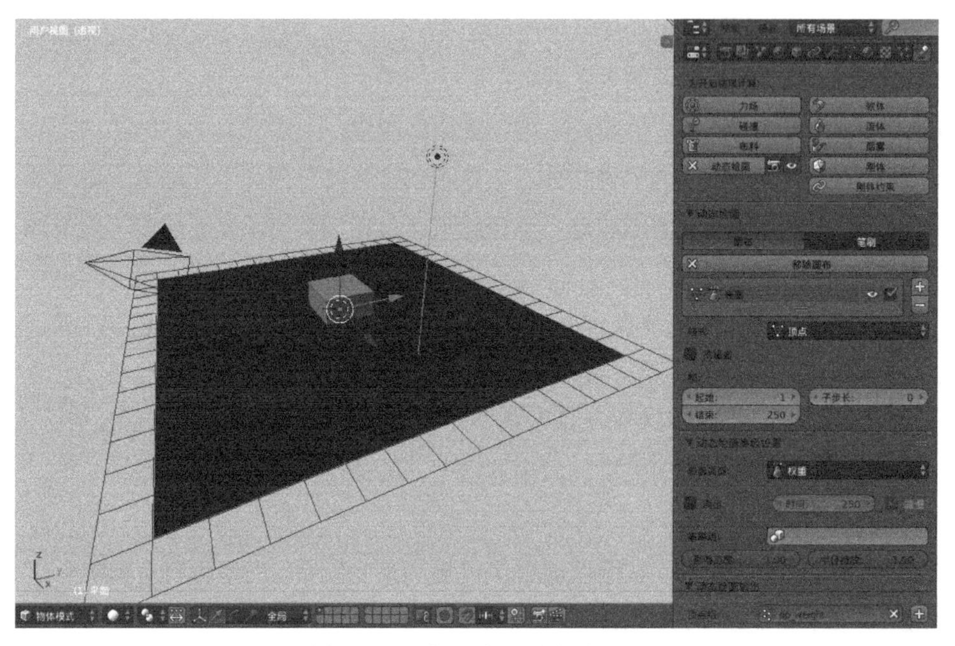

图 4-29　添加一个平面造型设计

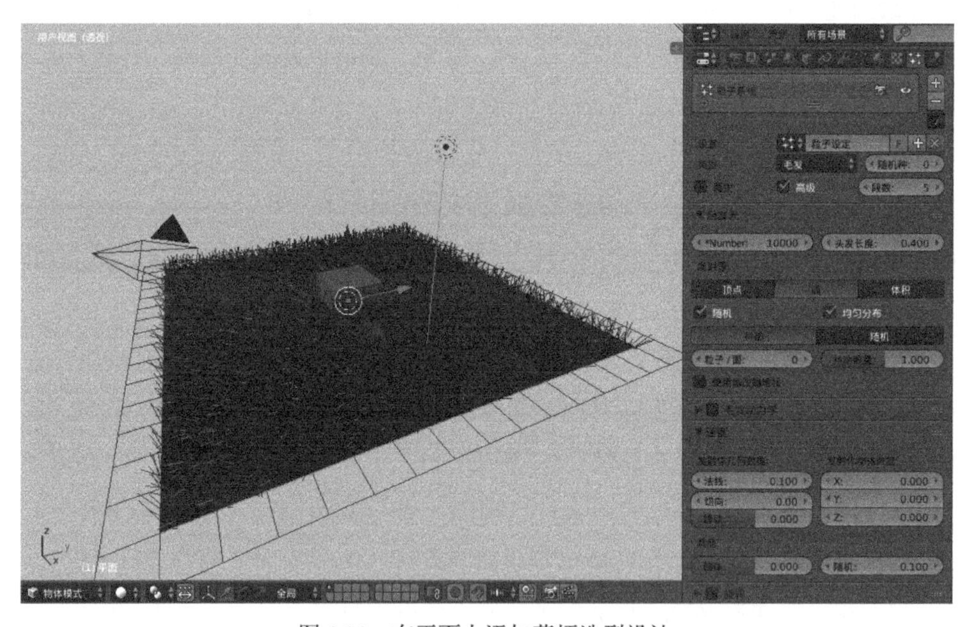

图 4-30　在平面上添加草坪造型设计

- 接着设置毛草颜色，选择“材质”→“漫射”，漫射颜色设置为绿色。
- 在粒子控制面板中，找到渲染选项，选择“材质”为绿色材质，如图 4-31 所示。
- 在粒子控制面板中，找到顶点组选项，在长度栏中，选择 dp_weight 顶点组。
- 选中“立方体”，在右侧场景功能按钮中，选择“物理”→“动态绘画”→“笔刷”→“添加笔刷”。

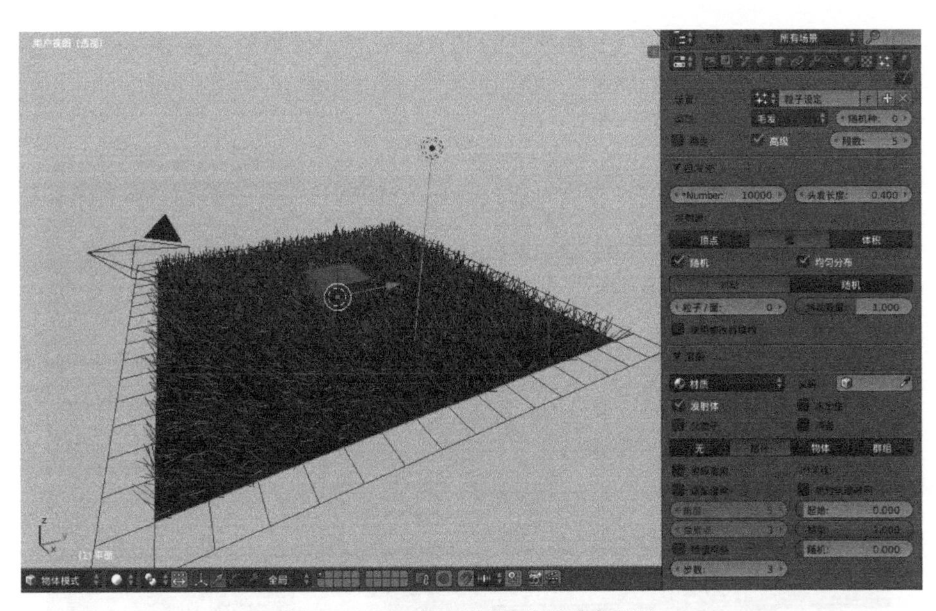

图 4-31　在平面上添加草坪着色设计

- 再选中“画布”，切换至编辑模式，按快捷键 Tab → W →“细分”，细分切割 = 18 次，切换至物体模式。对平面草坪进行细分设计，如图 4-32 所示。

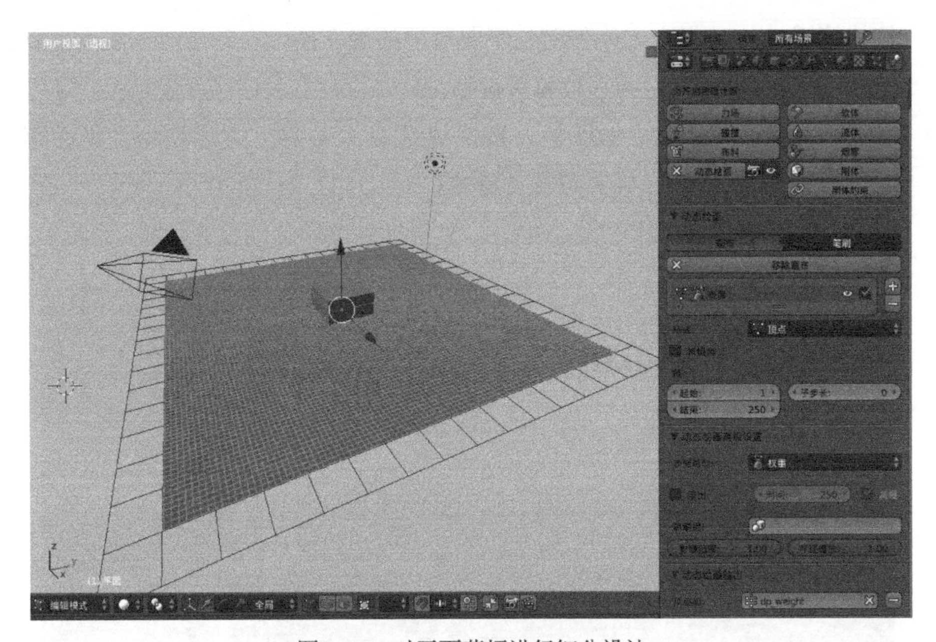

图 4-32　对平面草坪进行细分设计

- 再次选中“立方体”，在右侧场景功能按钮中，显示“物理”→“动态绘画”→“笔刷”。
- 找到“动态绘画源”，选择“绘制源”→“网格体积 + 邻近”。设置绘画间隔 = 2.0，可以调整绘画间隔为 0.0 ～ 20.0 或更大。

- 按快捷键 G + Y 或 G + X，移动立方体，显示立方体笔刷移动设计效果，如图 4-33 所示。

图 4-33　显示立方体笔刷移动设计效果

- 按快捷键 G + Y 将立方体移动到平面草坪的最左侧，在动画时间线中，默认选中第 1 帧，按快捷键 I，插入位移关键帧。
- 在动画时间线中，选中 100 帧，按快捷键 G + Y 将立方体移动到平面草坪的最右侧，并按快捷键 I，插入位移关键帧。
- 单击“播放”按钮或按快捷键 Alt + A，显示动态笔刷移动设计效果，如图 4-34 所示。

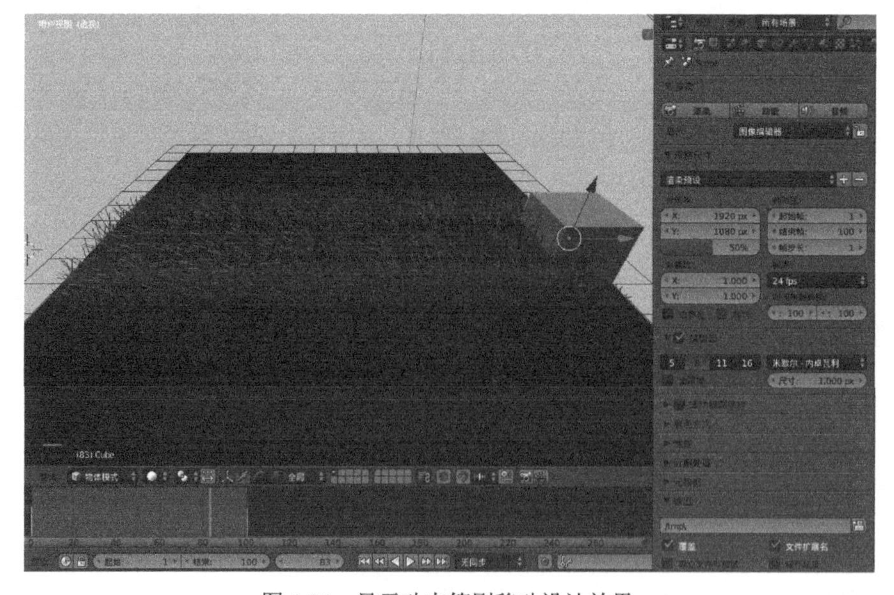

图 4-34　显示动态笔刷移动设计效果

第5章　Blender 物理仿真与游戏特效设计 II

对于 Blender 物理仿真与游戏特效设计在前面介绍了特效概述、游戏引擎力场设计、碰撞设计、布料模拟设计以及游戏引擎动态绘画笔刷设计，本章重点讲述游戏引擎软体设计、流体模拟设计、粒子设计、刚体设计以及刚体约束设计等。

5.1　Blender 游戏引擎软体设计

Blender 物理仿真引擎软体设计主要包含软体、软体缓存、软体目标、软体边线、软体自碰撞、软体解算器、软体力场权重设定等属性设置。软体全部属性功能控制面板，如图 5-1 所示。

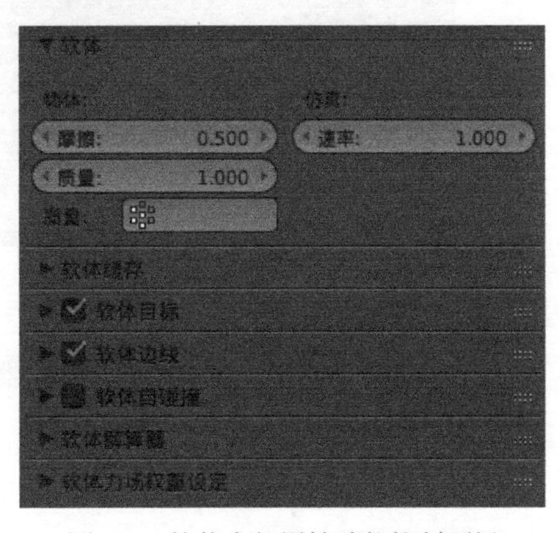

图 5-1　软体全部属性功能控制面板

5.1.1　Blender 游戏引擎软体属性设置

Blender 游戏引擎软体属性主要介绍软体属性、软体边线属性以及软体解算器属性设置三个部分。

（1）Blender 游戏引擎软体属性设置包含物体、仿真、质量以及碰撞组。

物体：包含摩擦和质量。摩擦：软体运动的常规媒介摩擦力；质量：一般物体的质量值。

仿真：表示调节物理仿真效果的时序，用于控制频率计数的速度。

质量：是指控制点质量的值。

碰撞组：用于限定控制组的值。软体属性功能控制面板，如图 5-2 所示。

（2）Blender 游戏引擎软体边线属性设置包含弹性、四重硬度、空气动力学、碰撞等。

弹性：包含拉、推、阻尼、塑性、弯曲、长度等。拉：是指当长于静止长度时的边线弹簧硬度；推：表示短于静止长度时的边线弹簧硬度值；阻尼：边线的弹簧摩擦阻力值；塑性：表示软体永久形变的值；弯曲：是指软体的抗弯刚性值；长度：表示切换弹簧长度

的收缩 / 放大属性，0 为禁用。

四重硬度：表示软体切向刚度值。

空气动力学：包含简单型和升力两种。简单型：是指计算体空气动力学互动的方法，软体边线接收到一个来自周边媒介的拖曳力；升力：当软体边线经过周围媒体时，接收到一个抬升的力。

碰撞：包括边和面。边：表示边也参与碰撞；面：是指一并考虑面与面的碰撞，这时软体的运行速度将会很慢。

除上述之外，还可设置软体控制点的弹力强度值。软体边线属性功能控制面板，如图 5-3 所示。

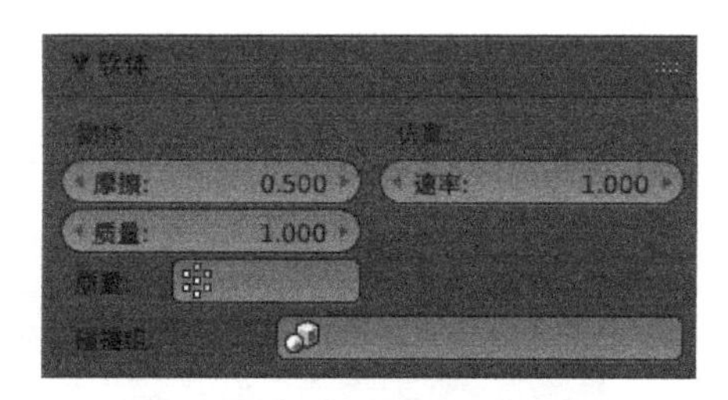

图 5-2　软体属性功能控制面板

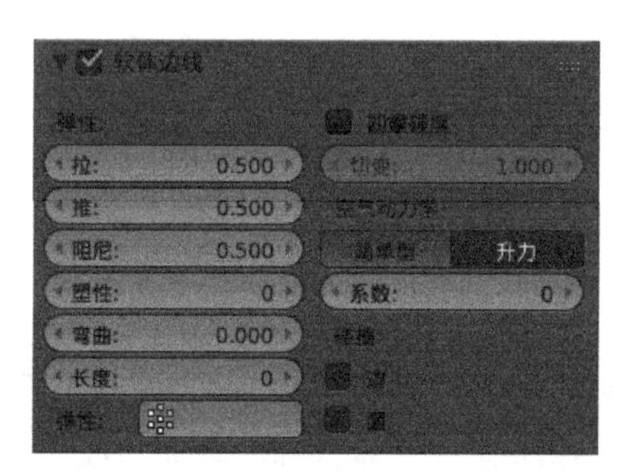

图 5-3　软体边线属性功能控制面板

（3）Blender 游戏引擎软体解算器属性设置包含步长尺寸、自动步长、帮助以及诊断等。

步长尺寸：包含最小步长和最大步长。最小步长：表示步长 / 帧的最小解算数值；最大步长：是指步长 / 帧的最大解算数值。

自动步长：表示为自动步进尺寸所使用的速率。

错误限额：龙格 - 库塔 ODE 解算的误差限值，其值越低，则精度越高；其值越高，速度越快。

帮助：包含阻塞和模糊两种设置。阻塞：表示软体碰撞目标的内部“黏度”；模糊：是指软体碰撞时的绒面特性，其值较高时，处理速度较快，但稳定性较差。

诊断：包括将性能打印到控制台和预估矩阵。将性能打印到控制台：是指开启软体诊断控制台信息打印；预估矩阵：表示软体的矩阵估值，拆分为位移、旋转以及缩放矩阵。软体解算器属性功能控制面板，如图 5-4 所示。

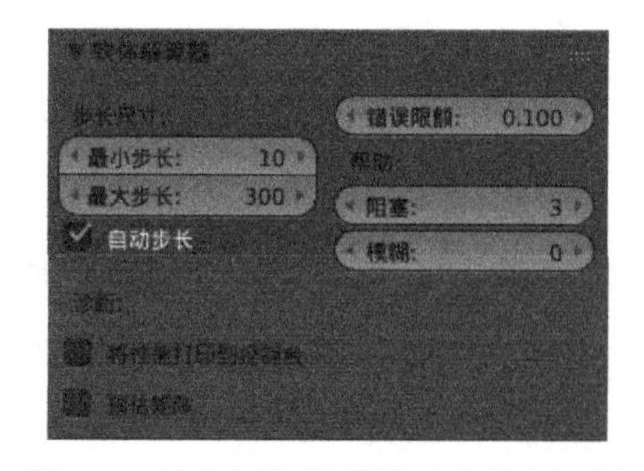

图 5-4　软体解算器属性功能控制面板

5.1.2　Blender 游戏引擎软体坠落案例设计

软体坠落案例场景设计包括一个地面、一个软体球，软体球在与地面发生碰撞时，球体应有发生形变的 3D 动画，设计过程如下：

- 启动 Blender 游戏引擎集成开发环境。
- 在物体模式中，显示默认立方体物体。按快捷键 N 设置立方体物体属性，规格尺寸 X = 16.0；Y = 16.0；Z = 0.5。
- 设置长方体材质颜色，在右侧的场景工具按钮中，选择“材质”→“面”→“漫射”，设置颜色为绿色。
- 添加物体碰撞，在右侧的场景工具按钮中，选择“物理”→“碰撞”。地面场景设计效果，如图 5-5 所示。

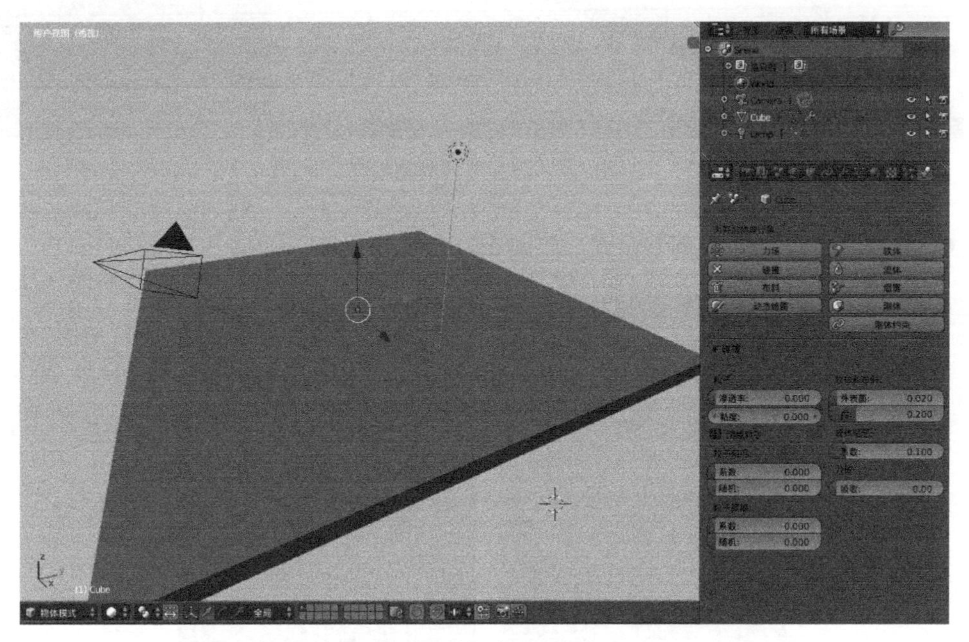

图 5-5　地面场景设计

- 添加一个球体，选择“添加”→“网格”→“经纬球”。按快捷键 N 设置球体属性，规格尺寸 X = 5.0；Y = 5.0；Z = 5.0，球体材质颜色选择蓝色。
- 在编辑模式中，按快捷键 W →“光滑着色”。在右侧的场景功能按钮中，选择“修改器”→“添加修改器”→“表面细分”。添加球体模型设计效果，如图 5-6 所示。
- 选中球体，把球体设置为软体设计。在右侧的场景功能按钮中，选择“物理”→“软体”。
- 对软体物体进行参数设置，软体物体摩擦力 = 0.5，速度 = 1.0，质量 = 1.0；软体边线弹性拉 = 推 = 阻尼 = 0.5，弯曲 = 10.0；软体自碰撞计算 = 平均，碰撞球尺寸 = 0.49，硬度 = 1.0，阻尼 = 0.5。

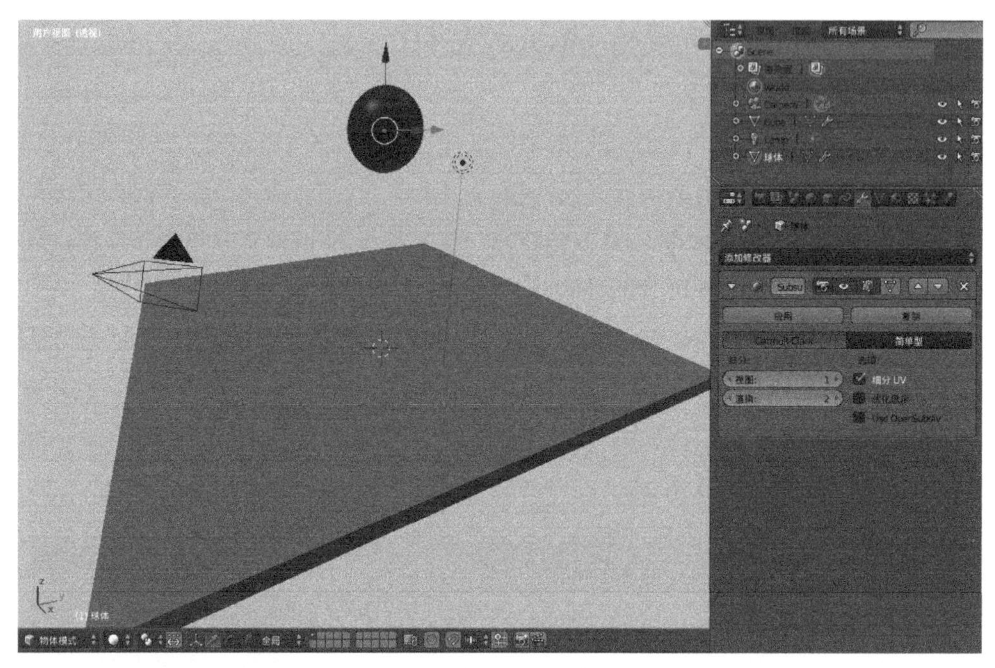

图 5-6　添加球体模型设计

- 软体物体控制面板参数设置，如图 5-7 所示。

图 5-7　软体物体控制面板参数设置

- 单击“播放”按钮▷或按快捷键 Alt + A，播放软体球碰撞运行设计效果。
- 接着设计一个游泳圈造型，选择“选择”→“网格”→“圆环体”。设置圆环体材质，分别添加白色和红色。

- 按同样的方法，为圆环体设置软体设计。在右侧的场景功能按钮中，选择“物理”→“软体”。软体的参数设置同上。
- 单击“播放”按钮▶或按快捷键 Alt + A，播放软体球和游泳圈碰撞运行设计效果，如图 5-8 所示。

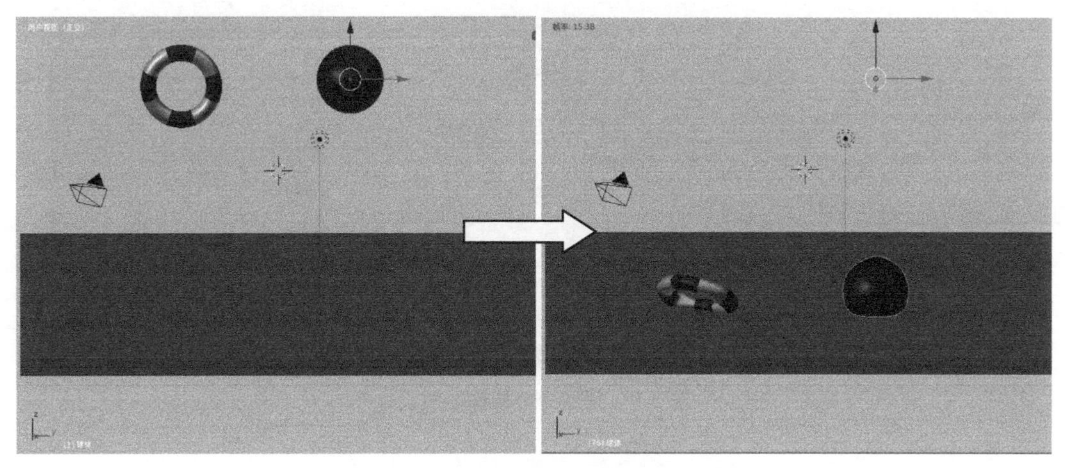

图 5-8　软体球和游泳圈碰撞设计效果

5.1.3　Blender 游戏引擎软体在楼梯上滚落案例设计

软体 3D 物体在穿越障碍物体后，从楼梯上滚落的 3D 动画案例设计步骤如下：

- 启动 Blender 游戏引擎集成开发环境。
- 在物体模式中，删除默认立方体物体。添加一个平面，选择“添加”→“网格”→“平面”，创建一个平面物体造型。
- 按快捷键 N 设置网格物体属性，规格尺寸 X = 1.0；Y = 10.0；Z = 0.0。材质颜色设为苹果绿蓝色。
- 按数字键 1 和数字键 5 切换至前视图（正交），切换至编辑模式，选中在一条边进行挤压，按快捷键 E + Z 和 E + X 挤压出楼梯造型。
- 添加物体碰撞，在右侧的场景工具按钮中，选择“物理”→“碰撞”，如图 5-9 所示。
- 添加一个障碍物体，选择“添加”→“网格”→“平面”。按快捷键 N 设置网格物体属性，规格尺寸 X = 3.0；Y = 7.0；Z = 0.0。材质颜色设为淡紫色。
- 在编辑模式中，添加一个环切线后。在右侧的场景功能按钮中，选择“修改器”→“添加修改器”→“生成”→“线框”。
- 线框修改器参数设置，线框厚度 = 0.35 “折痕边”“相对厚度”“替换原物体”复选框，最后单击“应用”按钮。
- 添加物体碰撞，在右侧的场景工具按钮中，选择“物理”→“碰撞”，如图 5-10 所示。

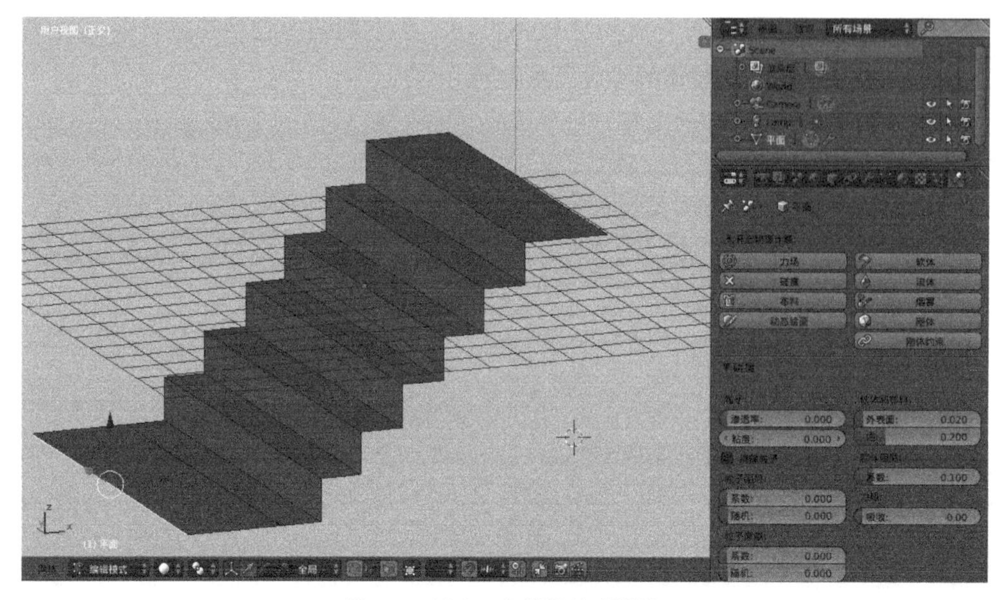

图 5-9　创建一个楼梯造型设计

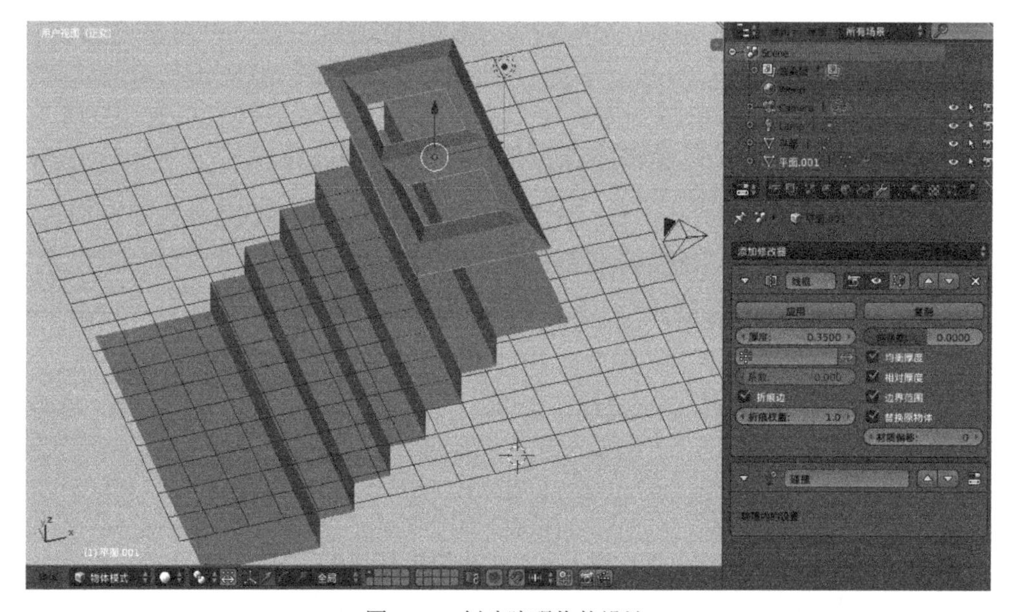

图 5-10　创建障碍物体设计

- 添加一个立方体，选择“添加”→“网格”→“立方体”，立方体规格尺寸为默认值，立方体材质颜色选择绿色。
- 在编辑模式中，按快捷键 W →“细分”，细分次数为 10 次。在右侧的场景功能按钮中，选择“修改器”→“添加修改器”→“表面细分”。
- 按相同的方法，再添加一个经纬球体，规格尺寸为默认值，经纬球体材质颜色选择红色，球体表面细分等。

- 分别把立方体和球体移动到碰撞物体的上方，添加球体和立方体设计，如图 5-11 所示。

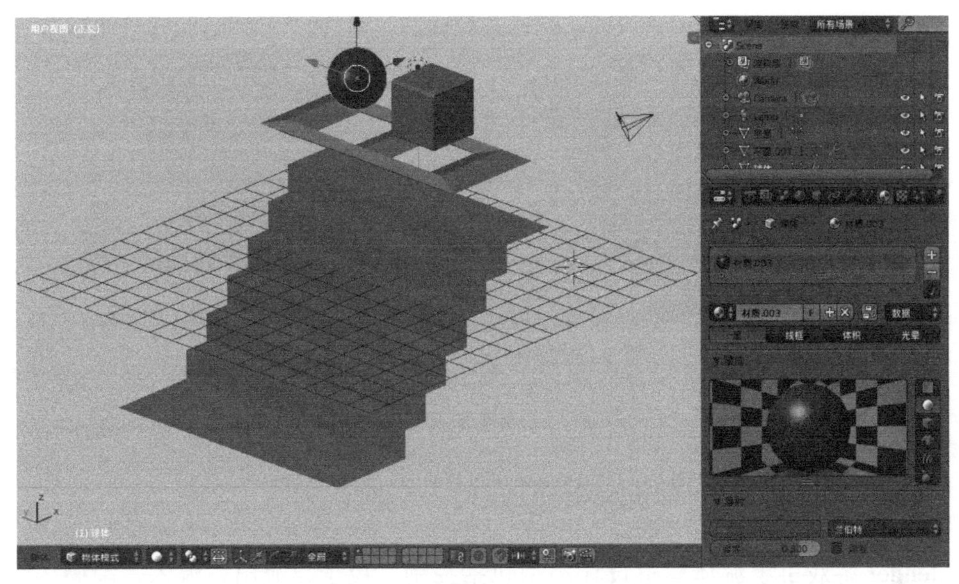

图 5-11 添加球体和立方体设计

- 分别选中球体和立方体将其设置为软体，在右侧的场景功能按钮中，选择“物理”→“软体”。
- 设置球体和立方体参数，软体物体摩擦力 = 0.5，速度 = 2.0，质量 = 2.0（立方体）/ 质量 = 1.0（球体）；软体边线弹性拉 = 推 = 阻尼 = 0.5，弯曲 = 10.0；软体自碰撞计算 = 平均，碰撞球尺寸 = 0.49，硬度 = 1.0，阻尼 = 0.5。
- 单击“播放”按钮▶或按快捷键 Alt + A，播放软体坠落碰撞运行设计效果。软体物体在穿越障碍物体后，从楼梯上滚落 3D 动画案例设计，如图 5-12 所示。

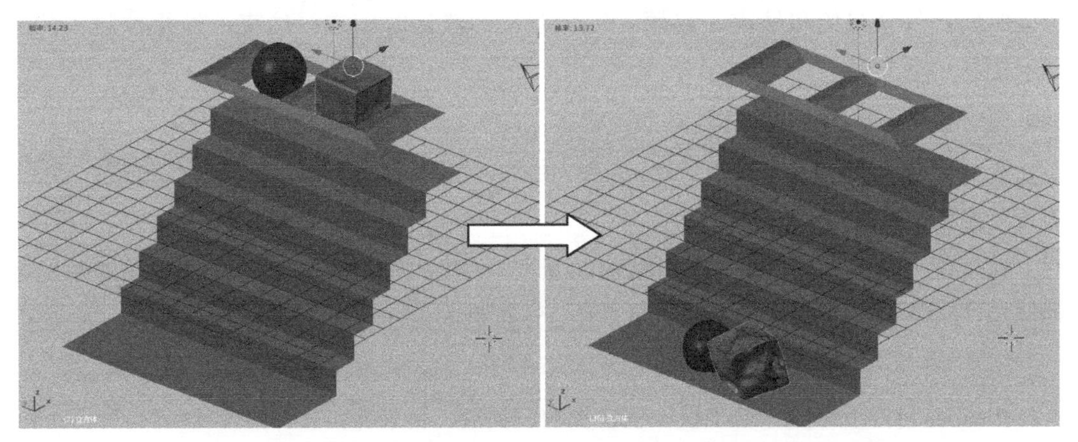

图 5-12 软体物体在穿越障碍物体后，从楼梯上滚落 3D 动画案例设计

- 运行软体坠落碰撞设计效果，单击“播放”按钮▷或按快捷键 Alt + A，播放软体坠落碰撞运行设计效果，如图 5-13 所示。

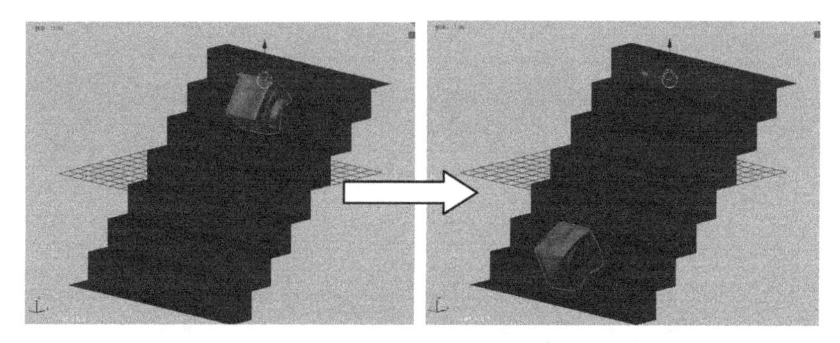

图 5-13　软体坠落碰撞设计效果

5.2　Blender 游戏引擎流体模拟设计

Blender 游戏引擎流体模拟设计类型包括控制、粒子、流出、流入、障碍、流体以及域等。

5.2.1　Blender 游戏引擎流体模拟属性设置

Blender 游戏引擎流体控制设计包含类型、已开启、品质、时间、反转帧序、吸引力、速度推力等。

类型：控制、粒子、流出、流入、障碍、流体、域以及无等类型参数选项。

已开启：表示物体参与流体模拟。

品质：是指物体采样的品质，该值越高，效果越好，但速度越慢。

时间：包含起始和结束。起始：控制粒子的激活时间点；结束：被操控粒子的失效时间。

反转帧序：反向控制物体运动的帧数。

吸引力：包含强度 / 力度和半径。强度 / 力度：朝向控制物体的定向吸引力强度；半径：表示所控物体周围的力场半径。

速度推力：包含强度 / 力度和半径。强度 / 力度：控制物体的速率对流体速率的影响强度；半径：所控物体周围的力场半径。流体控制属性功能控制面板，如图 5-14 所示。

Blender 游戏引擎流体粒子设计包含影响、类型、目录等。

影响：包含尺寸和 Alpha。尺寸：粒子尺寸的缩放值，该值 = 0 时，表示关闭（所有的粒子尺寸相同），该值 = 1 时，表示完全开启（可用值区间为 0.2 ～ 2.0），该值 >1 时，表示粒子尺寸缩放差异度较大；Alpha：粒子的 Alpha 变化量，该值 = 0 时，表示关闭（Alpha 值相同），该值 = 1 时，表示全开（较大粒子的 Alpha 值较低，而较小粒子的 Alpha 值则较高）。

类型：包含滴落、浮点型以及跟踪等属性设置。滴落：显示坠落粒子；浮点型：显示漂浮粒子；跟踪：显示跟踪粒子。

目录：表示粒子的存储与加载目录，可包含文件名前缀。流体粒子属性功能控制面板，如图 5-15 所示。

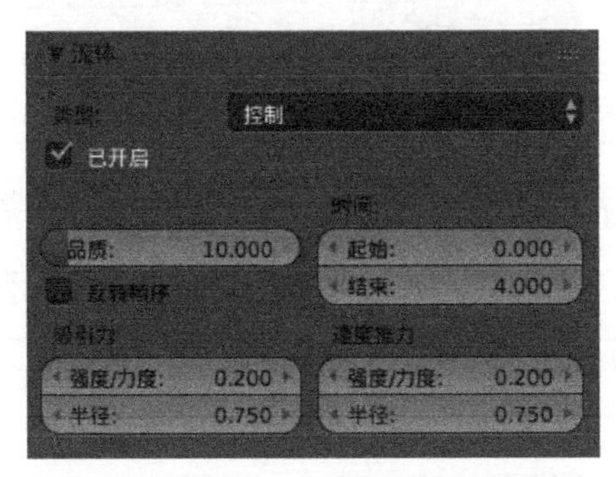

图 5-14 流体控制属性功能控制面板

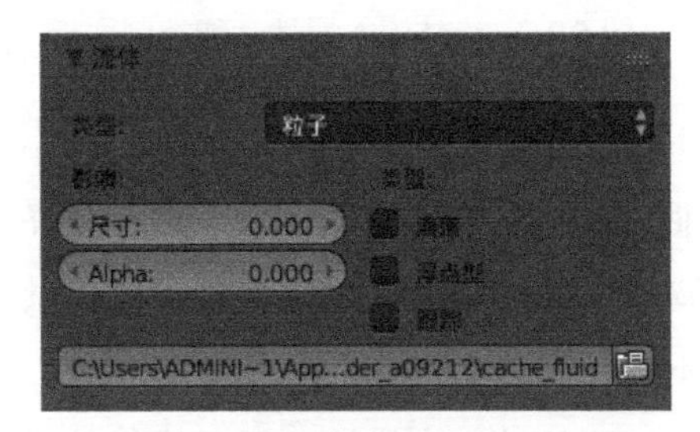

图 5-15 流体粒子属性功能控制面板

Blender 游戏引擎流体流入设计包含已开启、体初始化、注入速度、输出动画网格以及自身坐标系等。

已开启：表示物体参与流体模拟。

体初始化：包含两者、外形、体积等。两者：两者同时使用网格内部体积与外壳；外形：外形仅适用外层网格；体积：体积仅使用网格的内部体积。

注入速度：流体的初始速度，分为 X、Y、Z 三个轴向方向值。

输出动画网格：将网格动画导出（导出较慢，仅供必要时使用，如骨架或有层级的物体），函数曲线中，姿态 / 旋转 / 缩放的动画无需此功能。

自身坐标系：为流入类型使用自身坐标，如物体旋转。流体流入属性功能控制面板，如图 5-16 所示。

Blender 游戏引擎流体障碍设计包含体初始化、滑动类型、输出动画网格以及影响等。

体初始化：包含两者、外形、体积等。其他同上。

滑动类型：包含自由滑动、部分滑动和不滑动等。自由滑动：障碍物体仅使法向速率归零（不粘连的效果，仅用于静止的物体）；部分滑动：在不滑动与自由滑动间进行混合，仅用于静止的物体；不滑动：障碍体使法向与切向速率归零（粘连效果），默认对所有物体开启（仅用于运动物体）。

输出动画网格：是将网格动画导出。

影响：这是一个用于运动物体的非物理值，它用于控制障碍物体对流体的影响效果，

如果该系数 = 0，则效果类似于流出体（删除流体），当系数 = 1 时，则为默认值，当系数 >1 时，则影响程度较大（可用于调节总质量）。流体障碍属性功能控制面板，如图 5-17 所示。

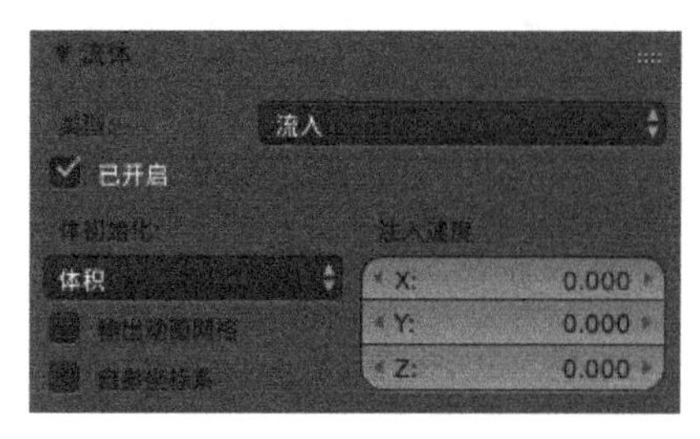

图 5-16　流体流入属性功能控制面板

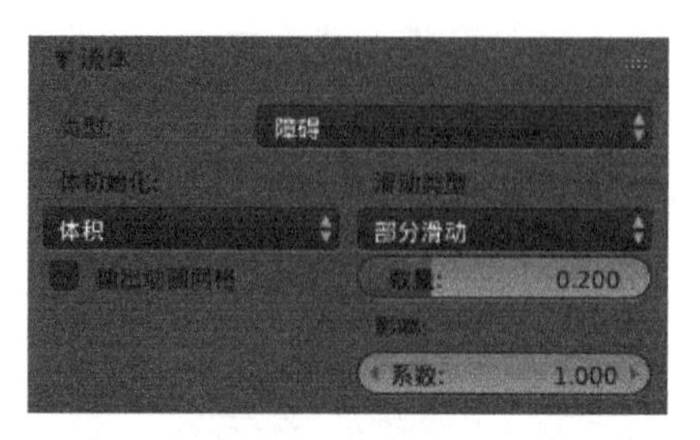

图 5-17　流体障碍属性功能控制面板

Blender 游戏引擎流体域设计包含域、流体世界、流体边界以及流体粒子等。流体域的功能是指流体域边界框作为模拟的边界，所有流体对象都必须在流体域内部。没有任何微小物体可移动到流体域边界外，在场景中只可存在一个流体域模拟对象，流体域外的对象将不进行烘焙。

（1）流体域包含烘培、用于模拟的线程数、分辨率、渲染显示、视图显示、时间、生成运动矢量以及反转帧序、目录等。

烘培：烘培流体模拟。

用于模拟的线程数：覆盖模拟的线程数，若该值 = 0，则代表自动。

分辨率：包含最终和预览。最终：X、Y 和 Z 方向的域精度；预览：X、Y 和 Z 方向的预览精度。

渲染显示：网格的渲染显示方式包含最终、预览和几何数据等。最终：表示显示最终品质结果；预览：显示预览级的品质结果；几何数据：显示几何体。

视图显示：同上（渲染显示）。

时间：包含起始和结束时间。起始：Blender 首帧模拟时间（秒）；结束：Blender 最末帧模拟时间（秒）。

速率：表示流体的运动速率，该值 = 0 为静止，该值 = 1 为常速。

生成运动矢量：是指为矢量模糊生成运动矢量。

反转帧序：表示反转流体帧。

偏移量：表示读取已烘焙缓存时的偏移量。

目录：用于存放已烘焙的流体模拟文件的目录。

（2）流体世界包含使用场景重力、速度预设、基础、紧固、真实世界尺寸和优化。

使用场景重力：X、Y 和 Z 方向的重力。

速度预设：流体预览，其中包含蜂蜜、油和水三种执行预览功能选项。

基础：表示速率设定，以 10 的指数次方相乘。

紧固：表示速率负指数值，用于简化输入较小的值。

真实世界尺寸：用于模拟域的尺寸（米）。

优化：包含栅格级数和压缩性。栅格级数：是指粗糙栅格的使用量，该值 = -1 代表自动；压缩性：考虑到万有引力，允许固定流体的压缩特性（直接影响模拟步长）。

（3）流体边界包含滑动类型、表面、移除气泡。

滑动类型：包含自由滑动、部滑动和不分滑动等。

表面：包括平滑和细分。平滑：流体表面光滑量，该值 = 0 为无光滑，该值 = 1 为标准光滑，该值 >1 则为非常光滑；细分：表示等值面细分次数，当粒子参与表面的生成过程时尤为必要，但需要较长的计算时间。

移除气泡：移除流体表面与障碍物间的气隙。

（4）流体粒子包含跟踪和生成。

跟踪：粒子跟踪器的生成数量。

生成：粒子生成量，该值 = 0 为关闭，该值 = 1 为正常，该值 >1 为较多。

流体域属性功能控制面板，如图 5-18 所示。

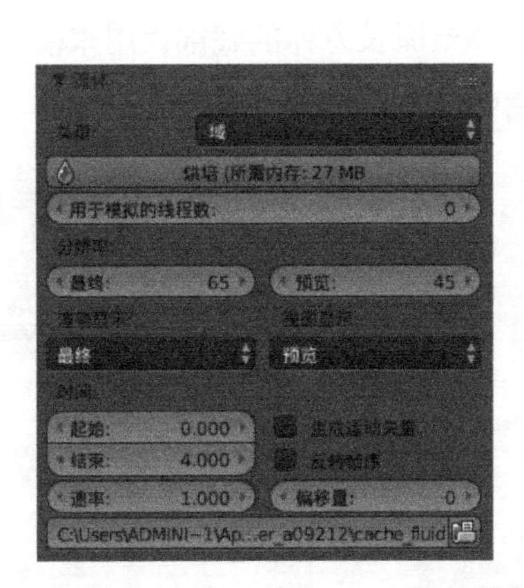

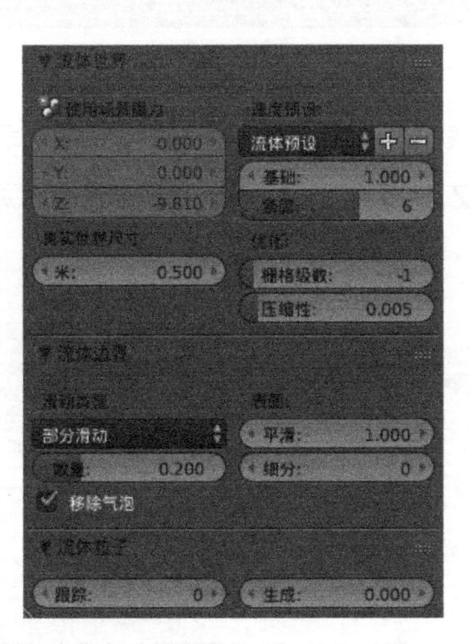

图 5-18　流体域属性功能控制面板

5.2.2　Blender 游戏引擎物体掉落水槽案例设计

物体掉落水槽案例设计是让一个球体坠落到一个盛满水的容器中，实现球体与水面碰撞水花四溅的效果，具体步骤如下：

- 启动 Blender 游戏引擎集成开发环境。
- 创建立方体水槽。在物体模式中，显示默认立方体。
- 按快捷键 N 设置立方体参数，规格尺寸 X = 8.0；Y = 5.0；Z = 8.0。
- 按快捷键 Z 切换至线框模式，创建一个长方体水槽设计，效果如图 5-19 所示。
- 复制一个长方体，按快捷键 Shift + D，调整复制长方体高度。按快捷键 N 设置规格尺寸 X = 7.951；Y = 4.969；Z = 3.478。

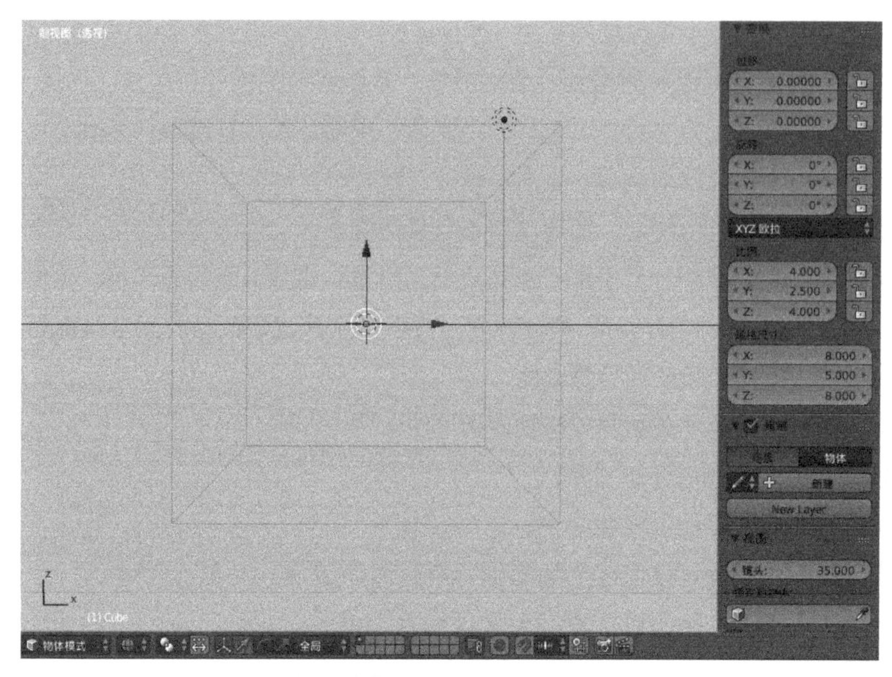

图 5-19　创建一个长方体水槽设计

- 按快捷键 G+Z 沿着 Z 轴移动复制长方体至原长方体的底部，用来模拟液态水。按快捷键 Z 切换至线框模式，在长方体水槽中加入模拟液态水设计，效果如图 5-20 所示。

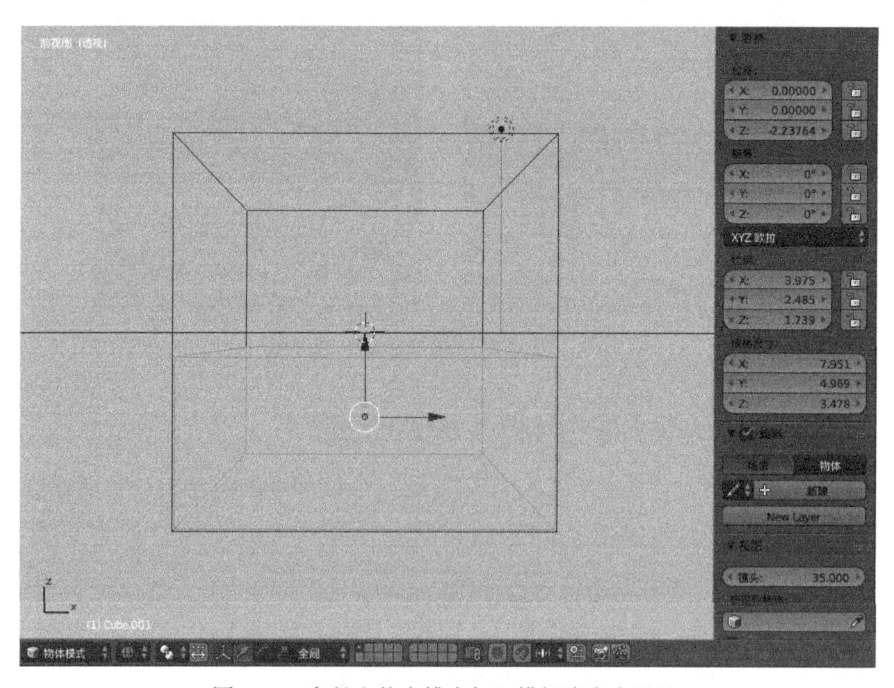

图 5-20　在长方体水槽中加入模拟液态水设计

- 在水槽的上方，创建两个球体与水槽保持一段距离。选择“添加”→“网格”→“经纬球”，规格尺寸 X = Y = Z = 1.0，添加材质为绿颜色。

● 移动球体到水槽的正上方。在长方体水槽上方添加一个球体设计，效果如图 5-21 所示。

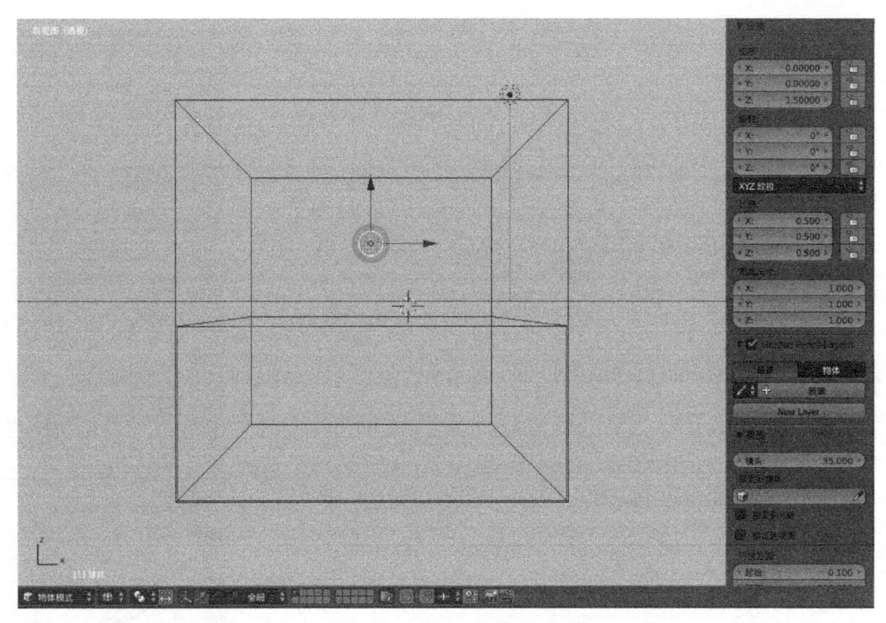

图 5-21 在长方体水槽上方添加一个球体设计

● 选择长方体水槽框线部分，在右侧的场景功能按钮中，选择“物理”→“流体”。在流体类型中，选择“域”。流体域中的起始时间 = 0.0；结束时间 = 0.5。

● 域的材质设置，漫射光颜色为淡蓝色。长方体水槽“域”设计，如图 5-22 所示。

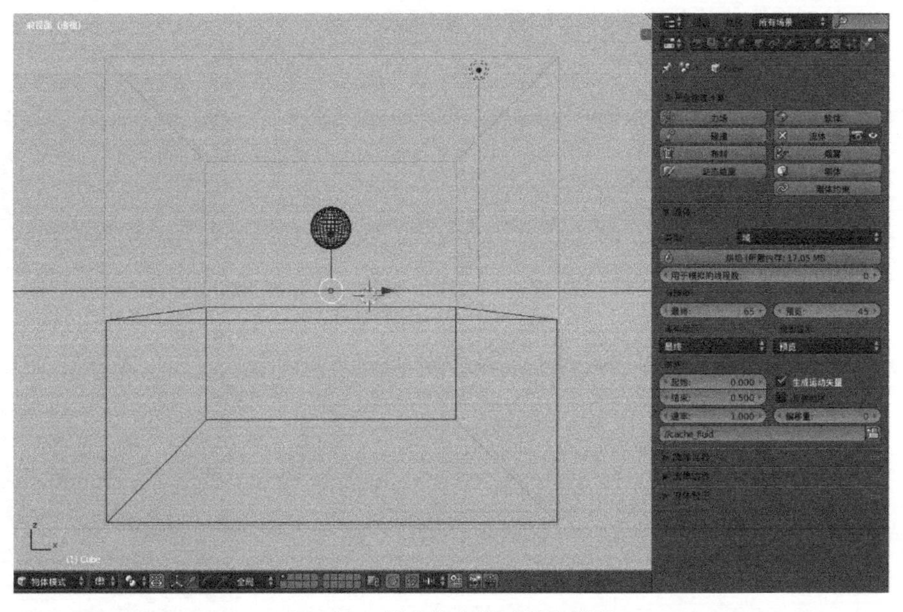

图 5-22 长方体水槽“域”设计

● 选择水槽中模拟液态水框线部分，在右侧的场景功能按钮中，选择“物理”→“流体”。在流体类型中，选择“流体”。

● 水槽模拟液态水流体设计，如图 5-23 所示。

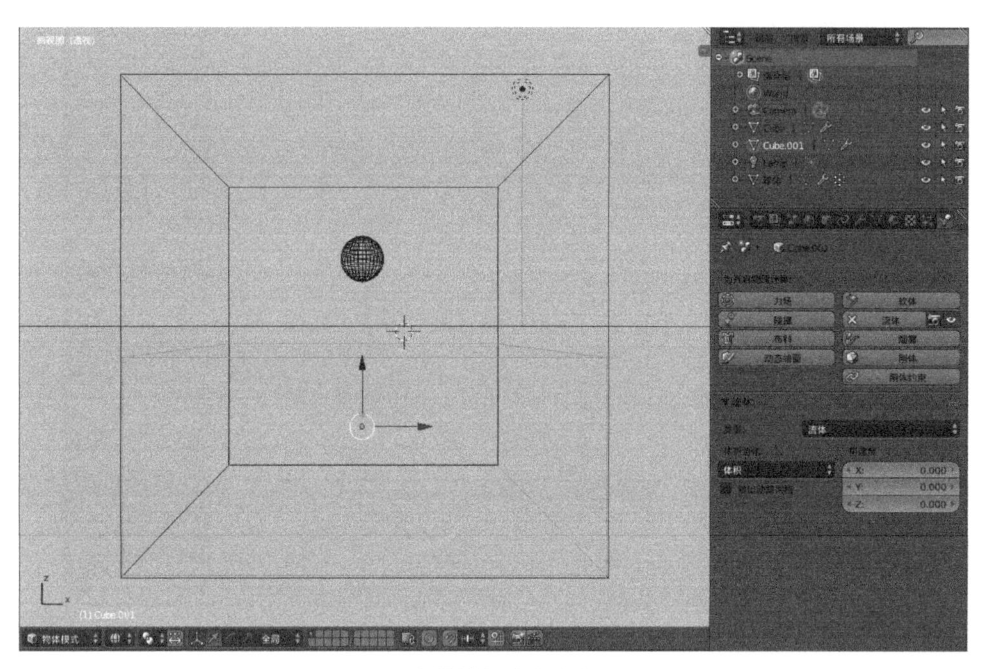

图 5-23　水槽模拟液态水流体设计

● 下落球体物理仿真设计。选中一个球体，在右侧的场景功能按钮中，选择“物理”→“流体”。在流体类型中，选择“障碍”。

● 一个下落的球体仿真设计，如图 5-24 所示。

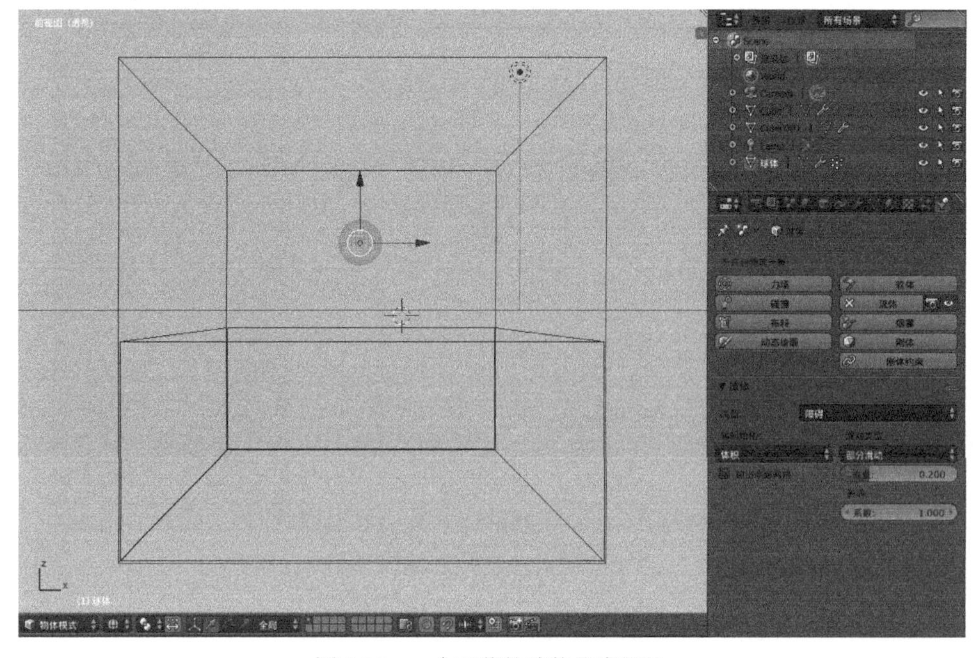

图 5-24　一个下落的球体仿真设计

- 设计球体下落到水槽底部动画效果，在第 1 帧中，按快捷键 I 插入关键帧，选择“位移”关键帧。在第 20 帧中，移动球体至水槽底部，按快捷键 I 插入关键帧选择“位移”关键帧。在第 40 帧中，移动球体至液体表面，重复上述操作。在第 60 帧中，再次移动球体至水槽底部，重复上述操作。设计一个球体落入水槽动画效果，如图 5-25 所示。

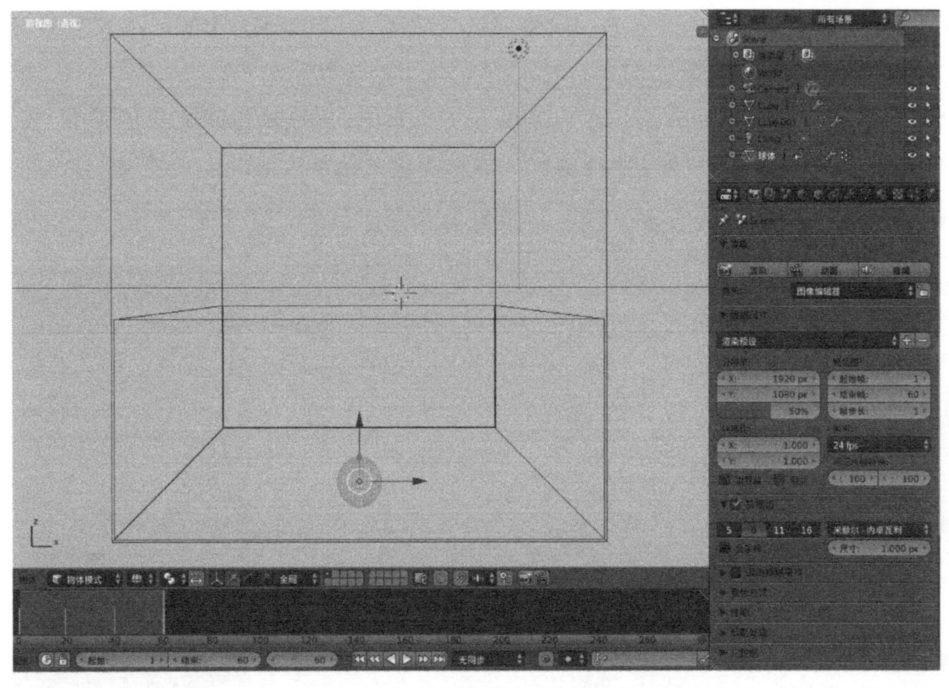

图 5-25　设计一个球体落入水槽动画效果

- 选中立方体水槽，在右侧场景功能按钮，选择“物理”→“烘培”（所需内存 27MB），等待烘培完成。
- 烘焙完成后，按快捷键 Alt + A 或单击“播放”按钮▷，播放球体落入水槽仿真动画设计效果，如图 5-26 所示。

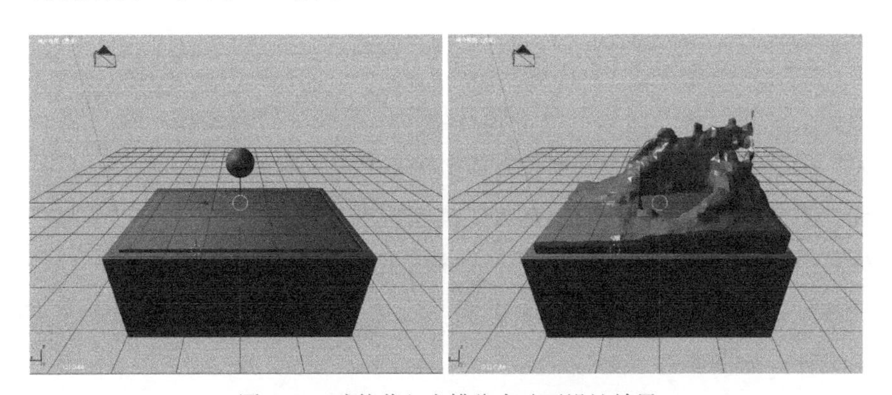

图 5-26　球体落入水槽仿真动画设计效果

5.2.3 Blender 游戏引擎流体注入水缸案例设计

利用 Blender，可以通过自带物理引擎中的流体仿真模拟工具，直接做出水流出到水缸容器中的物理特效，具体步骤如下：

- 启动 Blender 游戏引擎集成开发环境。
- 在物体模式中，显示默认立方体，调整立方体大小，按快捷键 S 缩放。
- 按快捷键 N 设置水槽大小，设置规格尺寸 X = 12.0；Y = 10.0；Z = 10.0。按快捷键 Z 切换至线框模式。
- 设置长方体水槽为容器“域”。选择长方体水槽，在右侧场景工具按钮中，选择“物理”→“流体”。添加流体属性，类型选择“域”。
- 设置长方体水槽为容器“域”，如图 5-27 所示。

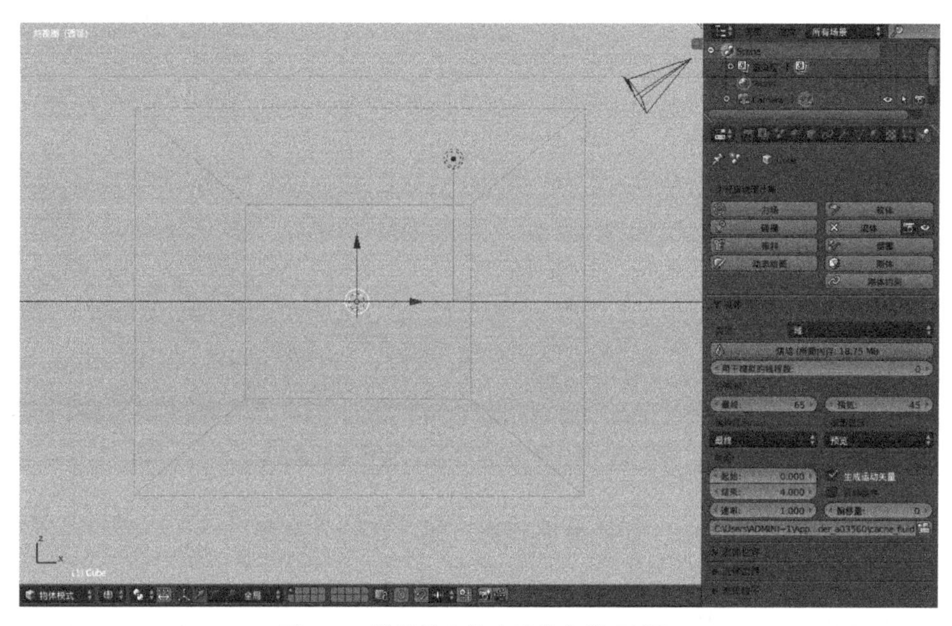

图 5-27　设置长方体水槽为容器“域”

- 在长方体水槽中，添加一个“圆柱体”，把圆柱体视为水龙头，这个圆柱体必须包含在长方体水槽中（否则没有效果）。
- 选择“添加”→“网格”→“圆柱体”，调整圆柱体角度，旋转 X = 0°；Y = 90°；Z = 0°。将其调整到长方体水槽左上方位置。
- 选中圆柱体水龙头，在右侧场景工具按钮中，选择“物理”→“流体”。添加流体属性，“类型”选择“流入”，体初始化 = 外形。
- 调整流入速度，注入速度 X = 1.2；Y = 0.0；Z = 0.0。圆柱体水龙头的流体流入设计，如图 5-28 所示。

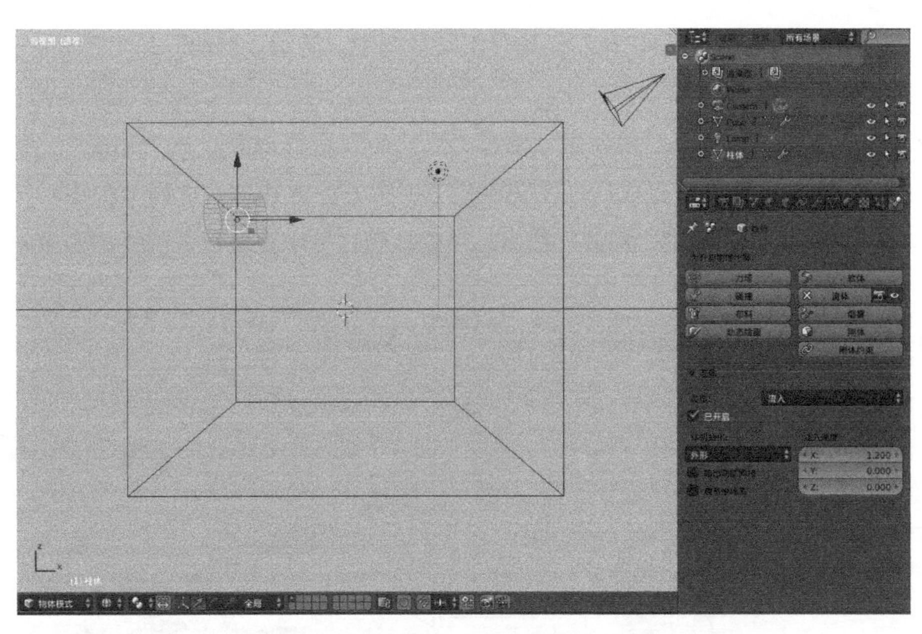

图 5-28　圆柱体水龙头的流体流入设计

- 添加圆柱体器皿设计。在长方体水槽中，添加一个圆柱体器皿。选择“添加”→“网格”→“圆柱体”，设置圆柱体规格尺寸 X = 5.5；Y = 5.5；Z = 5.5。
- 在右侧场景工具按钮中，选择“修改器”→“添加”→“生成”→“实体化”。接着选择“修改器”→“添加”→“生成”→“倒角”。
- 设置圆柱体器皿障碍物设计，选中“圆柱体器皿”，在右侧场景工具按钮中，选择“物理”→“流体”。添加流体属性，类型选择“障碍”。
- 设置圆柱体器皿障碍物设计，如图 5-29 所示。

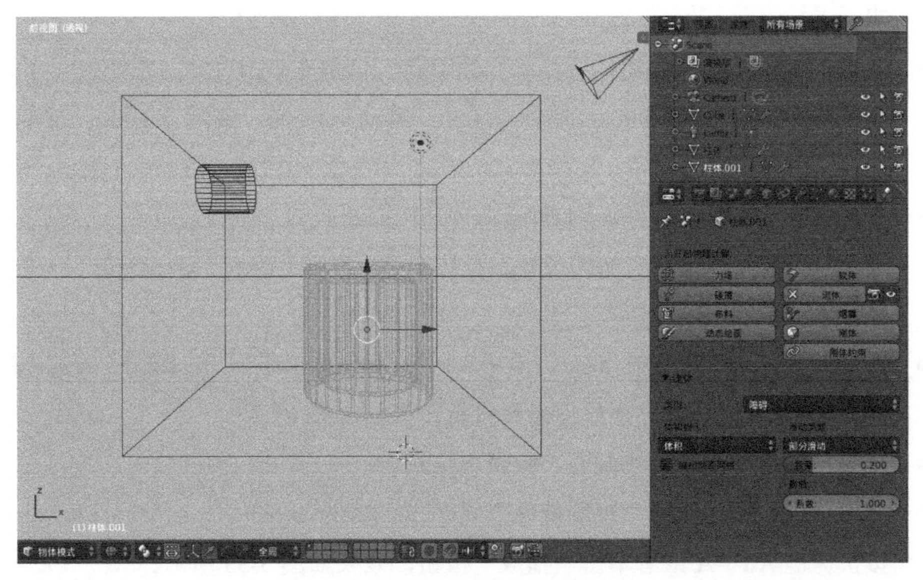

图 5-29　设置圆柱体器皿障碍物设计

- 选择长方体水槽容器，在右侧场景工具按钮中，显示“物理”→“流体”→“域”的相关信息。
- 在“流体”的“域”属性中，单击“烘焙”（所需内存：18.75MB），烘焙需要耐心等待。待烘焙完成后，在菜单栏 2 视图着色方式中，选择“实体”。按快捷键 Alt + A 或者单击“播放”按钮，查看从圆柱体水龙头流入圆柱体器皿中动态设计效果。
- 流体流入圆柱体器皿动态设计效果，如图 5-30 所示。

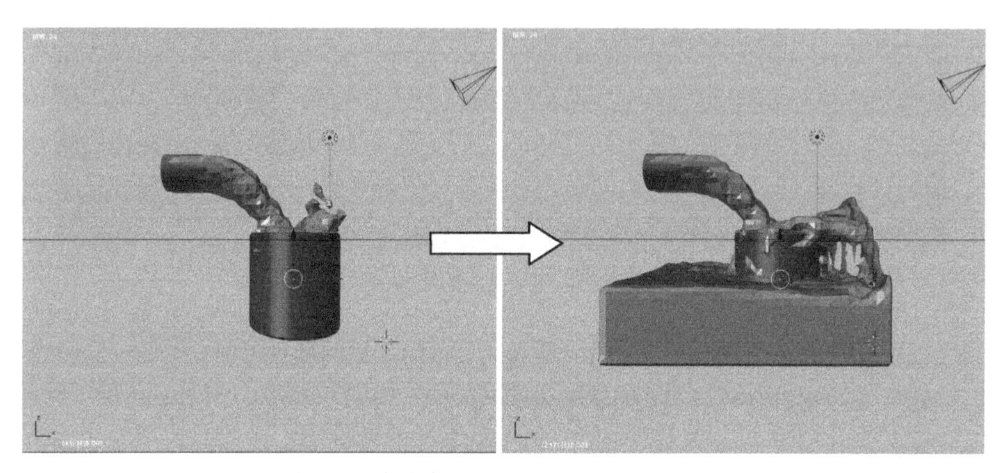

图 5-30　流体流入圆柱体器皿动态设计效果

- 添加水材质和纹理设计，材质和纹理都是对水空间，即流体容器域而设定的。
- 选中流体域，在右侧的场景工具按钮中，选择“材质”，漫射颜色 R = 0.01；G = 0.4；B = 0.8；强度 = 1.0。着色方式：自发光 = 1.08；环境色 = 1.0；半透明 = 0.0。
- 勾选“透明”复选按钮，选择“光线追踪”，Alpha = 0.130；菲涅尔 = 0.000；高光 = 1.000，IOR = 1.000；滤镜 = 0.000；衰减 = 1.000；限制 = 0.000；深度 = 3。
- 勾选“镜射”复选按钮，反射率 = 0.391；菲涅尔 = 0.240；混合 = 1.250；深度 = 2。
- 水材质参数设置，如图 5-31 所示。
- 添加水纹理设计，在右侧的场景工具按钮中，选择“纹理”→“新建”→“打开”，打开水纹理文件 w-1.jpg。
- 水纹理参数设置，映射坐标：“生成”，投射模式：“平展”。影响：勾选“颜色”，混合模式：“混合”。水纹理参数设置，如图 5-32 所示。
- 再执行烘培指令，需要耐心等待烘培结束。
- 在标题栏 2 中，选择“视图着色方式”→“渲染”。
- 按快捷键 Alt + A 或者单击“播放”按钮，效果如图 5-33 所示。

图 5-31 水材质参数设置

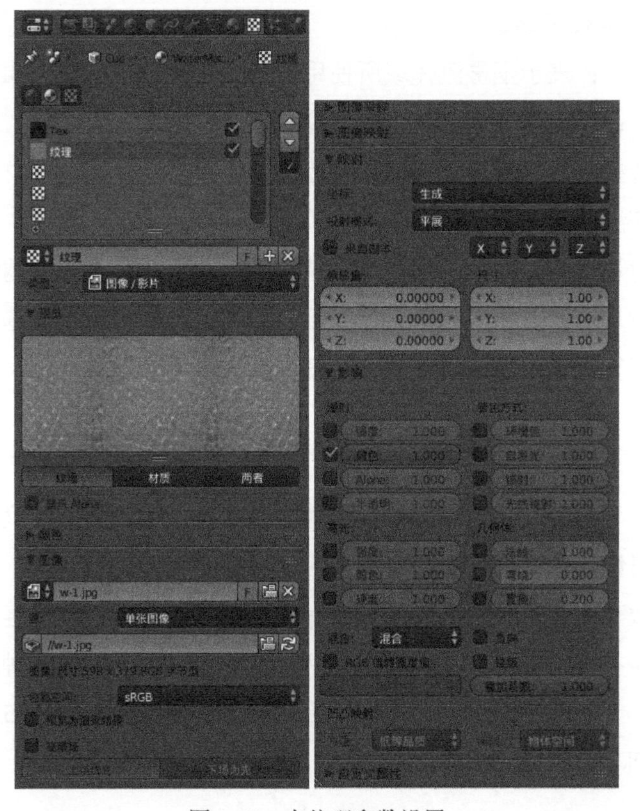

图 5-32 水纹理参数设置

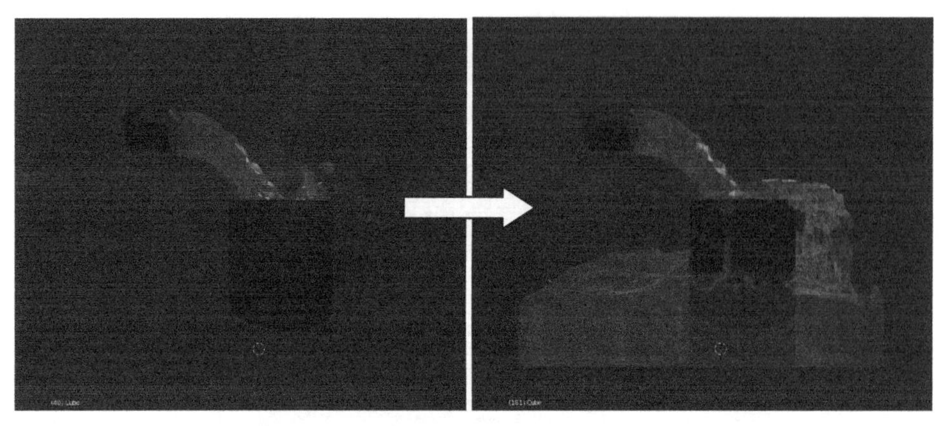

图 5-33　流体在水槽容器中流动的设计效果

5.3　Blender 游戏引擎烟雾模拟设计

5.3.1　Blender 游戏引擎烟雾模拟属性设置

Blender 游戏引擎烟雾模拟属性类型包括无、域、流以及碰撞等。

（1）烟雾“域”属性包括分辨率、行为、时间、碰撞边框以及消融等。烟雾“域”属性功能面板，如图 5-34 所示。

分辨率（细分）：表示烟雾流体域所使用的最大精度，默认值为 32。

时间（比例）：用于调节烟雾仿真的速度，默认值为 1。

碰撞边框：选择将被视作碰撞物体的域边界，包括打开、垂直开发以及全部碰撞等。

行为：包括密度、温差以及速度。

密度：密度对烟雾运动的影响量，该值越高，则烟雾的升腾速度越快。

温差：热度对烟雾运动的影响量，该值越高，则烟雾的升腾速度越快。

速度：表示烟雾流体中的紊流度和旋转度，默认值为 2。

消融：启用烟雾随时间消失的效果，其中时间表示消融速率，默认值为 5。减慢使用 1/X。

（2）烟雾“流”属性包括流体类型、流体来源、初始值、初始速度、烟雾颜色、采样等。烟雾“流”属性功能面板，如图 5-35 所示。

流体类型：改变流体对模拟的影响方式有火焰、火焰加烟雾、烟雾以及流出等类型。

流体来源：是指改变烟雾的发射方式有两种，一种是网格，另一种是粒子系统。网格源包含面和体积。面：表示笔刷到网格表面的最大距离，默认值为 1.5；体积：调节由网格体积内部散出烟雾的系数。

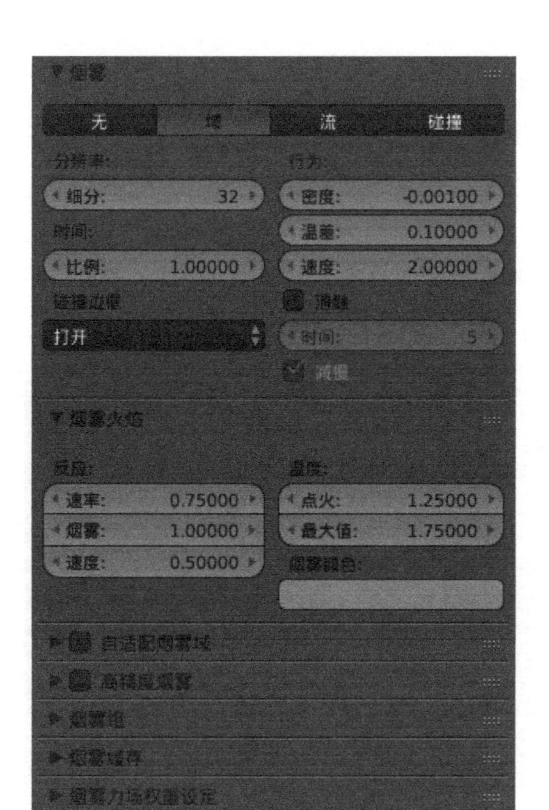

图 5-34 烟雾“域”属性功能面板

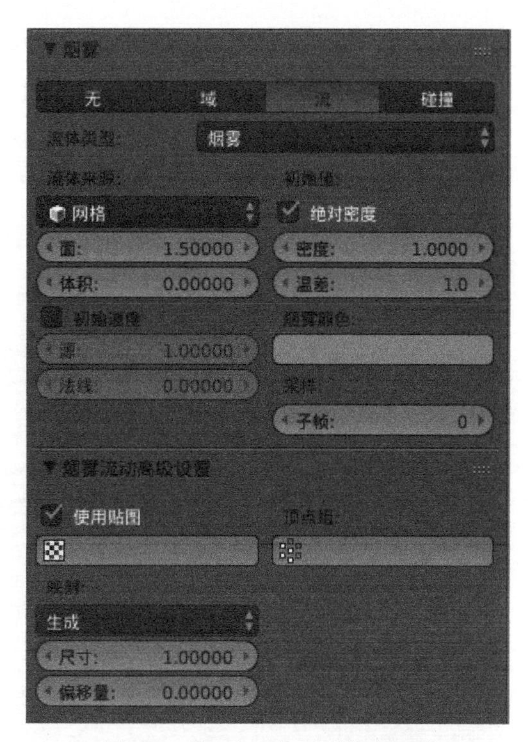

图 5-35 烟雾“流”属性功能面板

初始值：包含绝对密度、密度以及温差等。绝对密度：在发射器区域内，仅允许指定的密度值；密度：表示烟流设置密度，默认值为 1.0000；温差：环境温度，默认值为 1.0。

初始速度：当烟雾散出时，烟雾带有部分初始速率。其中包括源和法线。源：调节烟雾速率传递的倍增值，默认值为 1.0000；法线：表示纹理对粒子初始值速率得影响量。

烟雾颜色：烟雾颜色的设定，由红、绿、蓝三种基色混合调色。

采样（子帧）：为提高烟雾流动的速度，而在帧之间采集的附加样本数。

烟雾流动高级设置包含使用贴图、顶点组、映射等功能。

使用贴图：使用纹理控制发射强度。

顶点组：表示顶点组的名称，用于确定各点的修改器的影响量。

映射：映射纹理类型包括生成和 UV，包含映射的尺寸和偏移量。尺寸：映射纹理尺寸的大小，默认值为 1.00000；偏移量：映射纹理的 Z 偏移量。

5.3.2 Blender 游戏引擎烟火模拟案例设计

利用烟雾仿真创建一个 3D 烟雾 / 烟火游戏场景特效，具体步骤如下：

- 启动 Blender 互动引擎集成开发环境。
- 在物体模式中，删除默认立方体物体。
- 添加一个经纬球体，选择“添加”→“网格”→“经纬球体”。
- 在物体模式中，选择“物体”→“快速特效”→“快速烟雾”，效果如图 5-36 所示。

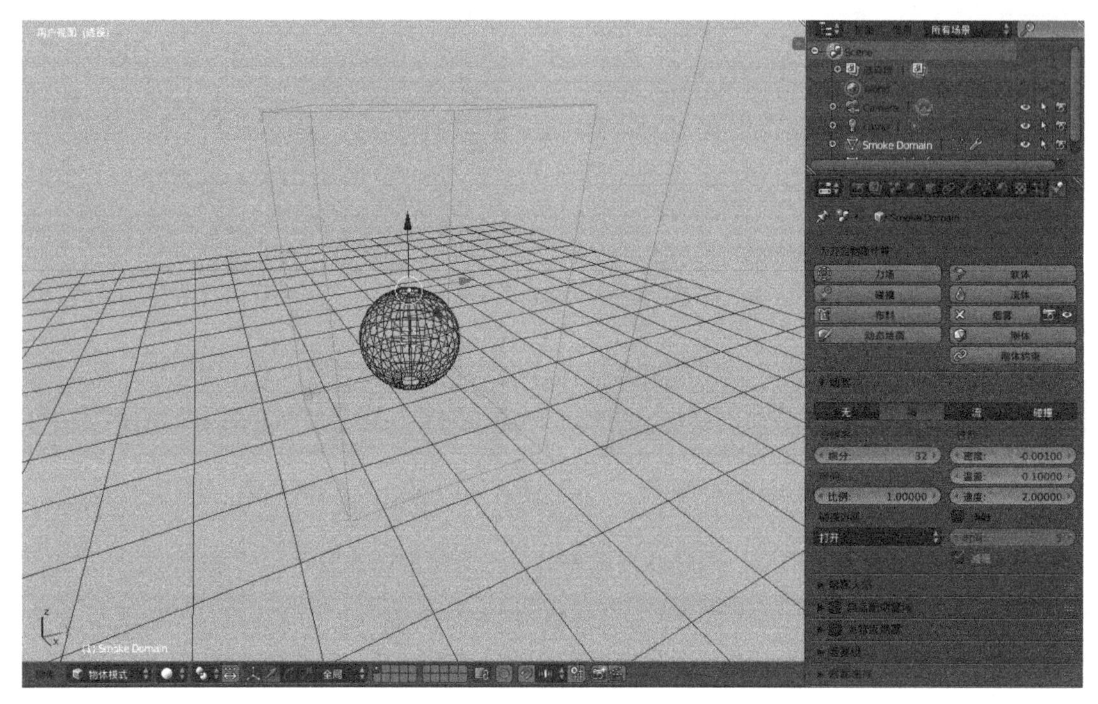

图 5-36　添加快速烟雾设计

- 播放烟雾特效设计，按快捷键 Alt + A 或单击“播放”按钮▶。快速烟雾特效设计效果，如图 5-37 所示。
- 还可以在物体模式中，选中默认“立方体”，按快捷键 Z 切换至线框模式。
- 按快捷键 N，设置立方体的规格尺寸 X = 6.0；Y = 6.0：Z = 8.0。
- 在右侧的场景工具按钮中，选择“烟雾”→“域”，选中长方体烟雾“域”设置，效果如图 5-38 所示。
- 添加一个球体，选择“添加”→“网格”→“经纬球体”。选中经纬球体。

图 5-37　快速烟雾特效设计效果

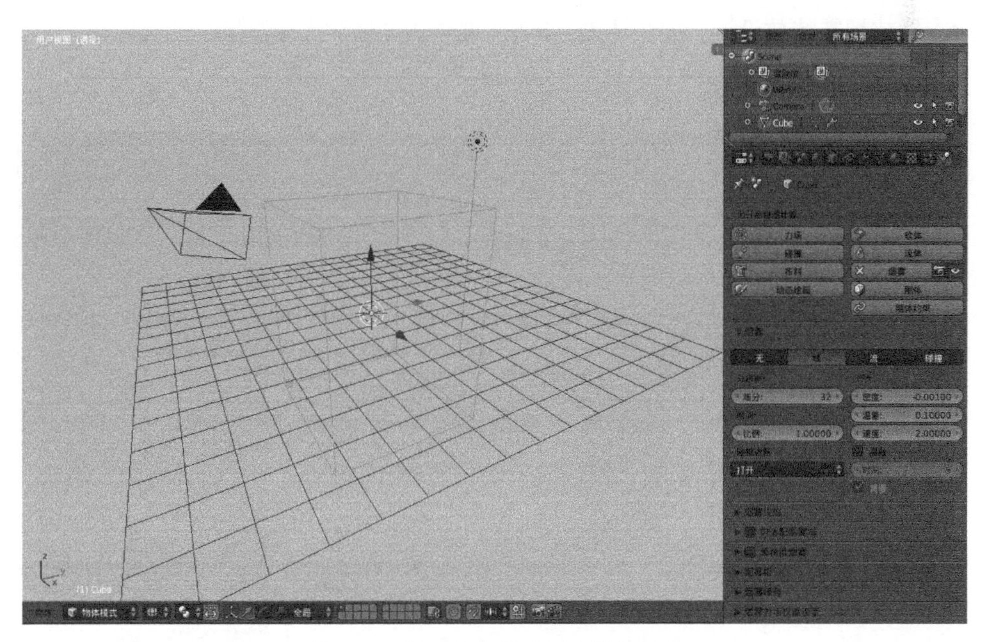

图 5-38　选中长方体烟雾“域”设置

- 在右侧的场景工具按钮中，选择“烟雾”→“流”，流体类型：选择“烟雾”。经纬球体烟雾流烟雾设置，如图 5-39 所示。

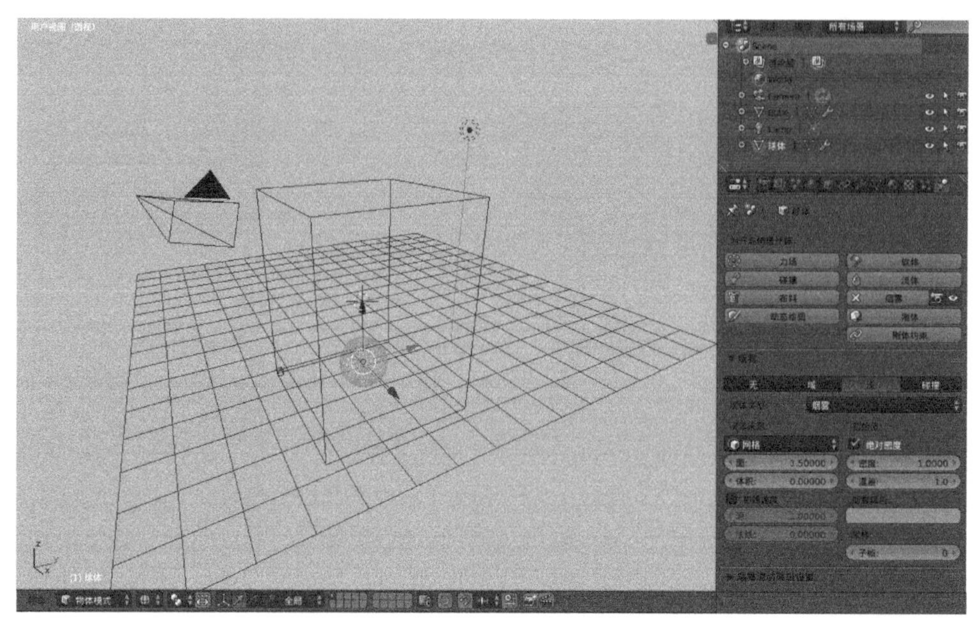

图 5-39 经纬球体烟雾流烟雾设置

● 播放烟雾特效设计，按快捷键 Alt + A 或单击“播放”按钮。烟雾特效设计效果，如图 5-40 所示。

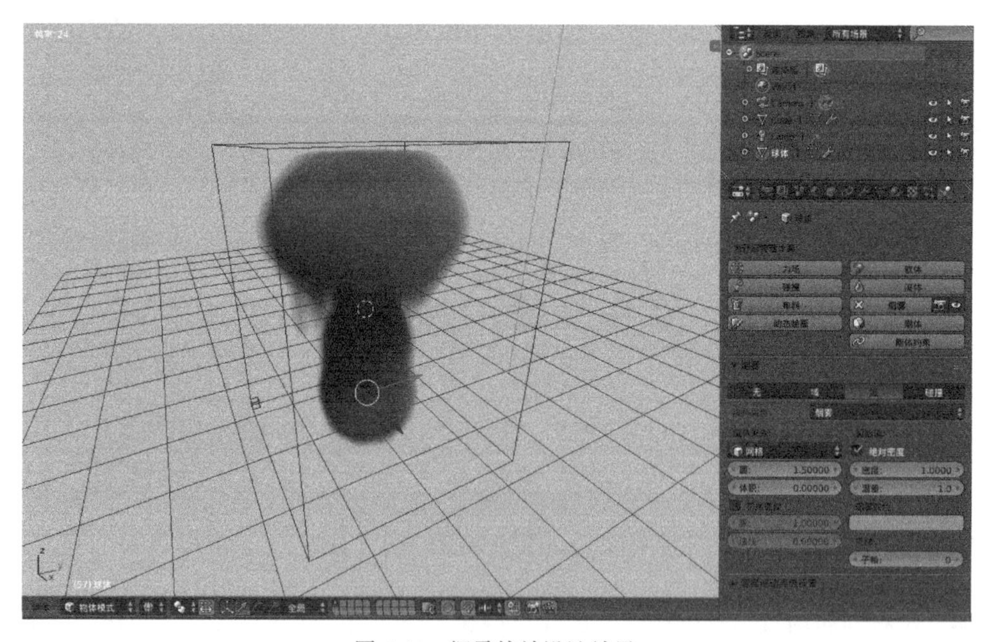

图 5-40 烟雾特效设计效果

● 选中经纬球体，在右侧的场景工具按钮中，将流体类型改为“火焰”。经纬球体烟雾流火焰设置，如图 5-41 所示。

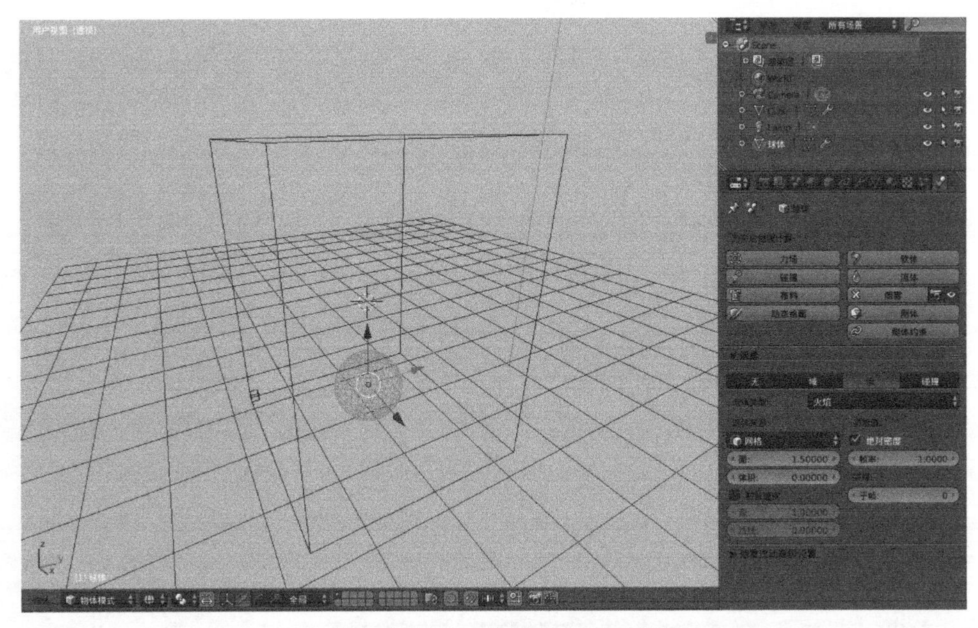

图 5-41　经纬球体烟雾流火焰设置

- 播放火焰特效设计，按快捷键 Alt + A 或单击“播放”按钮▶。火焰特效设计效果，如图 5-42 所示。

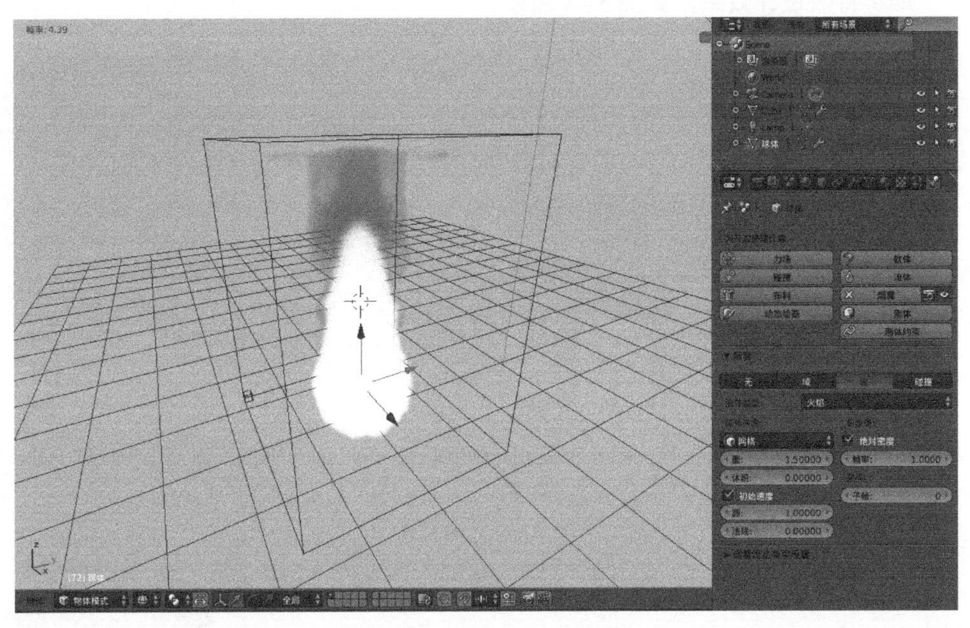

图 5-42　火焰特效设计效果

- 在物体模式中，在右侧的场景工具按钮中，选择“烟雾”→“流”，选择流体类型：“火焰 + 烟雾”，效果如图 5-43 所示。

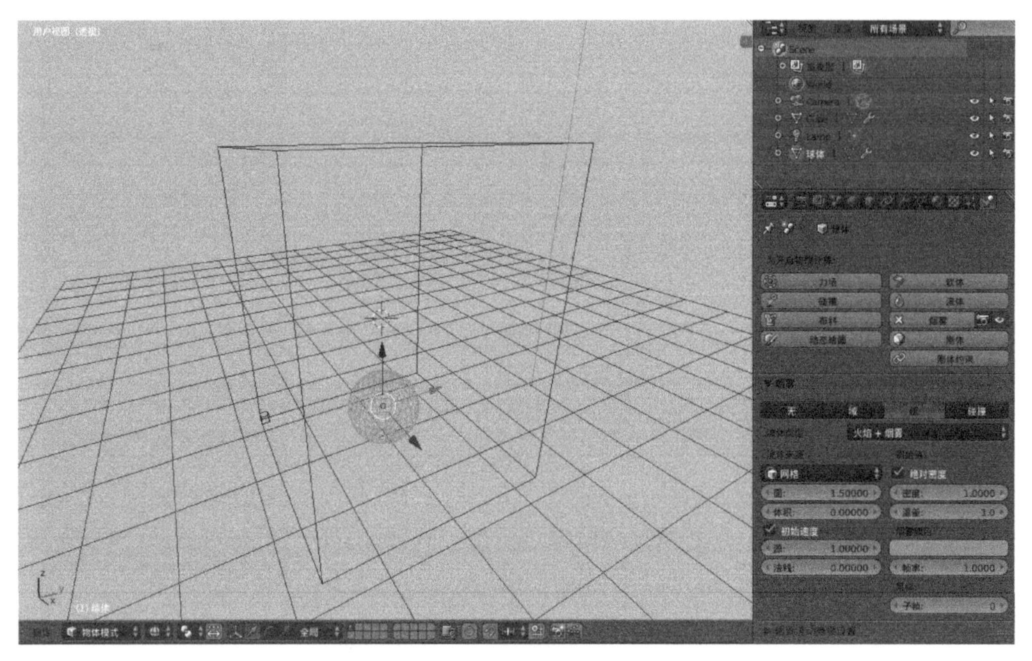

图 5-43　设置火焰 + 烟雾设计特效

- 播放火焰 + 烟雾特效设计，按快捷键 Alt + A 或单击“播放”按钮▷。显示火焰 + 烟雾特效设计效果，如图 5-44 所示。

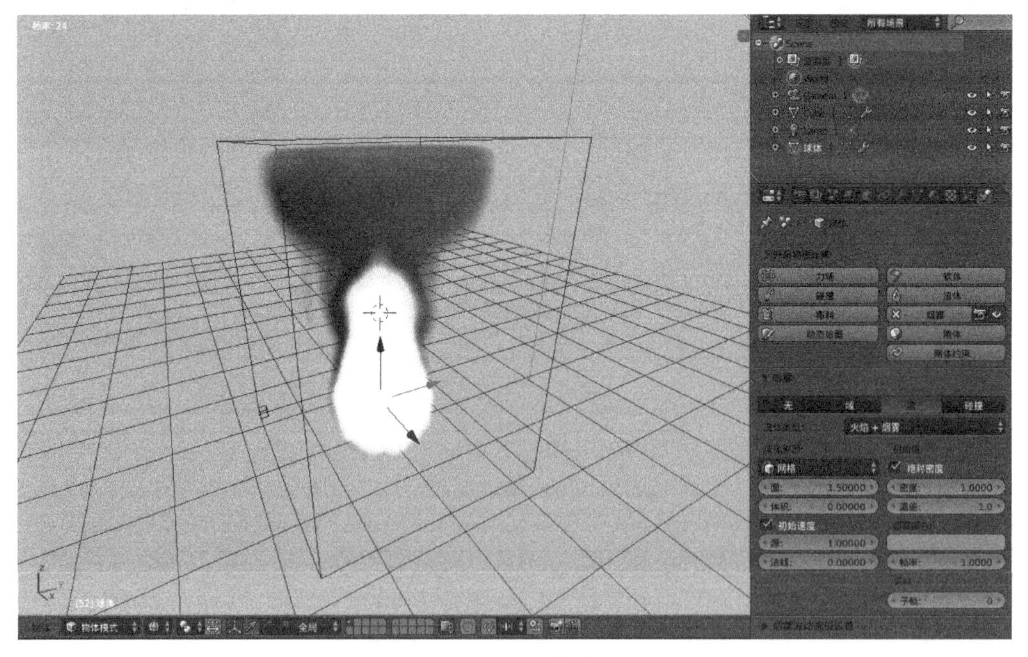

图 5-44　火焰 + 烟雾特效设计效果

5.4　Blender 游戏引擎刚体设计

Blender 游戏引擎刚体设计可用于模拟固态物体的运动仿真，刚体仿真会影响物体的位置和方向，并不会使物体变形。在刚体模拟仿真中，目前只有网格对象可以参与刚体模拟。刚体物理仿真有两种类型：活动项和被动项。活动项是动态模拟的，而被动物体则保持静止。使用“动画”选项时，两种类型都可以由动画系统驱动和控制。在模拟过程中，刚体系统将覆盖动态刚体对象的位置和方向，刚体仿真的行为类似于约束。要应用刚体变换，可以选择“工具架”→“物理”选项卡中的“应用变换”。取消刚体功能可以选择场景工具按钮中的“物理”→“刚体”或“工具架”→“物理”选项卡中的“删除”，删除对象上的刚体物理。

5.4.1　Blender 游戏引擎刚体属性设置

Blender 游戏引擎刚体属性设置包含刚体、刚体碰撞以及刚体动力学等。可以在场景工具按钮中，选择“物理”→“刚体”，或者在“工具架”中，选择“物理”→“刚体工具”选项卡，选择添加活动项、添加被动项和移除刚体等选项功能。刚体属性功能控制面板，如图 5-45 所示。

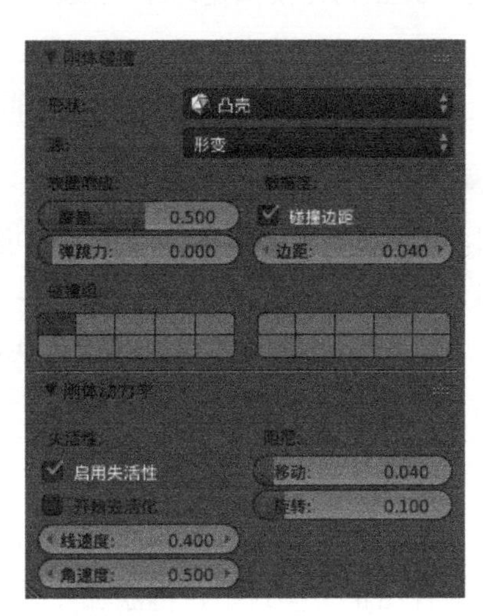

图 5-45　刚体属性功能控制面板

（1）刚体属性包括类型、动态、播放动画以及质量。

类型：包含活动项和被动项两种。活动项：表示在刚体模拟中，直接受控于模拟结果的物体；被动项：指在刚体模拟中，直接受控于动画系统的物体。

动态：该功能表示刚体积极参与到模拟过程中。

播放动画：表示允许刚体受控于动画系统。

质量：表示物体的“重量”，抛开重力因素。

（2）刚体碰撞属性包括形状、源、表面响应、敏感度、碰撞边距以及碰撞组。

形状：碰撞类型包含网格、凸壳、锥形、柱体、胶囊、球形以及方框等。

源：网格源包含基础、形变和最终。基础：用于创建碰撞外形的基础网格源；形变：用于创建碰撞外形形变的网格源；最终：用于创建碰撞外形最终的网格源。

表面响应：包括摩擦和弹跳力。摩擦：表示物体的运动阻力；弹跳力：表示物体之间碰撞后的反弹趋势，其中 0 表示原地不动，1 表示完美弹性。

敏感度：包括碰撞边距和边距。碰撞边距：表示使用自设的碰撞边距（某些形状周围将包含可见间隙）；边距：表示近表面的间距阈值。

碰撞组：表示刚体所属的碰撞组，默认值为 20 个碰撞组。

（3）刚体动力学属性包括失活性、阻尼、线速度和角速度。

失活性：包含启用失活性和开始去活化。启用失活性：表示为静止刚体启用失活性；开始去活化：在模拟开始时让刚体失活。

阻尼：包含移动和旋转。移动：表示随时间散失线速度量；旋转：表示随时间散失角速度量。

线速度：线速度低于此值时，停止模拟物体。

角速度：终止物体模拟角速率上限。

5.4.2 Blender 游戏引擎刚体案例设计

摆锤撞击墙面案例设计步骤如下。

- 启动 Blender 互动引擎集成开发环境，删除默认立方体物体。
- 添加一个圆环体，选择“添加”→“网格”→“圆环体”。
- 在前视图正交模式中，调整圆环体到适当位置和角度，圆环体作为挂钩固定悬挂物体的位置。
- 圆环体属性设置，规格尺寸：X = 2.5；Y = 2.5；Z = 0.5，颜色设置为紫色。挂钩物体属性尺寸设置，如图 5-46 所示。
- 在前视图正交模式中，再添加一个悬挂物，选择“添加”→“网格”→“圆环体 / 圆柱体”，添加锤头、锤杆和锤把等，设计一个摆锤 3D 模型。
- 锤头规格尺寸为 X = 2.0；Y = 2.0；Z = 3.0，锤杆规格尺寸为 X = 0.5；Y = 0.5；Z = 9.0，圆环体规格尺寸同上。摆锤 3D 模型的颜色均设置为蓝色。
- 把摆锤各部分模型合并为一个整体，在物体模式中，可以按住 Shift 键选中每个物体，然后按快捷键 Ctrl + J 进行合并。摆锤合并后的规格尺寸为 X = 2.5；Y = 12.64；Z = 3.0。

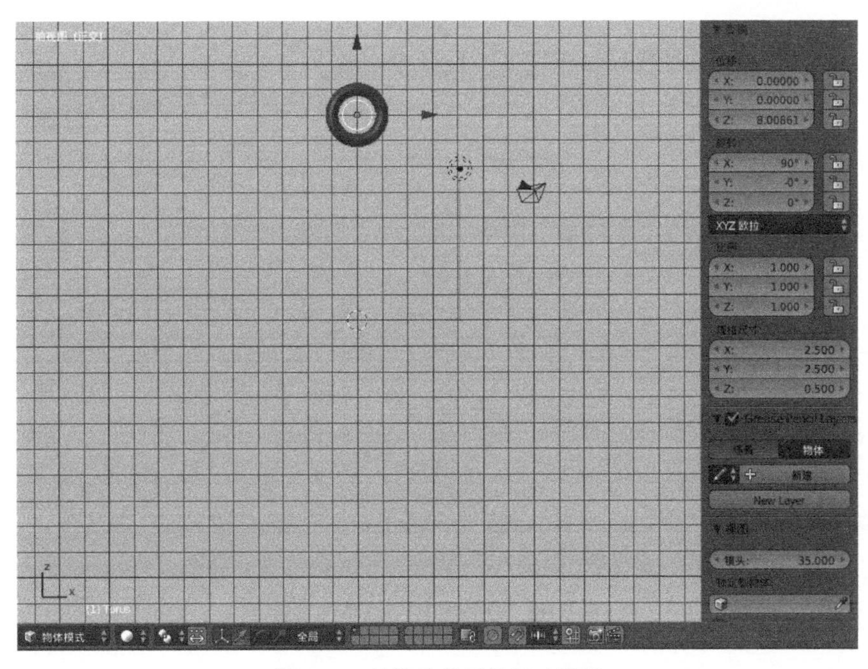

图 5-46　挂钩物体属性尺寸设置

- 调整轴心点，在标题栏 2 中，选择“3D 游标”作为轴心点，按快捷键 R + Y 逆时针旋转 90 度。摆锤物体建模及属性设置，如图 5-47 所示。

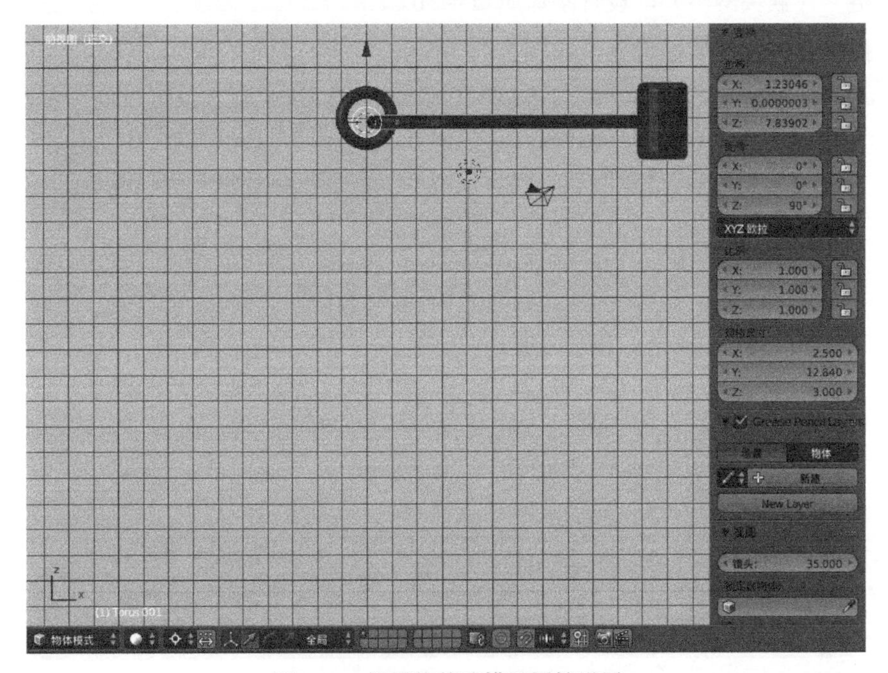

图 5-47　摆锤物体建模及属性设置

- 在物体模式中，选中挂钩物体，在左侧的工具架中，选择“物理”→“刚体工具”→“添加被动项”。挂钩物体刚体属性设置，如图 5-48 所示。

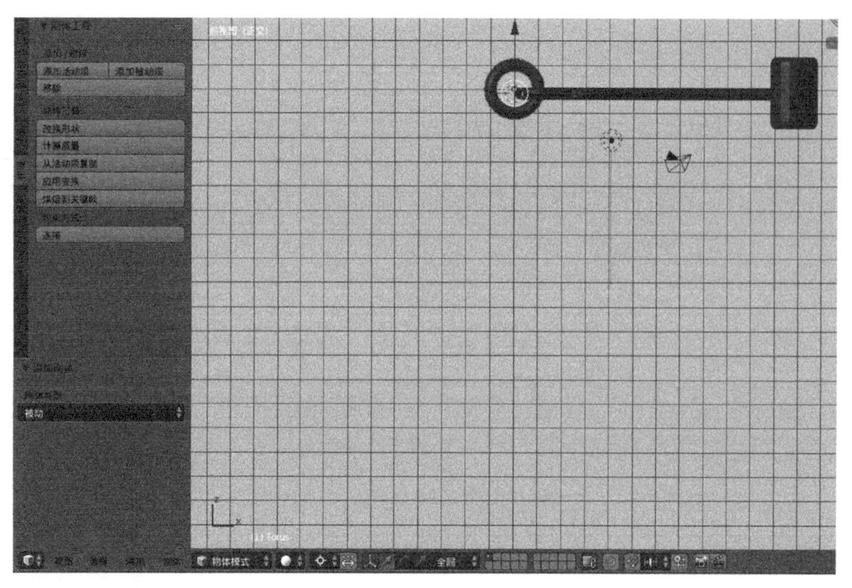

图 5-48　挂钩物体刚体属性设置

- 接着选中摆锤物体，在左侧的工具架中，选择“物理”→“刚体工具”→“添加活动项”。
- 在右侧的场景工具按钮中，选择“物理”→“刚体”→“刚体碰撞”→“形状”→“网格”（猴头网格），设置刚体质量 = 50。
- 摆锤物体刚体属性设置，如图 5-49 所示。

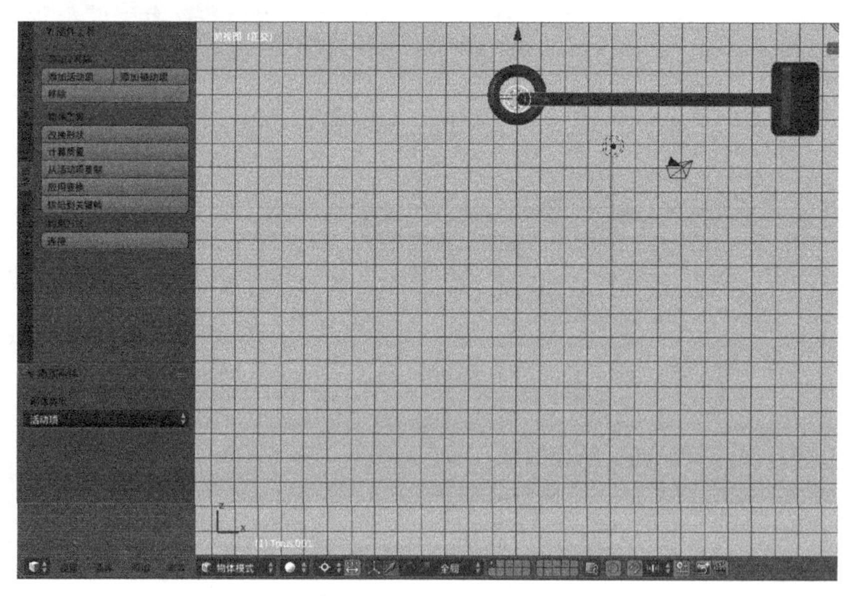

图 5-49　摆锤物体刚体属性设置

- 接着添加一个地面，选择“添加”→“网格”→“平面”。颜色设置为土黄色。
- 在右侧侧的工具架中，选择“物理”→“刚体类型”→“被动”。

- 地面刚体属性设置，如图 5-50 所示。

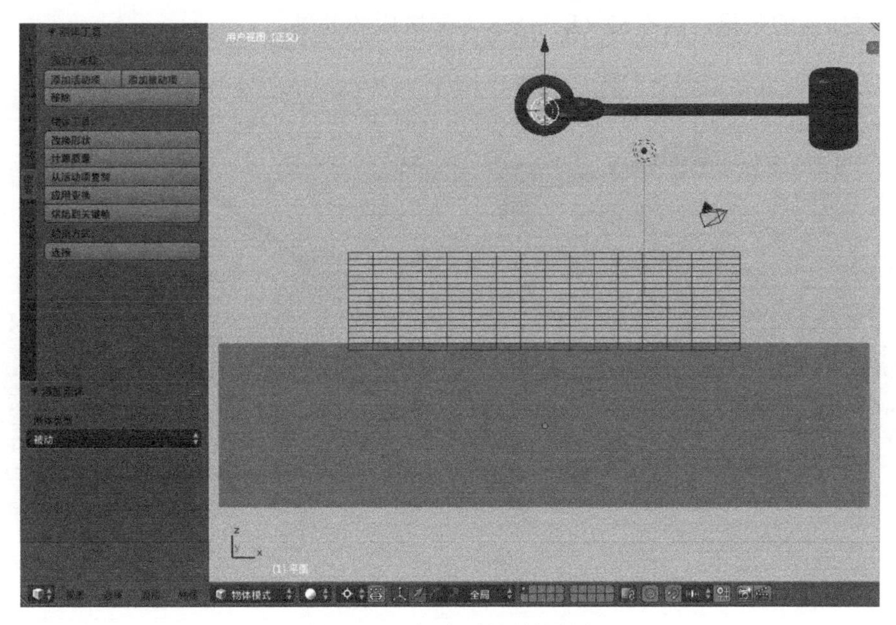

图 5-50　地面刚体属性设置

- 接着在一个地面上添加被碰撞物体，选择“添加”→“网格”→“立方体”。设置立方体的规格尺寸 X = Y = Z = 0.98，立方体颜色设置为绿色。
- 在右侧的工具架中，选择“物理”→“刚体类型”→“活动项”。设置刚体质量 = 0.01。
- 将被碰撞物体（立方体）复制多个，并移动到适当位置，组成一面碰撞墙体。
- 立方体碰撞强刚体属性设置，如图 5-51 所示。

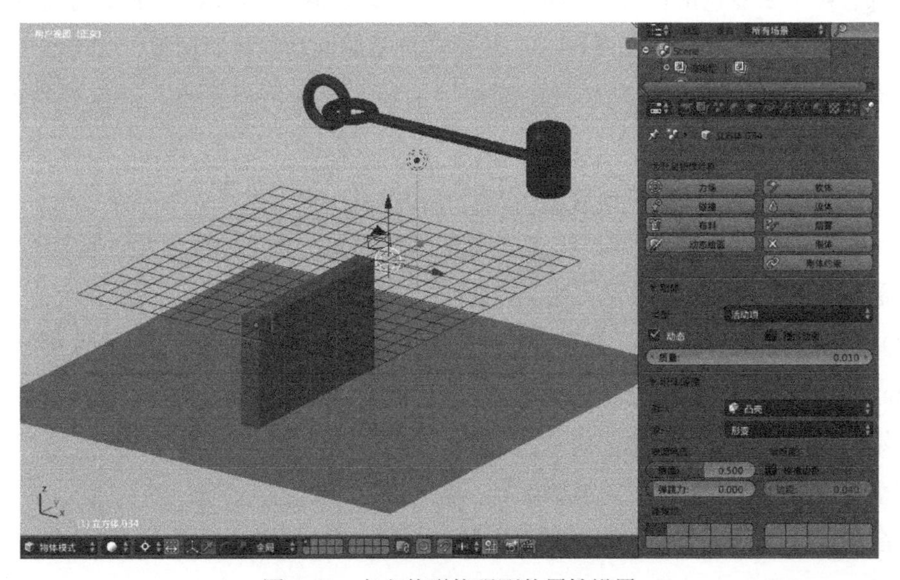

图 5-51　立方体碰撞强刚体属性设置

● 按快捷键 Alt + A 播放摆锤与组合墙体碰撞动画设计效果，如图 5-52（a）所示为碰撞前的效果，图 5-52（b）所示为碰撞后的效果。

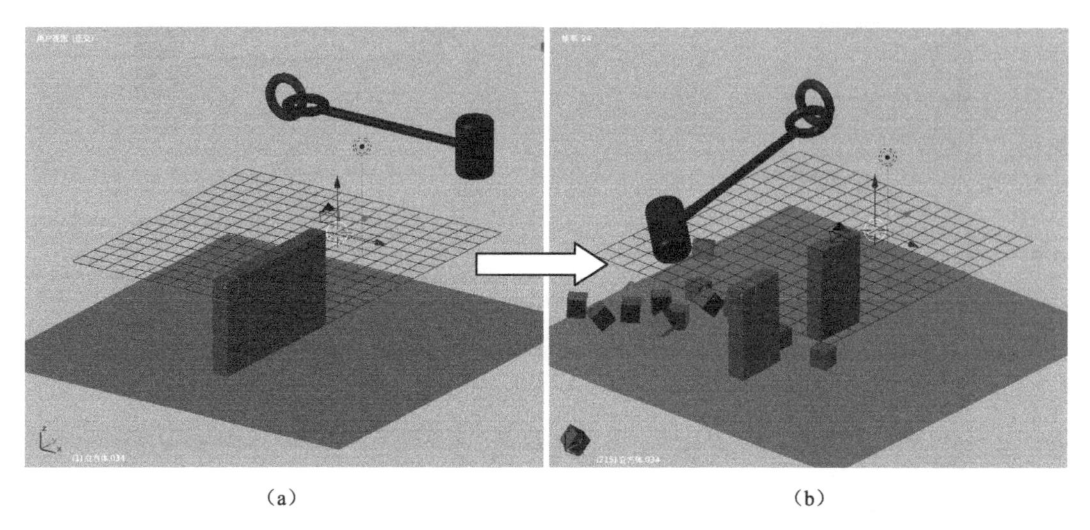

（a）　　　　（b）

图 5-52　摆锤与组合墙体碰撞动画设计效果

5.5　Blender 游戏引擎粒子设计

Blender 游戏引擎中主要有两种粒子，一种是 Emiter（发射器）类型的粒子，为默认值，当需要粒子运动时就采用该类型粒子；另外一种是 Hair（毛发）类型，为静止的粒子模式。

5.5.1　Blender 游戏引擎发射器粒子属性设置

发射器粒子属性包括自发光、缓存、速度、物理、渲染、显示、子级、力场权重设定、力场设定、顶点组以及自定义属性等。发射器粒子属性功能控制面板，如图 5-53 所示。本节将介绍发射器粒子属性功能控制面板中的粒子系统、自发光、速度、物理、渲染属性。

（1）粒子系统：包括设置和类型两大部分。设置：粒子设定，可供多个粒子系统重复调用，点击右侧的加号可以添加一个新的粒子系统设置；类型：包含发射器和毛发两种，随机种是指随机数表中的偏移量，用于获得不同的随机结果。

（2）自发光包括 Number（粒子数）、起始、结束、生命周期、随机、发射源等。

Number（粒子数）：是指总的粒子数量，默认值为 1000，根据需要调整粒子总数的大小。

起始：表示粒子发射起始的帧号。

结束：用于停止发射粒子的帧数。

生命周期：表示粒子的寿命，默认值为 50。

随机：为粒子寿命赋予一个随机变量。

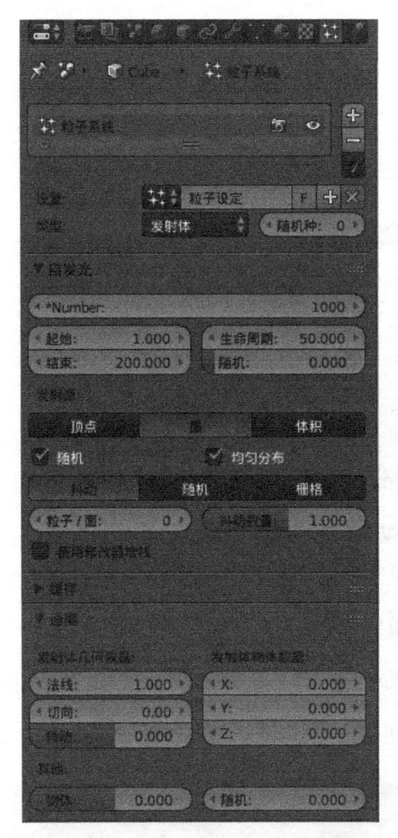

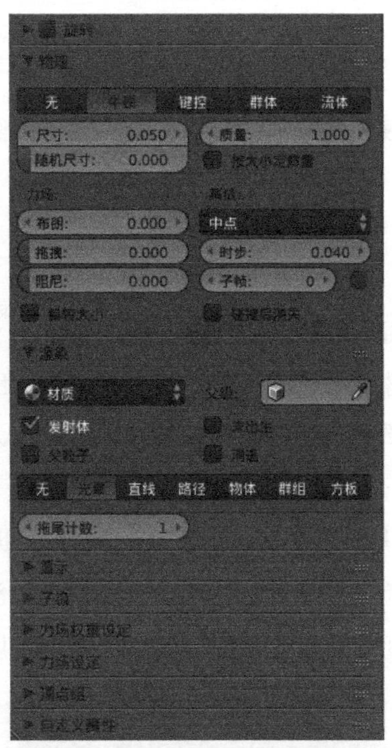

图 5-53　发射器粒子属性功能控制面板

发射源：粒子发射的位置包含顶点、面和体积。可以用随机次序发射元素，也可以使用修改器堆栈发射元素。

（3）速度包括发射体几何数据、发射体物体数据和其他。

发射体几何数据：包含法线、切向以及转动。法线：使粒子以一个起始速度从表面法线发射；切向：让表面切向为粒子赋予一个起始速度；转动：表示转动表面切向。

发射体物体数据：让发射器物体分别沿 X、Y、Z 轴向赋予粒子一个初始速度。

其他：包含物体和随机。物体：使粒子以一个起始速度从物体发射；随机：为起始速度赋予一个随机变量。

（4）物理包括无、牛顿、键控、群体以及流体，本节主要介绍无和牛顿属性参数。

无：包含尺寸和随机尺寸两个参数。尺寸：表示粒子的大小；随机尺寸：为粒子大小赋予一个随机变量。

牛顿：包含尺寸、随机尺寸、质量、力场以及集成等。尺寸和随机尺寸：属性功能同上；质量：表示粒子集合；按大小指定质量：将粒子尺寸叠加到聚集度（粒子集合）；力场：包括布朗、拖拽以及阻尼等；布朗：随机的不稳定粒子运动，即微小粒子表现出的无规则运动；拖曳：表示粒子扩散时的空气阻力；阻尼：是指粒子扩散时的衰减量；集成：

包括 PK4、中点、维莱、欧拉等，用于计算机物理特效的算法，从最快到最稳定 / 精确的顺序依次为中位点、欧拉、维莱、PK4 等。

（5）渲染包括材质、父级、发射体、父粒子、未出生、消逝、粒子渲染方式以及拖尾计数。

材质：用于渲染粒子的材质渲染槽。

父级：使用此物体坐标系系统，而不是全局坐标系统。

发射体：是指渲染发射体。

父粒子：表示渲染父粒子。

未出生：是指在发射前显示粒子。

消逝：显示消亡后的粒子。

粒子渲染方式：包括无、光晕、直线、路径、物体、群体以及方板等。

拖尾计数：表示拖尾粒子数量，默认值为 1。

5.5.2　Blender 游戏引擎毛发粒子属性设置

毛发类型粒子属性包括毛发动力学、渲染、缓存、显示、子级、力场权重设定、力场设定、顶点组以及自定义属性等。毛发粒子属性功能控制面板，如图 5-54 所示。

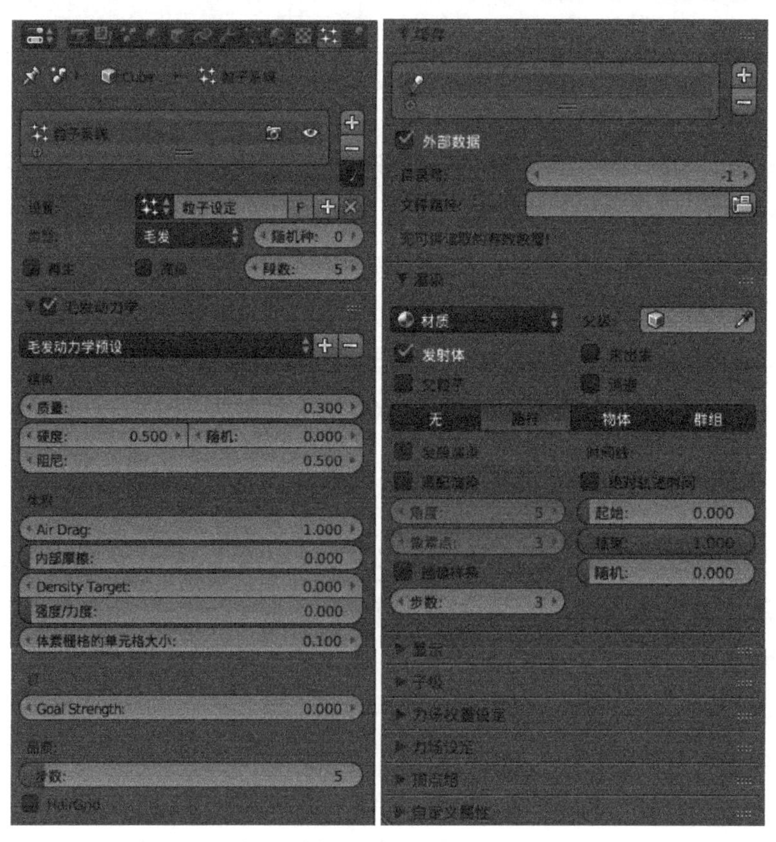

图 5-54　毛发粒子属性功能控制面板

本文主要介绍毛发类型、毛发动力学、缓存、渲染。

（1）毛发类型：属性设置主要包括随机种、再生、高级以及段数等。

随机种：是指随机数表中的偏移量，用于获得不同的随机化结构。

再生：表示毛发在每一帧中重新生长。

高级：为生长的毛发使用完整的物理仿真计算。

段数：表示毛发的段数，默认值为 5。

（2）毛发动力学包括结构、体积、钉以及品质等。

结构：包含质量、硬度、随机、阻尼等。质量：毛发材质的质量；硬度：褶皱效应；随机：毛发的随机变量；阻尼：指弯曲运动阻尼。

体积：包含 Air Drag（空气阻力）、内部摩擦、Density Target（密度）、强度 / 力度以及体素栅格的单元格大小等。Air Drag（空气阻力）：表示空气会让薄物体降缓速速，默认值为 1.0；内部摩擦：毛发之间的内部摩擦力；Density Target（密度）：毛发的最大密度数量；强度 / 力度：毛发密度对仿真的影响力；体素栅格的单元格大小：体素栅格的大小对毛发相互作用的影响。

钉（目标强度）：钉固顶点位置的弹簧刚度。

品质（步数）：即模拟毛发的质量，默认值为 5。

（3）缓存包括重命名和外部数据等。

重命名：通过双击可以重新命名，也可以按快捷键 + /– 号添加 / 删除重命名。

外部数据：包含目录号和文件路径。目录号：缓存文件的目录值；文件路径：缓存文件路径。

（4）渲染包含材质槽、父级、发射体、未出生、父粒子、消逝、粒子渲染方式等。

材质槽：用于渲染毛发粒子的材质。

父级：使用此物体坐标系统，而不是全局坐标系统。

发射体：渲染发射体。

未出生：在发射时显示粒子。

父粒子：渲染父粒子。

消逝：显示消亡的粒子。

粒子渲染方式：包括无、路径、物体以及群组等。

适配器渲染：显示粒子轨迹的步长，包含角度和像素点。

角度：用于制造另一个渲染区段所需的路径弯曲角度，默认值为 5。

像素点：路径为制造另一个渲染区段而需要覆盖的像素数量，默认值为 3。

插值样条：使用插值样条插补毛发。

步数：路径的渲染步数（2 的幂次值），默认值为 3。

时间线包括绝对轨迹时间、起始、结束以及随机等。绝对轨迹时间：表示在绝对域中进行定时；起始：显示路径的起始帧；结束：表示已定制路径的结束帧；随机：为路径长度赋予一个随机变量。

5.5.3 Blender 游戏引擎发射器粒子案例设计

为了实现文字物体破碎粒子特效设计，可以利用文本创建3D文字，然后添加材质纹理，使用粒子系统创建物体破裂效果。具体步骤如下：

- 启动 Blender 互动引擎集成开发环境。在物体模式中，按 X 键删除默认物体。
- 添加文字，选择“添加”→“文本”，按快捷键 N 设置文字旋转：X = 90°；Y = 0°；Z = 0°。
- 按快捷键“数字键 1”切换至前视图。
- 切换至编辑模式中，输入一串文字，在右侧的场景功能按钮中，选择F→“几何数据器”，设置几何数据参数：挤出 = 0.200；深度 = 0.025，效果如图 5-55 所示。

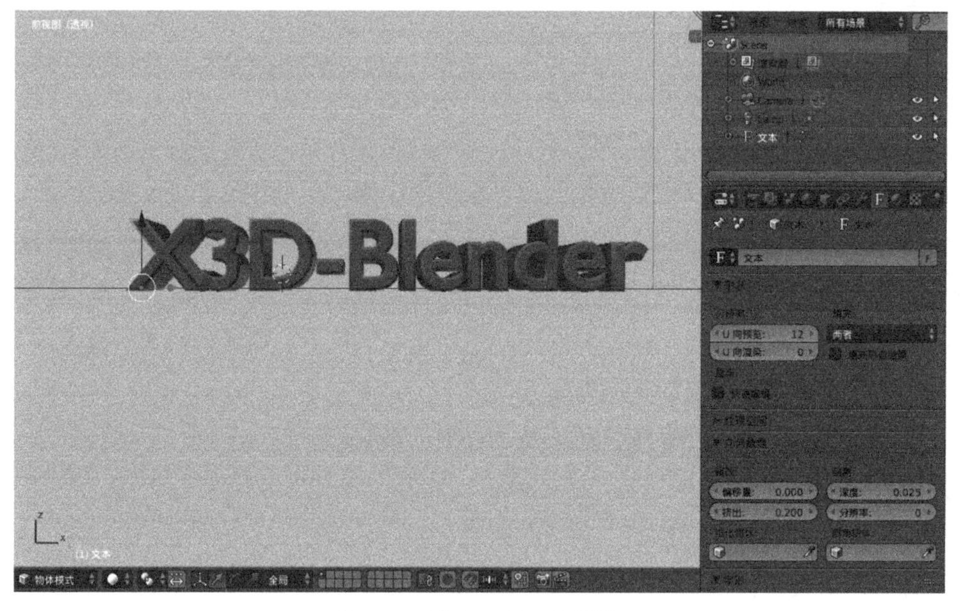

图 5-55 输入一串文字设计

- 在右侧的场景功能按钮中，选择→“添加材质”→“颜色”，颜色选择苹果绿。
- 在物体模式中，按快捷键 Alt + C 把文字转换为网格物体。
- 设置文字动画帧的范围，在右侧的场景功能按钮中，选择→“规格尺寸”，设置帧的范围：起始帧 = 1；结束帧 = 180。
- 在右侧的场景功能按钮中，选择→“添加粒子”，自发光粒子数 = 500，起始 = 0；结束 = 200；生命周期 = 100。发射源 = “面”，勾选“随机”和“均匀分布”。

- 单击“播放”按钮▷或按快捷键 Alt + A，为文字添加粒子效果设计，如图 5-56 所示。

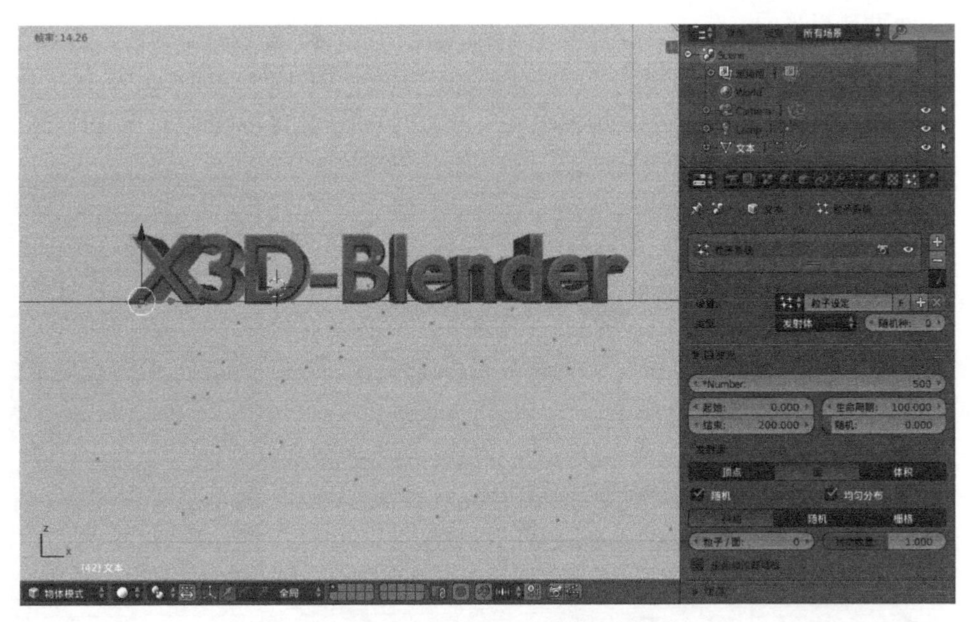

图 5-56　为文字添加粒子效果设计

- 先添加一个球体，选择“添加”→“网格”→“经纬球体”，规格尺寸 X = Y = Z = 0.5，颜色设置为苹果绿。
- 在粒子属性面板中，向下拉渲染面板，选择“渲染”→“物体”，在副本物体中，选“球体”。还可以选“全局”和“旋转”。
- 接着选择“物理”→“牛顿”，设置尺寸 = 0.5，如图 5-57 所示。

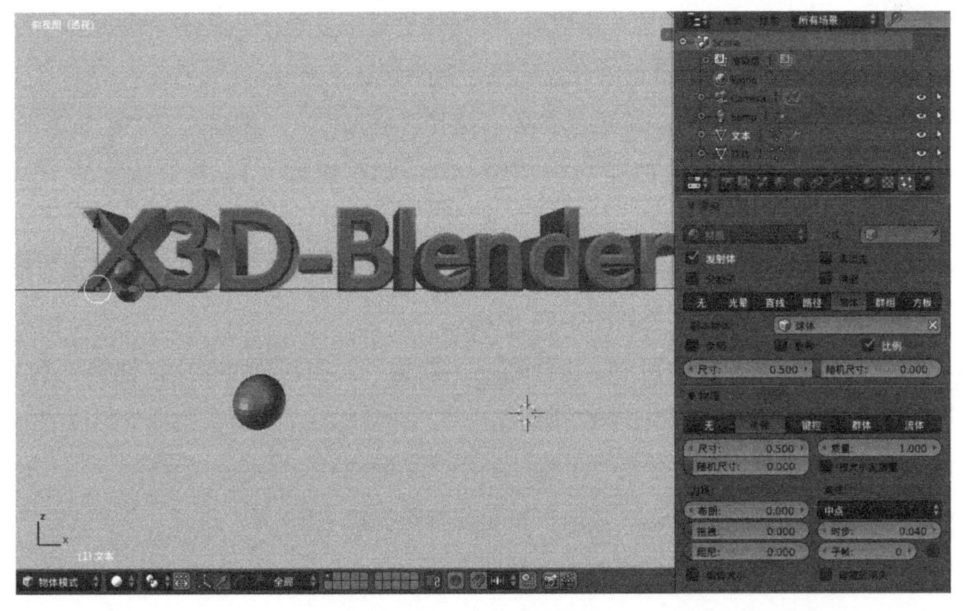

图 5-57　球体设计效果

● 添加两个平面，选择“添加”→“网格”→“平面”设置颜色为淡绿色。一大一小两碰撞平面。
● 在右侧的场景功能按钮中，分别设置两个平面为碰撞物体，选择“物理”→“碰撞”。
● 单击“播放”按钮▷或按快捷键 Alt + A。文字粒子碰撞特效设计，如图 5-58 所示。

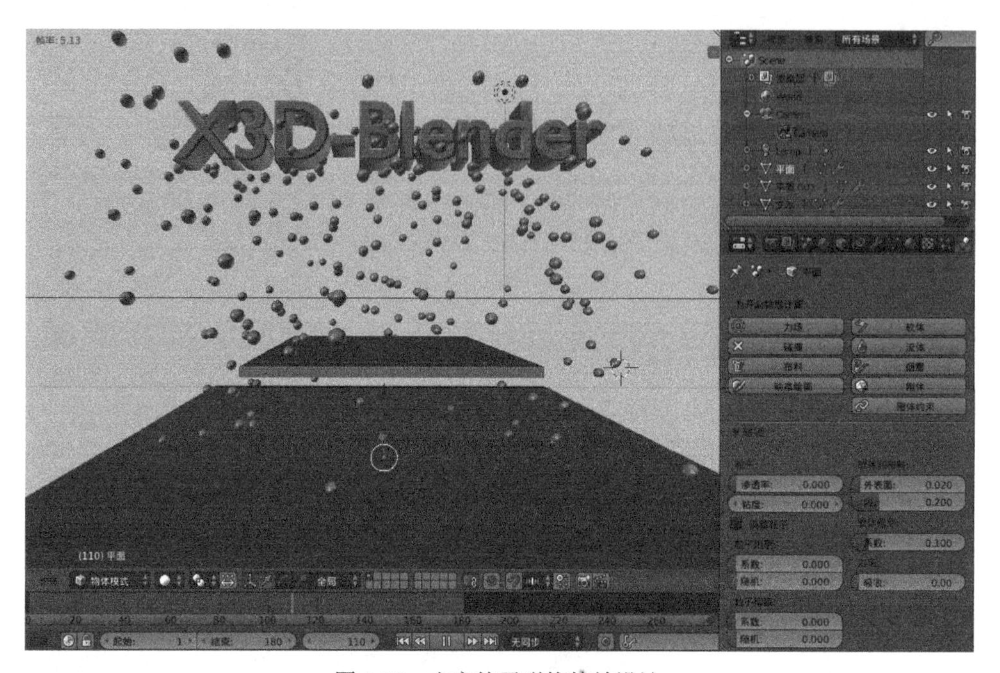

图 5-58　文字粒子碰撞特效设计

5.5.4　Blender 游戏引擎毛发粒子案例设计

利用粒子系统中的毛发功能，可以对 3D 物体进行毛发设计，具体步骤如下：

● 启动 Blender 互动引擎集成开发环境，删除默认立方体。
● 在物体模式中，添加一个经纬球体。选择“添加”→“网格”→“经纬球”。
● 在编辑模式中，按快捷键 W →“细分”，切割次数 = 1。按快捷键 W →“光滑着色”。
● 切换至物体模式，在右侧的场景工具按钮中，选择“材质”→“新建”→“漫射颜色”，颜色设置为紫色，效果如图 5-59 所示。
● 在右侧的场景工具按钮中，选择⁂→“新建”。在粒子类型中，选择“毛发”，设置头发长度 = 2，如图 5-60 所示。
● 在毛发粒子系统中，勾选“毛发动力学”功能选项。
● 在动画时间线中，单击“播放”按钮或按快捷键 Alt + A。
● 播放毛发坠落的动画设计效果，如图 5-61 所示。

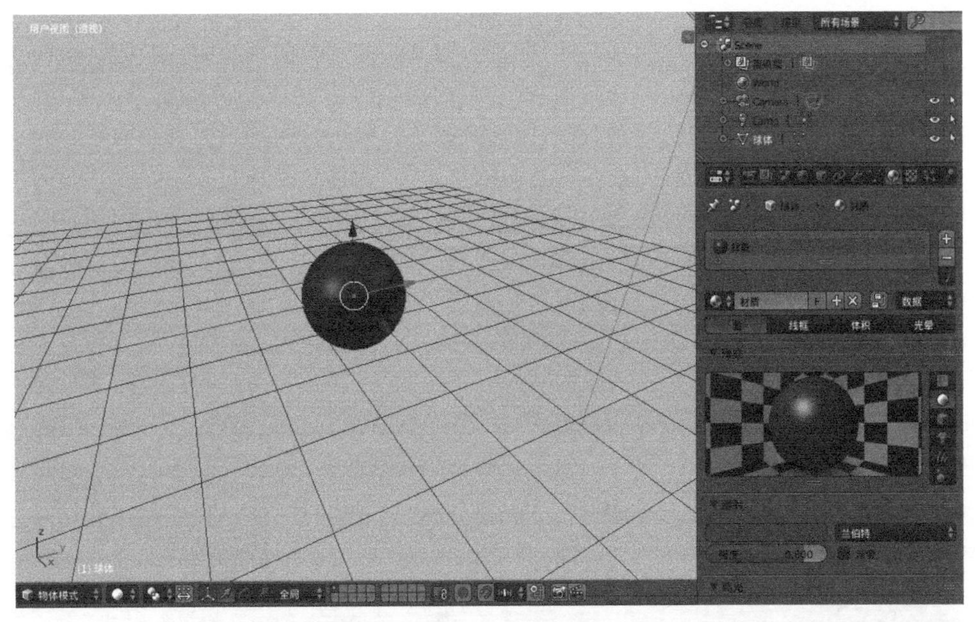

图 5-59　添加一个经纬球体设计

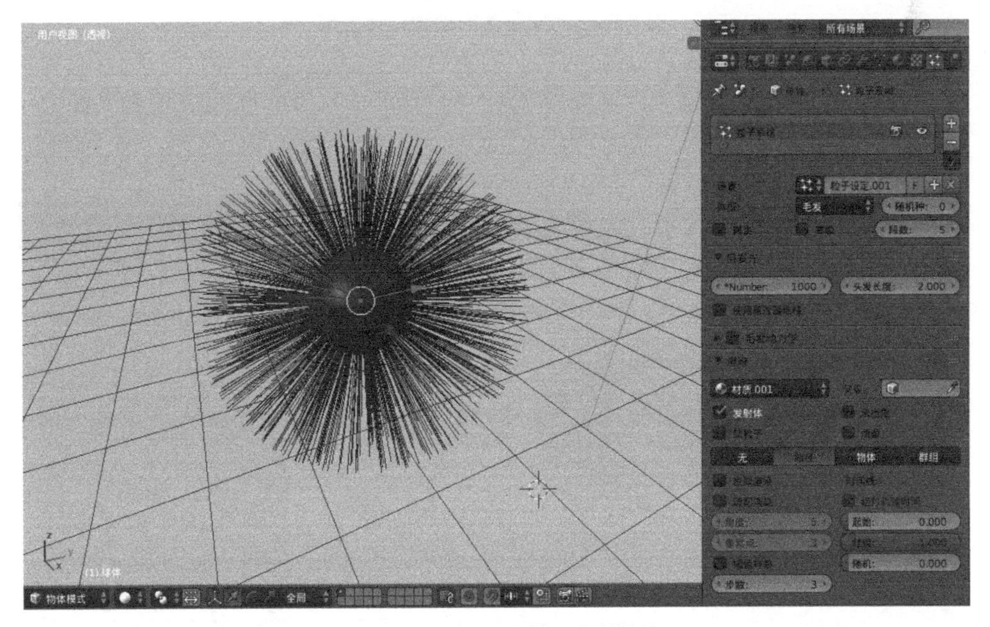

图 5-60　选择“毛发”类型设计

- 在标题栏 2 中，选择“添加”→“力场”→“风力”，设置风力：强度 / 力度 = 15。
- 按快捷键 G 将“风力”移动到球体毛发的正下方位置。
- 在毛发粒子系统中，勾选“毛发动力学”功能选项。

图 5-61　毛发坠落的动画设计效果

- 单击“播放”按钮▷或按快捷键 Alt + A。播放毛发被吹起的动画特效设计，如图 5-62 所示。

图 5-62　毛发被吹起的动画特效设计

第6章 Blender 游戏引擎节点设计

Blender 游戏引擎节点设计是为仿真游戏引擎后期合成服务的。Blender 提供了丰富的后期处理工具，包括节点工具和序列编辑器，节点工具用于材质、纹理和渲染合成输出，而序列编辑器常用于视频的非线性编辑。Blender 游戏引擎合成节点允许用户对材质、纹理或视频进行自由的组合和增强处理。运用合成节点，用户可以将两段素材粘在一起并同时对整个序列进行润色。在剪辑过程中，可以运用一种静态的方法或动态的方式来加强单帧图像或整个视频片段的色调。可以运用合成节点同时对视频素材进行随意组合和效果调整。

6.1 Blender 游戏引擎节点简介

Blender 游戏引擎节点设计是实现复杂材质、纹理更直观的设计方式，每一个节点都是一个独立的模块，每个模块分别拥有不同的处理计算能力。每个节点左边作为输入，右边作为输出，节点之间通过传递值影响后者。传递的值为标量与矢量，二维矢量可表示纹理坐标，三维矢量可表示空间中的位置，其中颜色值可用 RGB 或 HSV 表示，也可用 RGB 或 HSV 加 Alpha 通道表示。

Blender 游戏引擎节点的输入和输出的连接点称为端口，可以单击鼠标左键从一个端口处引出连线，与相邻端口节点建立连接关系。如果要断开连接，可以使用快捷键“Ctrl + 鼠标左键”断开连接线。Blender 游戏引擎节点处理流程是按从左到右的顺序执行，节点的输入端口只支持单一的数据源输入，但是输出端口支持多个分支输出。

节点端口有三种不同的颜色：黄色、灰色和蓝色，分别代表不同的输入输出数据类型。黄色端口主要连接色彩数据；灰色端口主要传递数值类数据；蓝色端口主要用于传递矢量和法线等信息。通常节点间的连接应遵循同色互连的原则，当然在某些情况下交叉输入也能产生特殊的效果。Blender 游戏引擎节点连接设计过程，如图 6-1 所示。

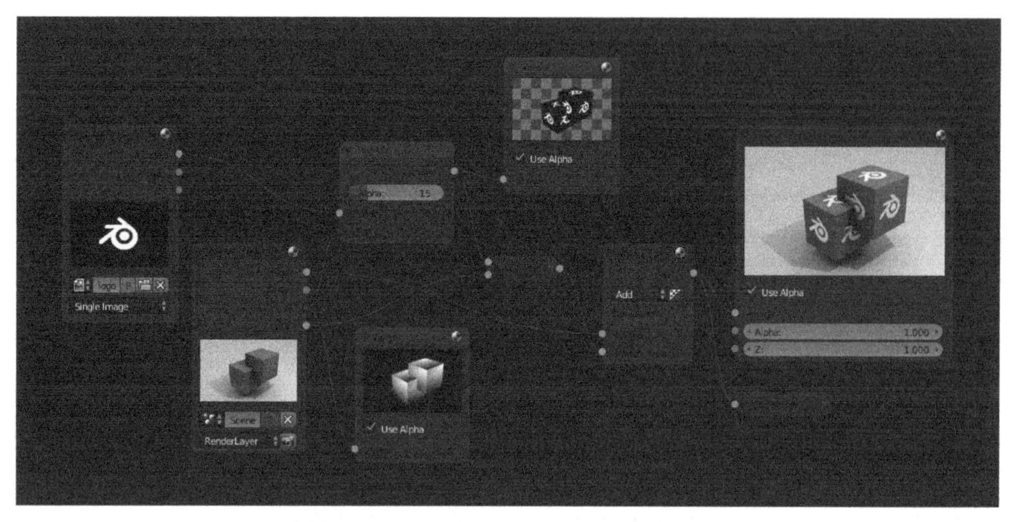

图 6-1　Blender 游戏引擎节点连接设计过程

6.2　Blender 游戏引擎节点属性设计

Blender 游戏引擎节点编辑器的属性功能包括视图、选择、添加、节点、着色器节点、合成节点、纹理节点、浏览要关联的材质以及使用节点等，具体如图 6-2 所示。

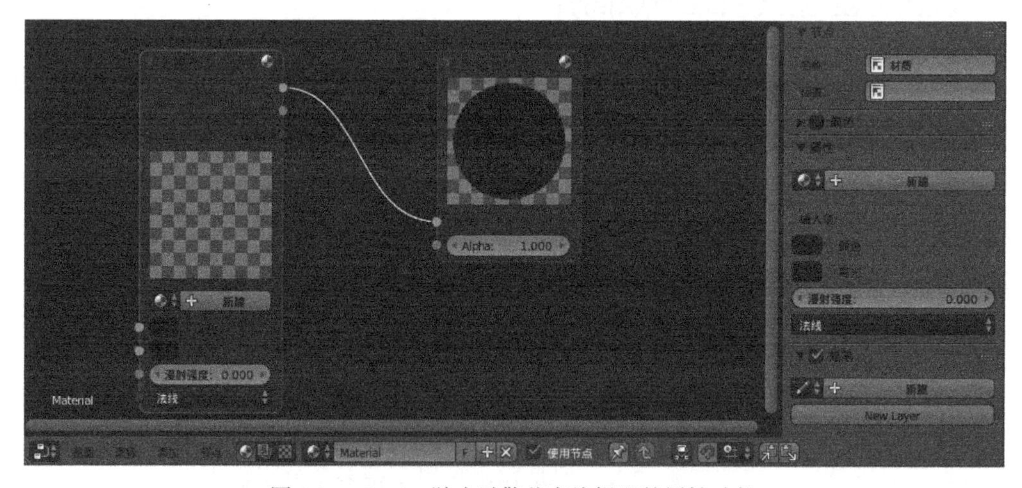

图 6-2　Blender 游戏引擎节点编辑器的属性功能

6.3　Blender 游戏引擎节点类型分析

Blender 游戏引擎节点类型包括两大类，一类是 Blender 渲染，另一类是 Cycles 渲染。Blender 渲染包括输入类节点、输出类节点、颜色类节点、矢量类节点、转换器类节点、群组类节点以及布局类节点等。Cycles渲染包括：输入类节点、输出类节点、着色器节点、纹理节点、颜色节点、矢量类节点、转换器类节点、脚本节点、群组节点以及布局类节点等。本章主要对Blender渲染节点进行介绍，Cycles渲染节点设计是在Blender渲染节点基础上的功能拓展。Blender渲染节点分类层次图，如图6-3所示。

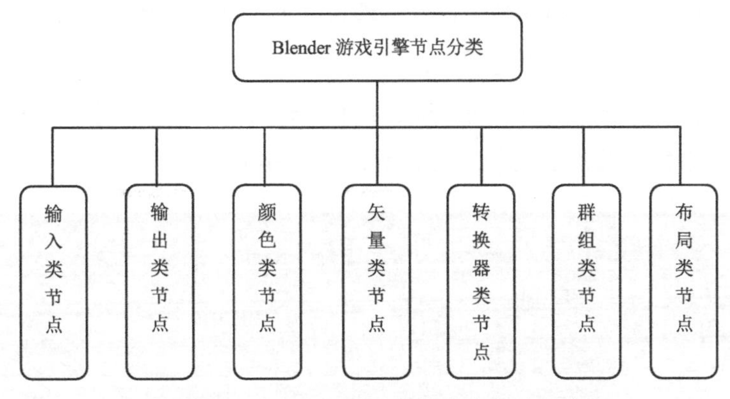

图6-3 Blender游戏引擎节点分类层次图

6.4 Blender游戏引擎输入类节点

Blender游戏引擎输入类节点包含纹理节点、着色器节点以及合成处理节点下的输入节点。本节主要针对着色器节点下的输入节点进行详细介绍，如颜色、高光、漫射光、矢量以及法线等。

6.4.1 Blender游戏引擎输入类节点设计

Blender游戏引擎输入类节点设计包含材质、摄像机数据、灯光数据、值、RGB、纹理、几何数据、扩展材质以及粒子信息。具体如图6-4所示。

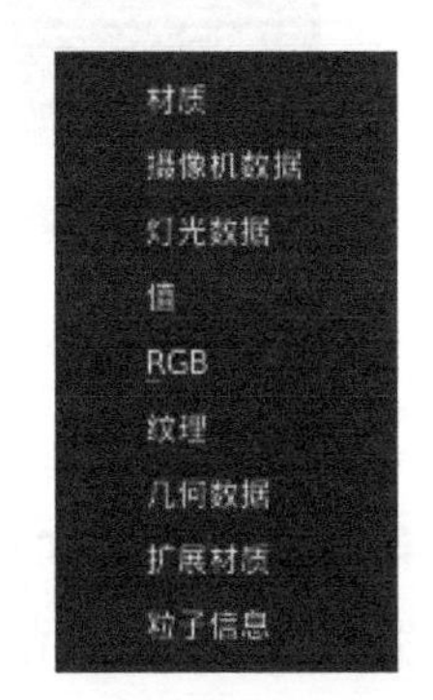

图6-4 输入类节点属性功能

输入类节点中每个节点的功能属性详解如下：

材质：输入端可以连接颜色、高光、漫射强度以及法线等，输出端可以连接颜色、Alpha和法线等。

摄像机数据：只有输出端可以连接视图矢量、Z向视图深度以及视图距离等。

灯光数据：只有输出端可以连接颜色、光线矢量、距离、阴影、可视化因子以及灯光选项等。

值：包含值选项和一个输出端口值。

RGB：包括颜色值选项和一个颜色输出端口。

纹理：一个输入端口矢量，输出端口连接值、颜色以及法线等。

几何数据：只有输出端口全局、自身、视图、原始坐标、UV、法线、顶点颜色、顶点 Alpha 以及前 / 后等。

扩展材质：输入端口连接颜色、高光、漫射强度、法线、镜射、环境色、自发光、高光衰减、反射率、Alpha 以及半透明等。

粒子信息：值包含输出端口索引、年龄、生命周期、位移、尺寸、速度以及角速度等。

输入类节点中每个节点的功能属性详解，如图 6-5 所示。

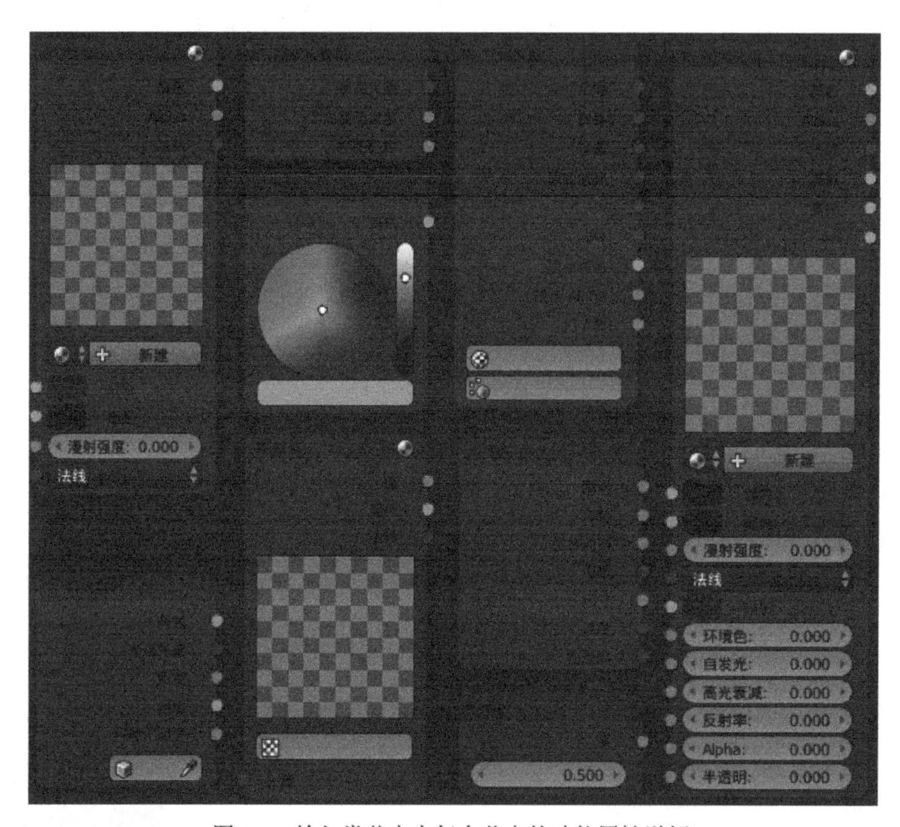

图 6-5　输入类节点中每个节点的功能属性详解

6.4.2　Blender 游戏引擎输入类节点案例设计

利用输入类节点中的材质节点，对一个 3D 手枪模型进行材质绘制设计，步骤如下：

- 打开一个 Blender 手枪 3D 模型。默认“Blender 渲染”。
- 在标题栏 3 中，选择“编辑器类型”→“节点编辑器”。
- 在节点编辑器栏中，勾选“使用节点”，显示材质节点和输出节点。使用节点设计，如图 6-6 所示。

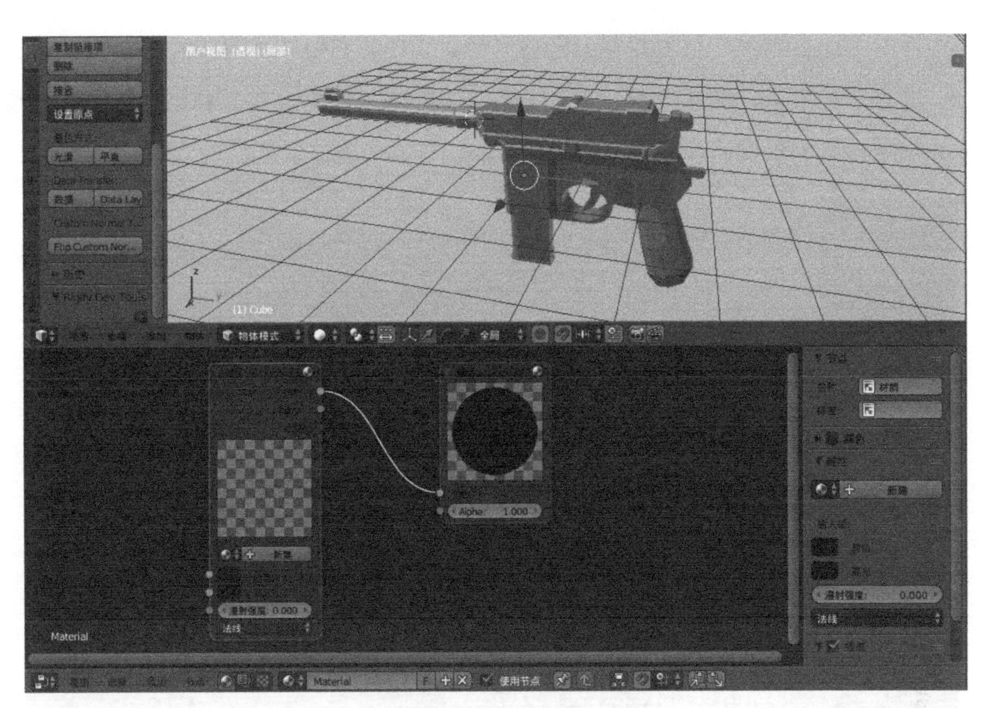

图 6-6 使用节点设计

- 在节点编辑器栏的右侧中，选择“属性”→“新建”，则材质节点和输出节点发生变化。新建材质节点变化设计，如图 6-7 所示。

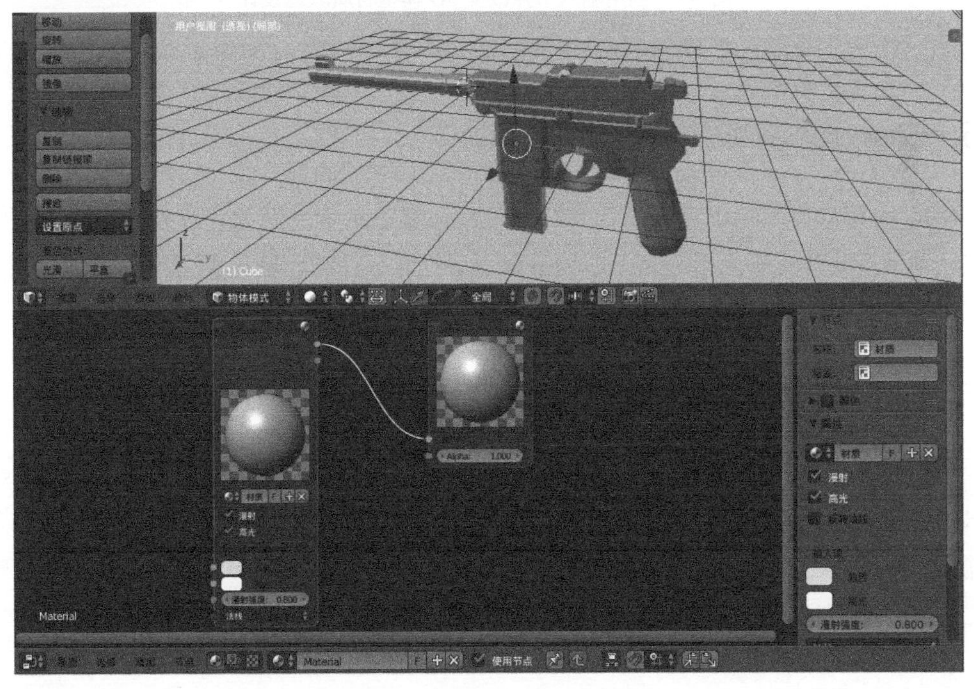

图 6-7 新建材质节点变化设计

- 在节点编辑器栏中，找到左侧的材质节点，选择“颜色”→“显示材质球”。
- 选择一种颜色，如苹果绿，则 3D 模型颜色随之发生改变。利用输入节点改变 3D 模型材质颜色设计，如图 6-8 所示。

图 6-8　利用输入节点改变 3D 模型材质颜色设计

6.5　Blender 游戏引擎输出类节点

Blender 游戏引擎输出类节点包含纹理节点、着色器节点以及合成处理节点下的输出节点。本节主要针对着色器节点下的输出节点进行详细介绍，输出类节点主要用于显示节点系统的合成结果。

6.5.1　Blender 游戏引擎输出类节点设计

Blender 游戏引擎输出类节点包含 Blender 渲染和 Cycles 渲染两种，其中 Blender 渲染只包含一个输出节点，该节点输入端口有颜色和 Alpha 值两个部分；Cycles 渲染包含材质输出和灯光输出两个节点，材质输出节点有面、体积以及置换三个输入端口，灯光输出节点只有一个面输入端口。Blender 渲染 /Cycles 渲染输出类节点，如图 6-9 所示。

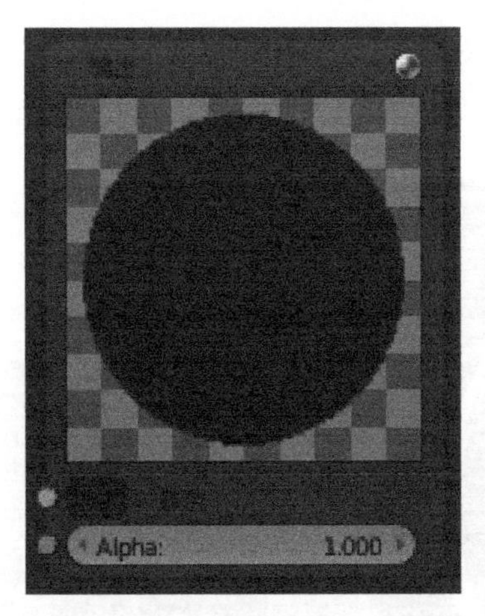

（a）Blender 渲染

（b）Cycles 渲染

图 6-9 Blender 渲染 /Cycles 渲染输出类节点

6.5.2 Blender 游戏引擎输出类节点案例设计

利用输出类节点中的纹理节点，设计一个纹理图像绘制效果，步骤如下：

- 启动 Blender 仿真游戏引擎，删除默认立方体。
- 在标题栏 1 中，选择“Blender 渲染”→“Cycles 渲染”。
- 添加一个平面，选择“添加”→“网格”→“平面”。添加平面设计，如图 6-10 所示。

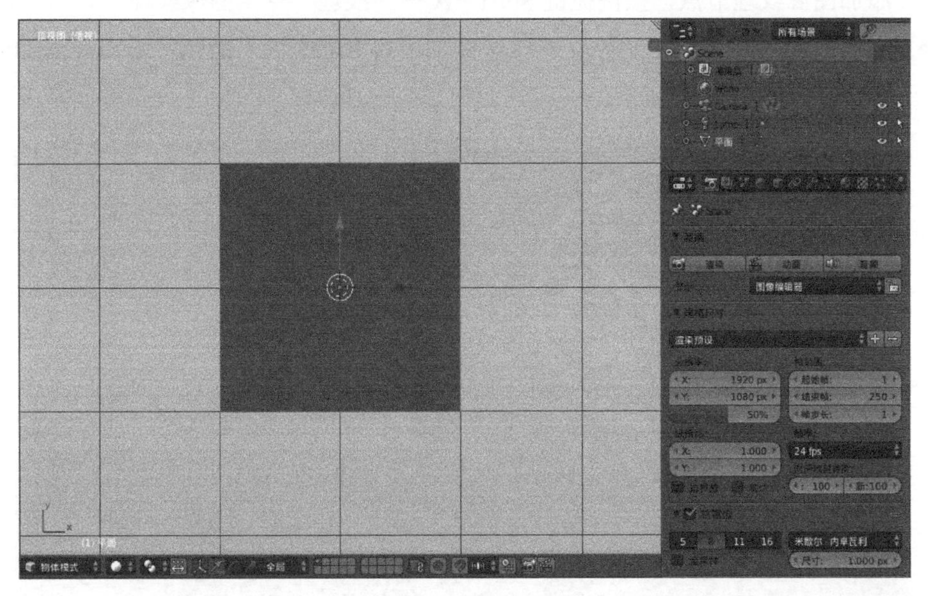

图 6-10 添加平面设计

- 在 3D 视图右上角中，单击拖动“三角形”，显示两个 3D 视图窗口。
- 在左侧的 3D 视图中，选择“3D 视图”→“UV/ 图像编辑器”。

- 在标题栏 2 中，选择“打开”→“图像文件 .jpg”。打开图像文件设计，如图 6-11 所示。

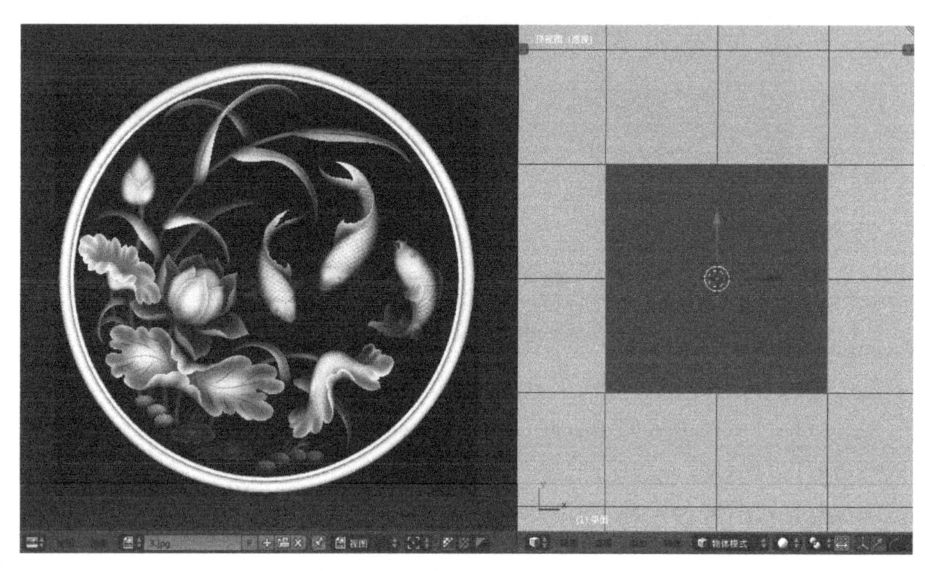

图 6-11　打开图像文件设计

- 在标题栏 3 中，选择“编辑器类型”→“节点编辑器”。
- 在节点编辑器栏中，选择“新建”一个材质，勾选“使用节点”。
- 添加图像纹理节点，按快捷键 Shift + A →“纹理”→“图像纹理”。
- 将图像纹理节点的“颜色”端口连接到漫射 BSDF 的“颜色”端口，添加纹理节点设计，如图 6-12 所示。

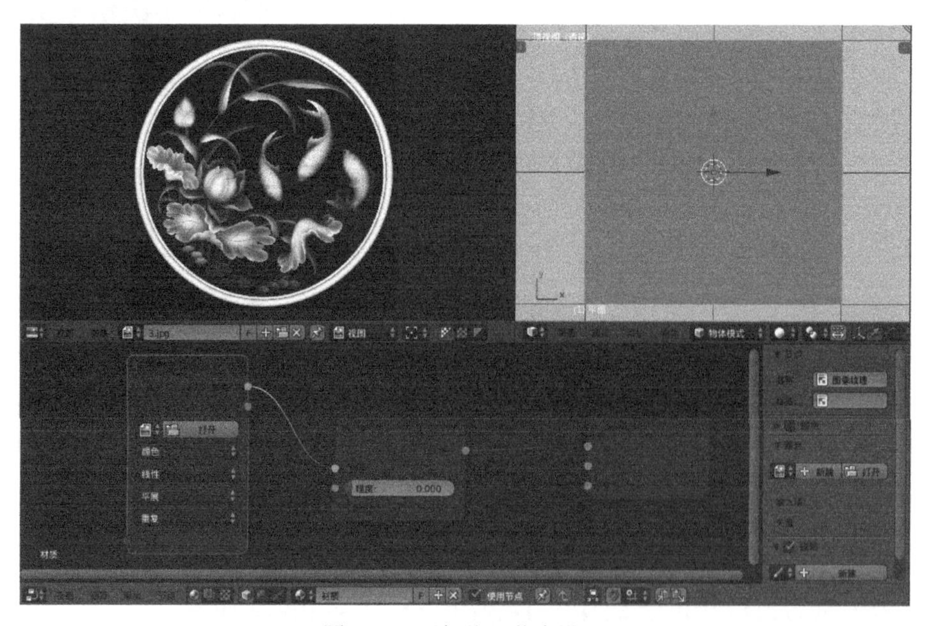

图 6-12　添加纹理节点设计

- 在图像纹理节点中，打开纹理图像，设置图片插值：线性；投射方式：平展。
- 在右侧的 3D 视图中，进入编辑模式，按快捷键 U → "展开"。接着选择"视图着色方式" → "纹理"。UV 映射展开设计，如图 6-13 所示。

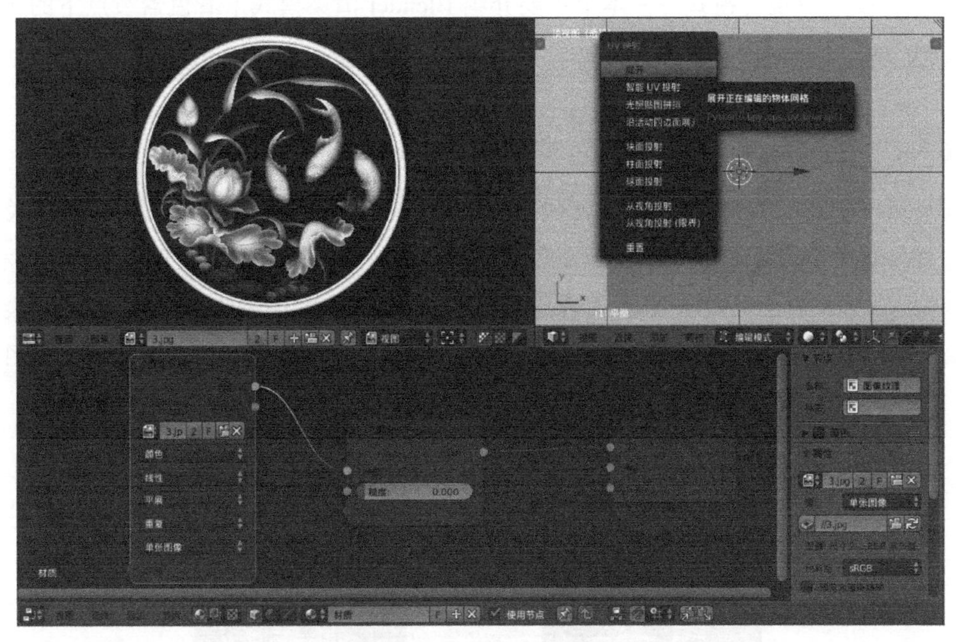

图 6-13 UV 映射展开设计

- 在右侧的 3D 视图中，按快捷键 Tab 进入物体模式。预览利用纹理节点和输出节点设计的纹理绘制效果，如图 6-14 所示。

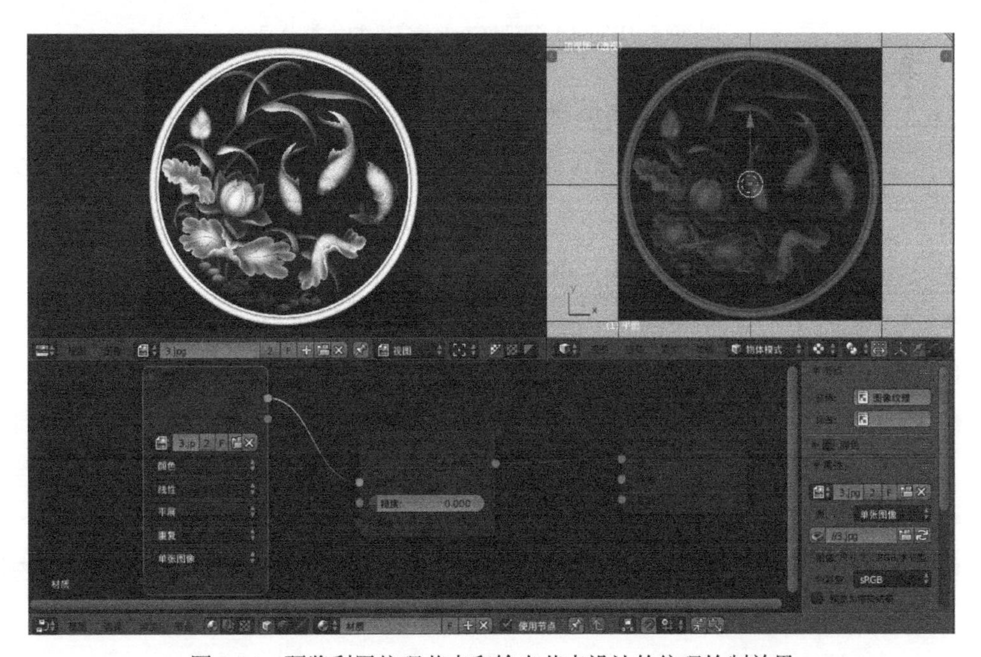

图 6-14 预览利用纹理节点和输出节点设计的纹理绘制效果

6.6 Blender 游戏引擎颜色类节点

Blender 游戏引擎颜色类节点用于调节颜色材质的属性，包括色彩的亮度、对比度、色相 / 饱和度以及混合模式等，本节主要介绍 Blender 渲染模式下着色器节点下的颜色类节点的分类以及案例设计。

6.6.1 Blender 游戏引擎颜色类节点设计

Blender 游戏引擎颜色类节点包括在 Blender 渲染和 Cycles 渲染环境下的两类颜色节点。Blender 渲染环境下的颜色节点包含混合 RGB、RGB 曲线、反转、色相 / 饱和度、伽玛等；Cycles 渲染环境下的颜色节点包含混合 RGB、RGB 曲线、反转、光线衰减、色相 / 饱和度、伽玛以及亮度对比度等。Blender 渲染 /Cycles 渲染颜色类节点，如图 6-15 所示。

（a）Blender 渲染

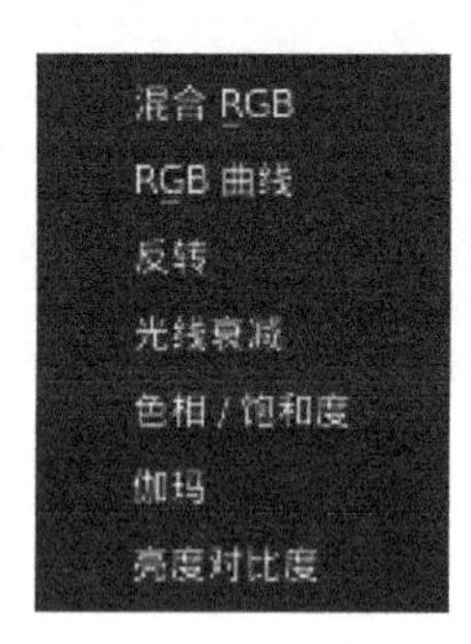

（b）Cycles 渲染

图 6-15 Blender 渲染 /Cycles 渲染颜色类节点

6.6.2 Blender 游戏引擎颜色类节点案例设计

利用颜色类节点中的色相 / 饱和度节点，设计一个仿真游戏球体，使之颜色发生变化，步骤如下：

- 启动 Blender 仿真游戏引擎，删除默认立方体。
- 在标题栏 1 中默认“Blender 渲染”模式。
- 选择“添加”→“网格”→ Bolt 或导入一个螺钉 3D 模型。
- 在标题栏 3 中，选择“编辑器类型”→“节点编辑器”。在节点编辑器中，选择“新建”材质，勾选“使用节点”。为 3D 模型添加材质节点设计，如图 6-16 所示。
- 在节点编辑器的右侧节点设置中，选择“属性”→“新建”。
- 在材质节点选择“颜色”，设置为 R = 0.655；G = 0.8；B = 0.332。为 3D 物体添加材质颜色设计，如图 6-17 所示。

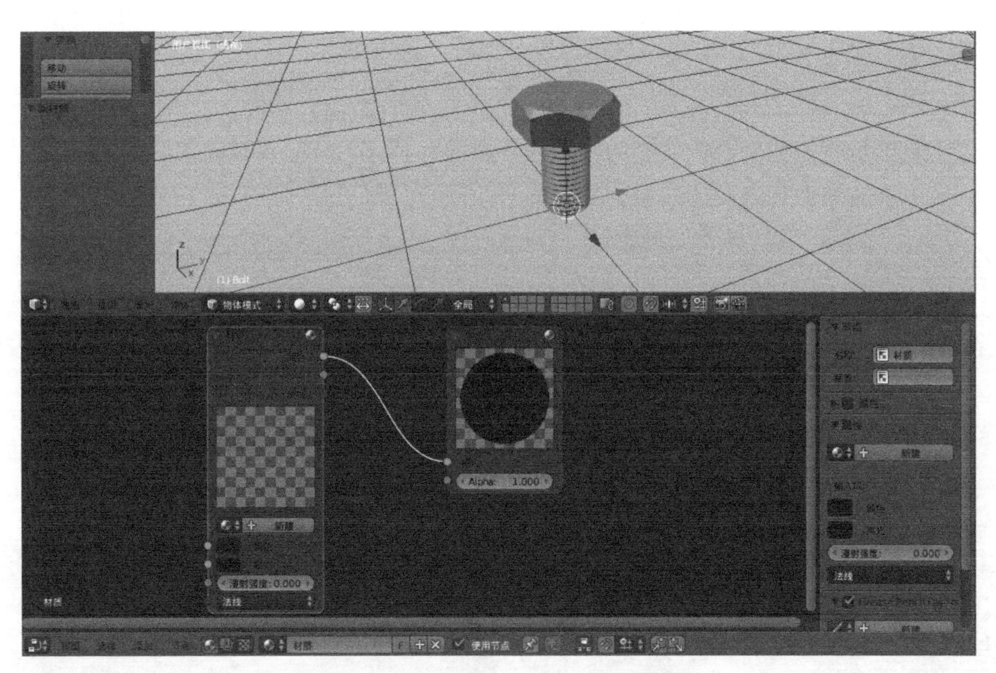

图 6-16　为 3D 模型添加材质节点设计

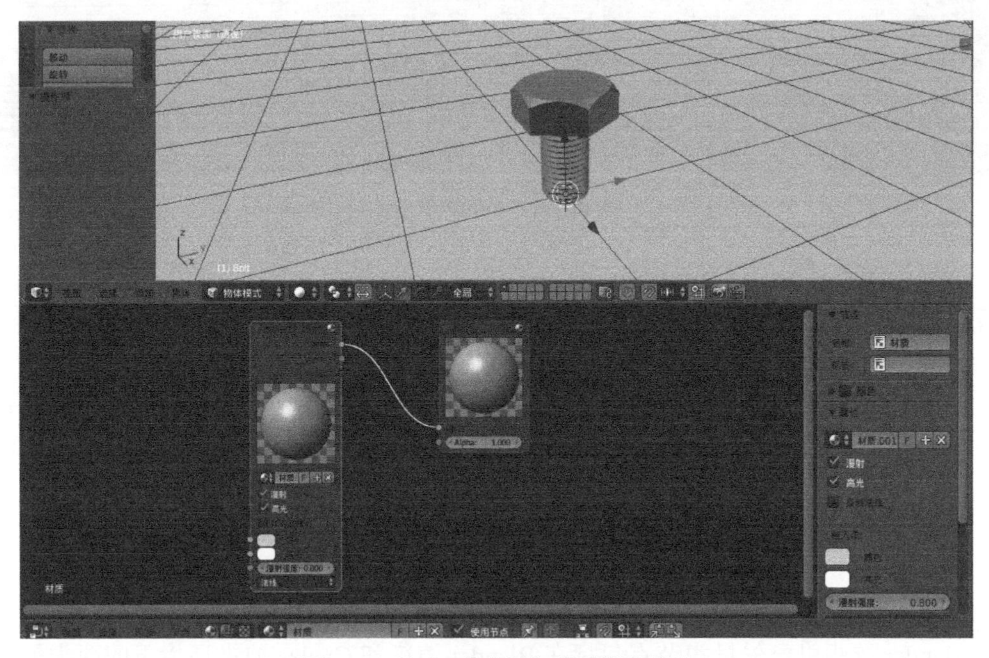

图 6-17　为 3D 物体添加材质颜色设计

- 在节点编辑器中，添加颜色节点中的色相 / 饱和度节点。
- 按快捷键 Shift + A →“添加”→“颜色”→“色相 / 饱和度”。移动色相 / 饱和度节点自动插入到材质节点与输出节点之间，设置色相 = 饱和度 = 值 = 1.000。
- 在 3D 视图编辑器中，将右上角的“三角形”向左移动拉出一个新 3D 视图窗体。

- 在上面左侧 3D 视图中，显示原模型颜色，即淡绿色。
- 在上面右侧 3D 视图中，选择“视图找色方式”→“材质”，对添加颜色节点中的色相 / 饱和度节点设计并调整其参数值，使 3D 模型的颜色变成紫色。为 3D 物体添加颜色节点设计效果，如图 6-18 所示。

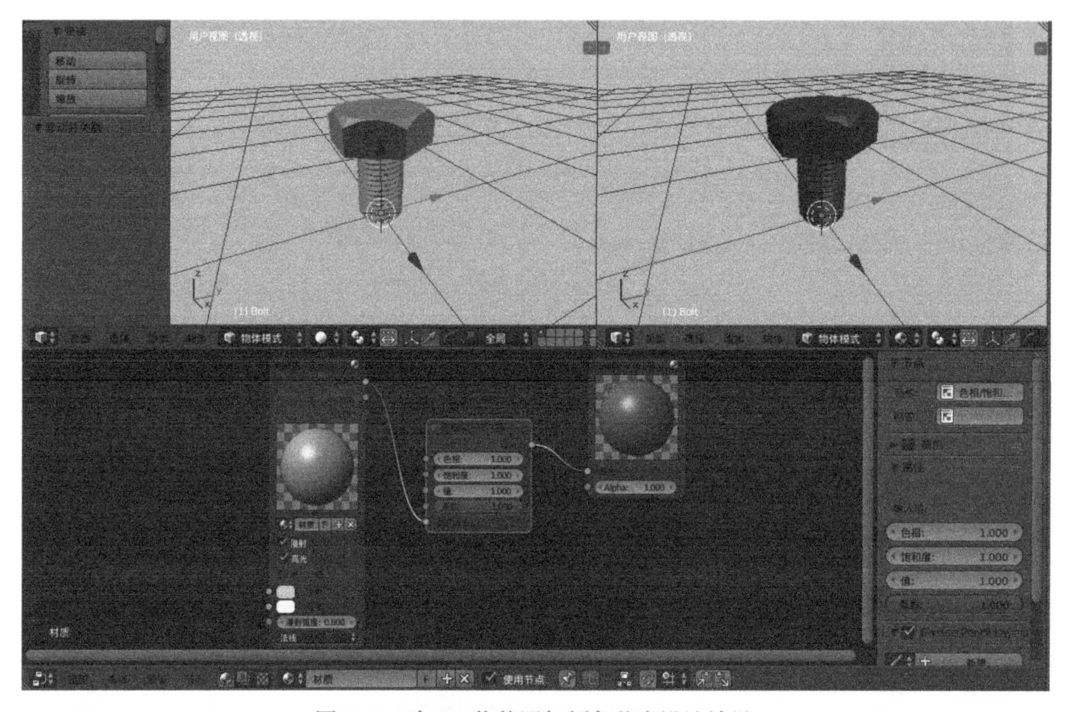

图 6-18　为 3D 物体添加颜色节点设计效果

6.7　Blender 游戏引擎矢量类节点

Blender 游戏引擎矢量类节点包括着色器节点和合成处理节点中的矢量类节点设计。本节主要针对着色器节点中的矢量节点进行阐述，矢量节点用于定义物体表面受光照的影响情况。

6.7.1　Blender 游戏引擎矢量类节点设计

Blender 游戏引擎矢量类节点包括在 Blender 渲染和 Cycles 渲染环境下的两类矢量节点。在着色节点模式中，Blender 渲染环境下的矢量节点包含法线、映射、矢量曲线等；Cycles 渲染环境下的矢量节点包含映射、凹凸、法线贴图、法线、矢量曲线以及矢量变换等。Blender 渲染 /Cycles 渲染矢量类节点，如图 6-19 所示。

（a）Blender 渲染

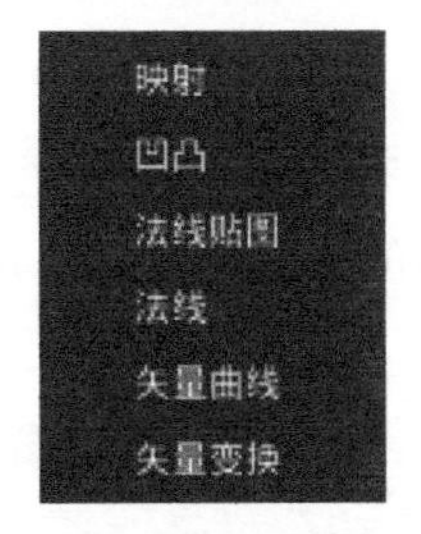

（b）Cycles 渲染

图 6-19　Blender 渲染 /Cycles 渲染矢量类节点

6.7.2　Blender 游戏引擎矢量类节点案例设计

利用矢量类节点中的映射节点，设计一个仿真立方体物体，使其颜色发生变化，步骤如下。

- 启动 Blender 仿真游戏引擎，显示默认立方体。
- 在标题栏 1 中，默认 Blender 渲染模式。
- 在标题栏 3 中，选择“编辑器类型”→“节点编辑器”。
- 在节点编辑器中，默认“着色器”模式，勾选“使用节点”。添加材质节点和输出节点设计，如图 6-20 所示。

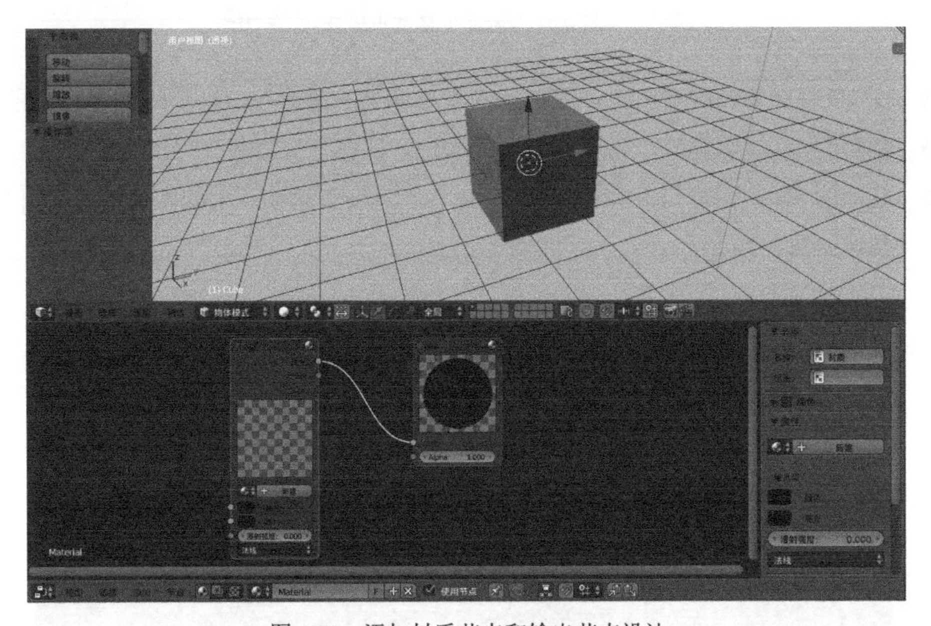

图 6-20　添加材质节点和输出节点设计

- 在节点编辑器中的右侧，选择“属性”→“新建”材质。材质节点中的颜色调整为蓝色。
- 在节点编辑器中，添加矢量节点中的映射节点设计。
- 按快捷键 Shift + A →“矢量”→“映射”，添加一个“映射”节点，移动该节点至材质节点和输出节点之间自动插入。

- 在矢量节点中的映射节点设置参数，单击“矢量”，将材质节点的输出端口法线连接到映射端口的矢量连线。添加矢量节点设计，如图 6-21 所示。

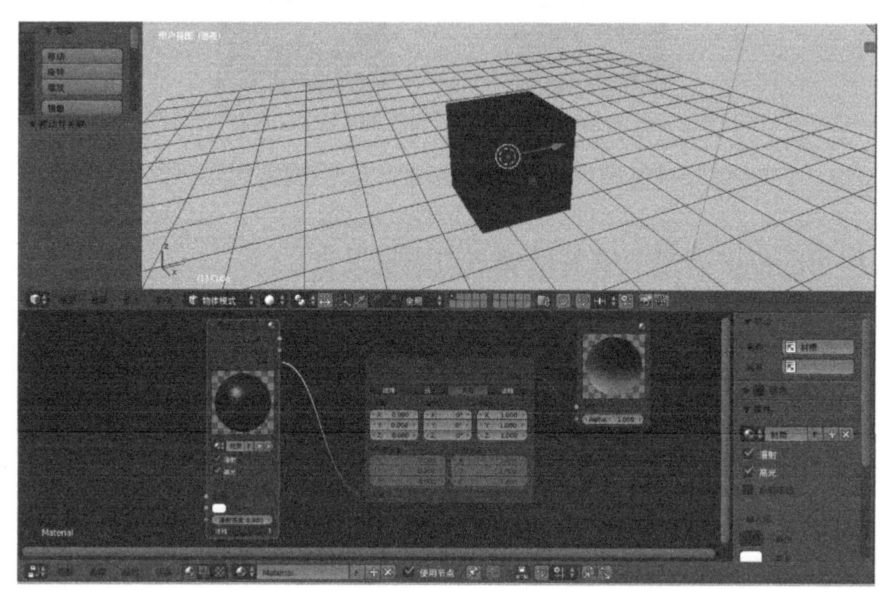

图 6-21　添加矢量节点设计

- 在 3D 视图窗口的右上角，用鼠标向左移动“三角形”，显示两个 3D 视图窗口。
- 左侧的 3D 视图窗口，显示源模型的颜色，即蓝色立方体。
- 右侧的 3D 视图窗口，按快捷键 Shift + Z 渲染矢量节点中的映射节点设计效果。具体如图 6-22 所示。

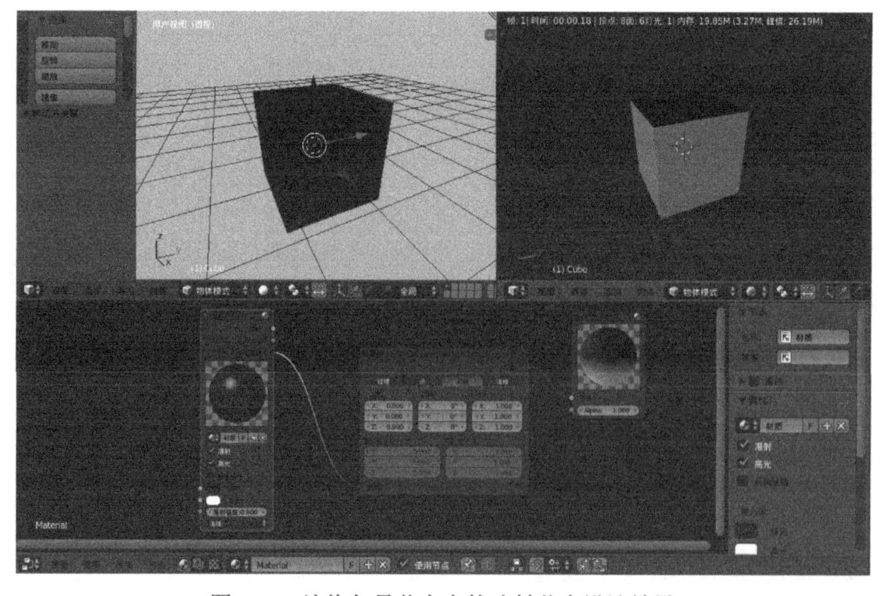

图 6-22　渲染矢量节点中的映射节点设计效果

6.8 Blender 游戏引擎转换器类节点

Blender 游戏引擎转换器类节点设计是将颜色或其他各种数据属性按照一定方式进行转换，如运算、颜色渐变、矢量运算以及透明度。

Blender 游戏引擎转换器类节点包括着色器节点、合成处理节点以及纹理节点中的转换器类节点设计。本节主要针对着色器节点中的矢量节点进行阐述，矢量节点用于定义物体表面受光照的影响情况。

6.8.1 Blender 游戏引擎转换器类节点设计

Blender 游戏引擎转换器类节点包括在 Blender 渲染和 Cycles 渲染环境下的两类转换器节点。在着色节点模式中，Blender 渲染环境下的转换器节点包含颜色渐变、RGB → BW、运算、矢量运算、挤压值、分离 RGB、合成 RGB、分离 HSVA 以及合并 HSVA 等；Cycles 渲染环境下的转换器节点包含运算、颜色渐变、RGB → BW、矢量运算、分离 RGB、合成 RGB、分离 XYZ、合并 XYZ、分离 HSVA、合并 HSVA、波长以及黑体等。Blender 渲染 /Cycles 渲染转换器类节点，如图 6-23 所示。

（a）Blender 渲染

（b）Cycles 渲染

图 6-23 Blender 渲染 /Cycles 渲染转换器类节点

6.8.2 Blender 游戏引擎转换器类节点案例设计

利用图像、转换器、辉光、合成以及预览器等节点，设计一个 Blender 图像辉光特效。准备好一张城市夜景图像之后，其他步骤如下：

- 启动 Blender 互动引擎集成开发环境。
- 在物体模式中，删除默认物体为立方体。
- 在标题栏 2 中最左边，选择“编辑器类型”→“节点编辑器”。

- 选择节点编辑器设计，如图 6-24 所示。

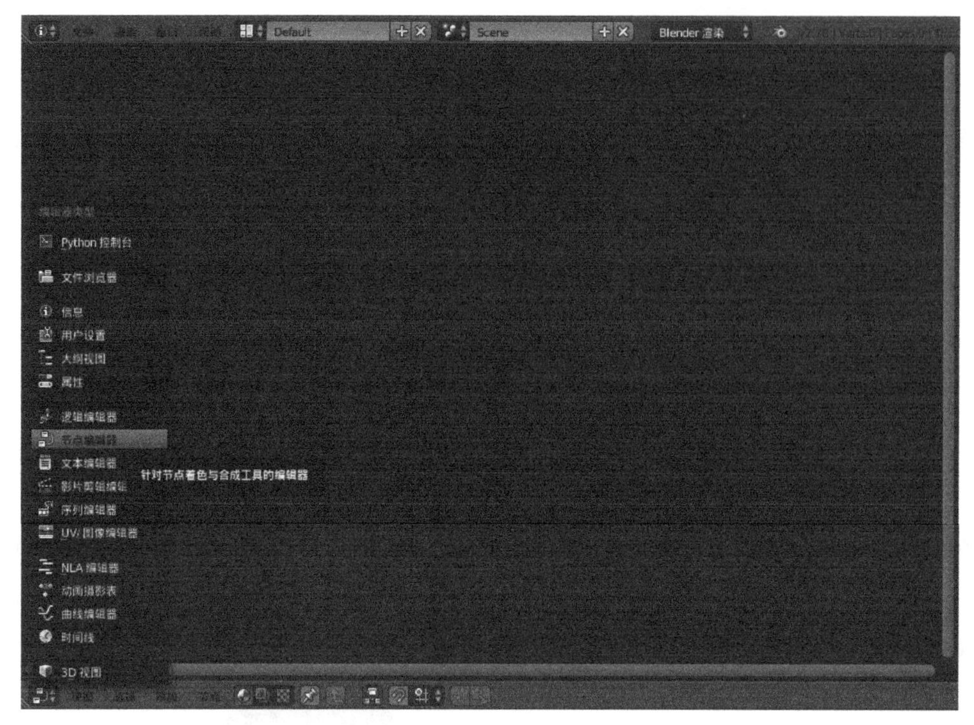

图 6-24 选择节点编辑器设计

- 在标题栏 2 中，显示“节点编辑器”属性功能。单击合成处理图标，然后分别勾选复选框：使用节点、背景图、自动渲染功能。
- 在节点编辑器中添加使用节点设计，如图 6-25 所示。
- 在节点编辑器中，按快捷键 A 取消全选，单击鼠标左键选中渲染层节点，再按 Delete 键删除该节点。
- 在节点编辑器中，添加图像、转换器、辉光、预览器等新的节点。
- 添加图像节点，按快捷键 Shift + A → “输入” → “图像”，插入图像节点，然后移动到最左侧位置。
- 添加转换器节点，按快捷键 Shift + A → “转换器” → “Alpha 转换”节点，移动到图像节点的后面。
- 添加辉光节点，按快捷键 Shift + A → “滤镜” → “辉光”，插入辉光节点，然后移动到适当位置。
- 添加预览器节点，按快捷键 Shift + A → “输出” → “预览器”，插入预览器节点，然后移动到适当位置。
- 添加图像、转换器、辉光、预览器等节点设计，如图 6-26 所示。

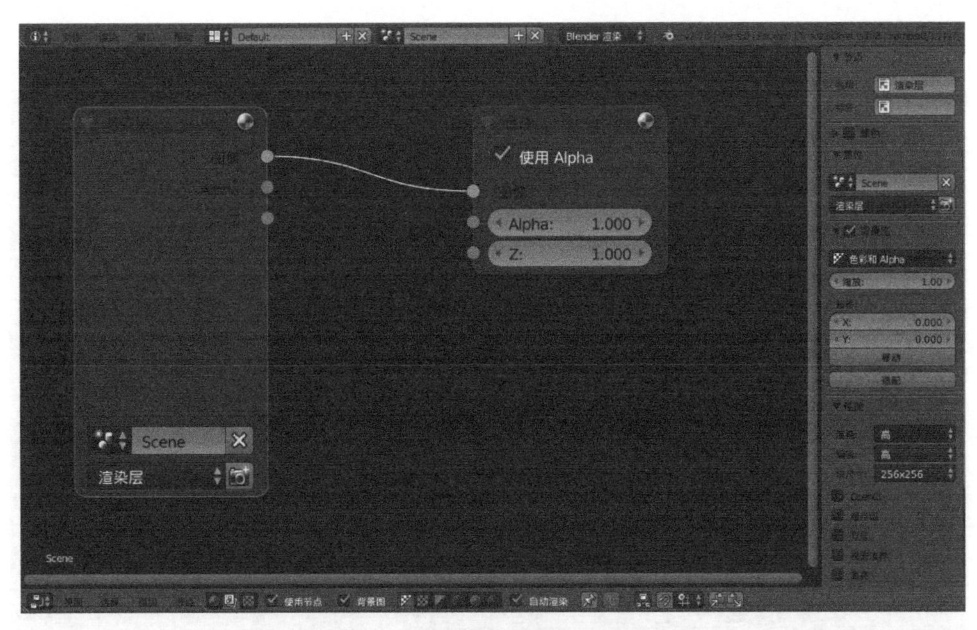

图 6-25　在节点编辑器中添加使用节点设计

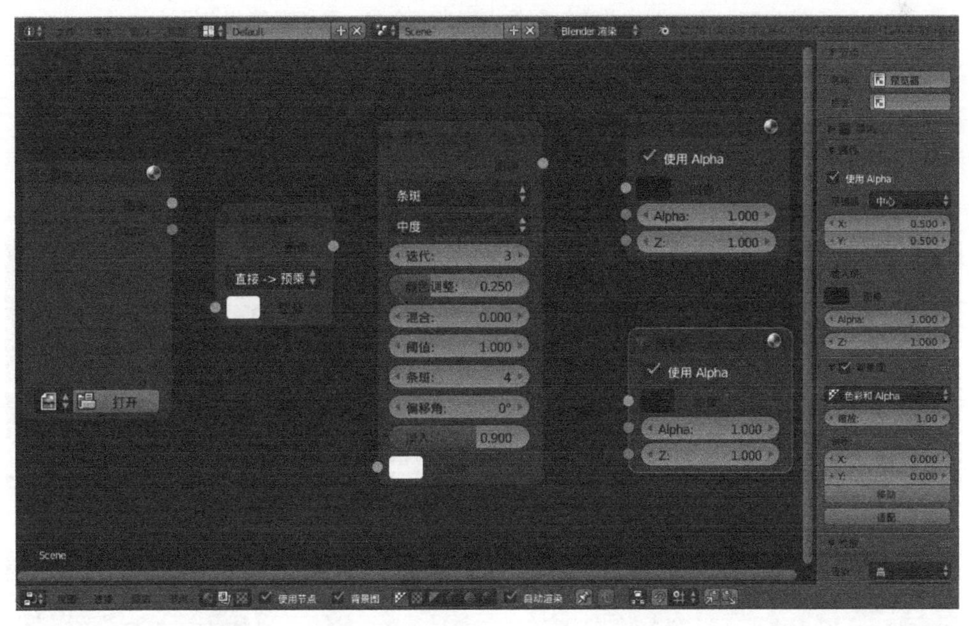

图 6-26　添加图像、转换器、辉光、预览器等节点设计

- 在图像节点编辑器中，选择“打开图像”→“555.jpg”。
- 连接各个节点，单击鼠标左键从图像节点连接到 Alpha 转换节点，再从 Alpha 转换节点连接到辉光节点，接着再从辉光节点连接到合成节点。
- 在辉光节点与合成节点之间的连线中。按住 Shift 键，然后按住“鼠标左键”在连接线上滑动添加连接点，然后将连接点连接到预览器上。

- 添加图像并连接图像、辉光、合成、预览器等节点设计，如图 6-27 所示。

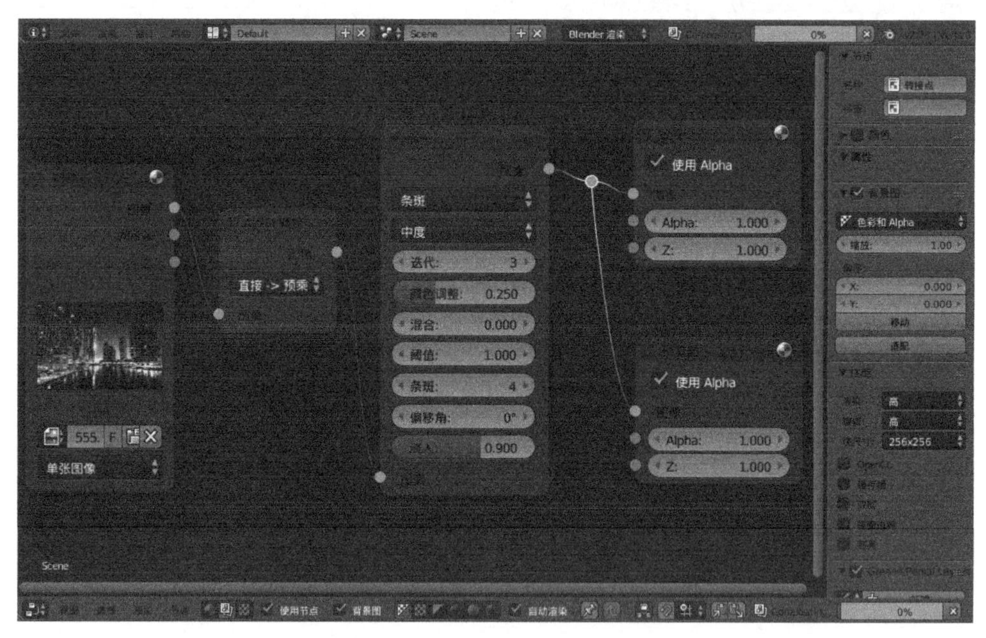

图 6-27　添加图像并连接图像、辉光、合成、预览器等节点设计

- 辉光节点参数设置，辉光图像“辉光类型”：“条斑”→“简单星光”；迭代 = 3；混合 = 0，阈值 = 0.3，淡入 = 0.9，勾选“旋转 45 度”。
- 按快捷键 F12 显示辉光图像渲染后设计效果，如图 6-28 所示。

图 6-28　辉光图像渲染后设计效果

6.9 Blender 游戏引擎群组类节点

6.9.1 Blender 游戏引擎群组类节点设计

在 Blender 渲染和 Cycles 渲染环境下的两类群组节点中，主要包括建立组和解散组两个节点，其快捷键分别为 Ctrl + G 和 Alt + G。具体如图 6-29 所示。

图 6-29 Blender 渲染 /Cycles 渲染群组类节点

6.9.2 Blender 游戏引擎群组类节点案例设计

准备一个 3D 路灯造型，利用 Blender 游戏引擎设计一排路灯景深散焦模糊光影特效，步骤如下：

- 启动 Blender 互动引擎集成开发环境。
- 双击“灯 -1.blend”打开路灯 3D 模型，按数字键 7 和数字键 5 切换至顶视图正交模式。
- 按快捷键 Shift + D 复制多个路灯物体，并移动到相应位置。一排路灯设计效果，如图 6-30 所示。

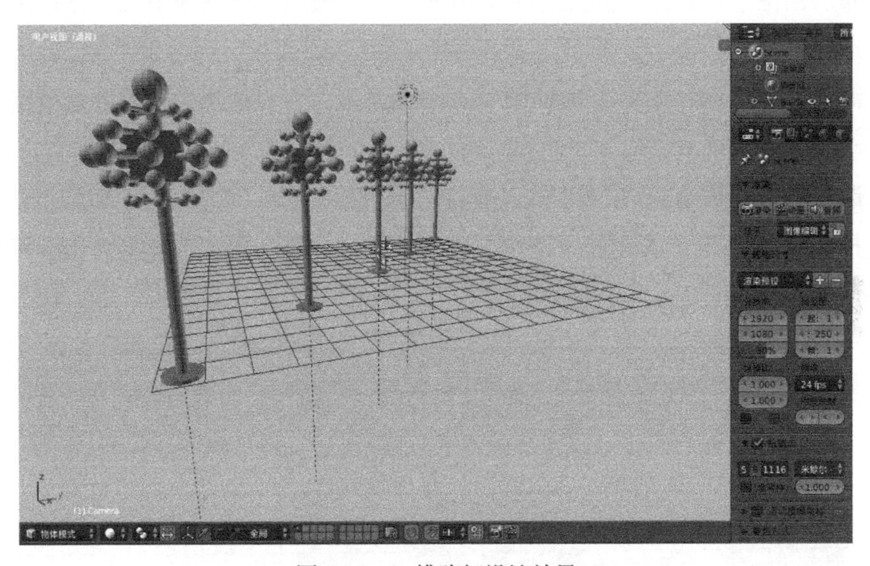

图 6-30 一排路灯设计效果

- 添加一个平面，按快捷键 Shift + A →“网格”→“平面”，并调整平面的大小和位置。
- 添加一个空物体，按快捷键 Shift + A →“空物体”→“纯轴”，放在路灯的前面，作为焦距的位置。
- 在物体模式中，选中“摄像机”图标，在右侧的场景工具按钮中，单击摄像机按钮，设置景深参数：焦点选择“空物体”。设置摄像机焦点为空物体设计，如图 6-31 所示。

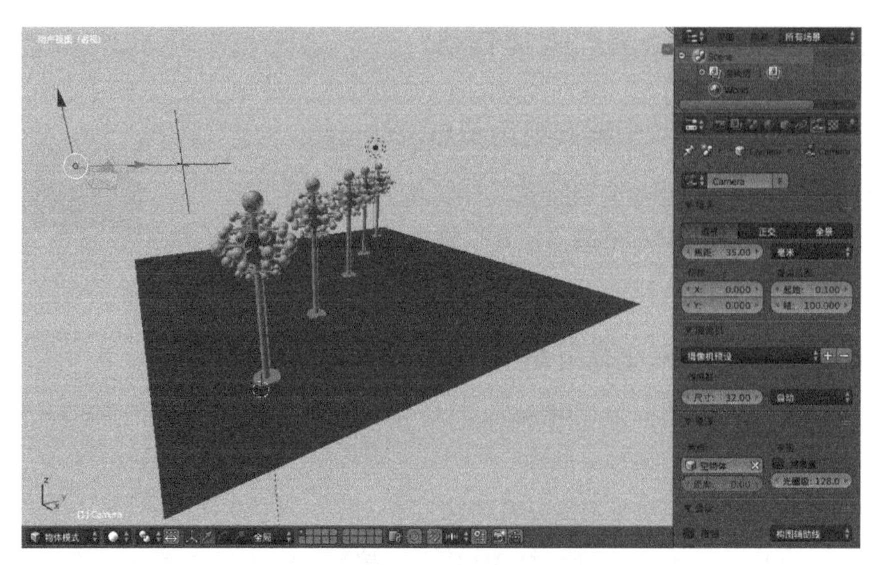

图 6-31 设置摄像机焦点为空物体设计

- 在标题栏 1 中，选择“Compositing”合成处理。
- 在节点编辑器中，选择底部的“合成处理”，并勾选“使用节点”复选框。
- 添加图像节点设计，按快捷键 Shift + A →“输入”→图像节点，移动图像节点到适当位置。
- 添加散焦节点，按快捷键 Shift + A →“滤镜”→“散焦”插入散焦节点，然后移动到适当位置。
- 散焦节点参数设置，散景类型：圆状，光圈级数 = 2，勾选“使用 Z 缓冲区”复选框。
- 按快捷键 Shift + A 创建“图像”与“散焦”。路灯景深散焦模糊光影特效设计，如图 6-32 所示。

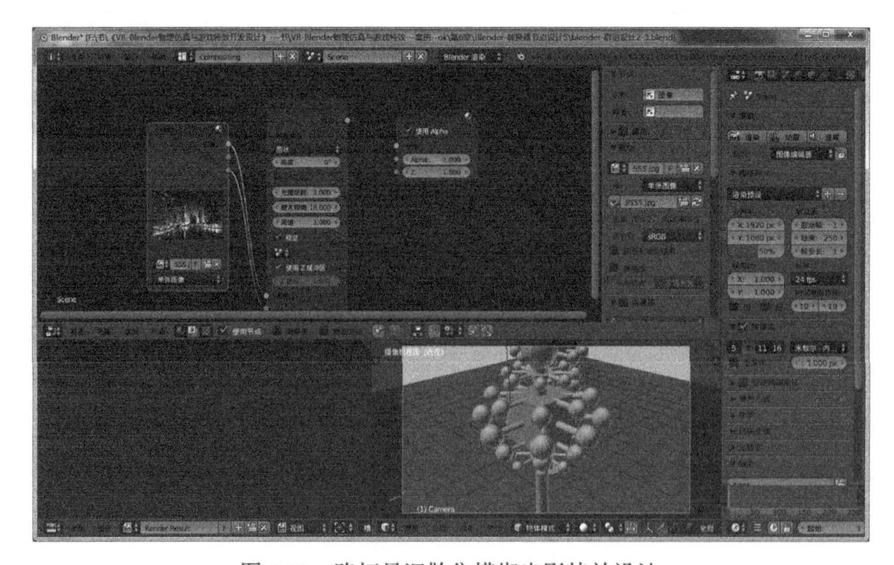

图 6-32 路灯景深散焦模糊光影特效设计

第7章 Blender 游戏引擎 Python 脚本设计

Python 是一门面向对象的、交互的解释型编程语言。它集成了模块、异常、动态类型、高水平的动态数据类型和类。Python 兼具强大的功能和清晰的语法。Python 脚本是一种强大而灵活的用于扩展 Blender 功能的方法。Blender 的大部分功能都可以脚本化，包括动画、渲染、导入与导出、创建物体和自动重复任务的脚本。脚本可以利用紧密集成的 API（Application Programming Interface）与 Blender 进行交互。

Python 是一个高层次的结合了解释性、编译性、互动性和面向对象的脚本语言。Python 程序具有很强的可读性，具有比其他语言更具特色的语法结构。

（1）Python 是一种解释型语言：这意味着开发过程中没有编译这个环节。类似于 PHP 语言和 Perl 语言。

（2）Python 是交互式语言：这意味着，您可以在一个 Python 提示符（>>>）后直接执行代码。

（3）Python 是面向对象语言：这意味着，Python 是支持将代码封装在对象的编程技术。

（4）Python 是初学者的语言：Python 对初级程序员而言，是一种伟大的语言，它支持广泛的应用程序开发，从简单的文字处理到 WWW 浏览器甚至游戏。

Python 是由 Guido van Rossum 于 20 世纪 80 年代末和 90 年代初，在荷兰国家数学和计算机科学研究所设计出来的。Python 本身也是由诸多其他语言发展而来的，其中包括 ABC、Modula-3、C、C++、Algol-68、SmallTalk、UNIX shell 和其他的脚本语言等。像 Perl 语言一样，Python 源代码同样遵循 GPL（GNU General Public License）协议。现在 Python 由一个核心开发团队在维护，Guido van Rossum 仍然占据着至关重要的作用并指导其进展。

Python 特点：

（1）易于学习：Python 有相对较少的关键字，及结构简单且明确定义的语法，学习起来更加简单。

（2）易于阅读：Python 代码定义得更清晰。

（3）易于维护：Python 的成功在于它的源代码是相当容易维护的。

（4）一个广泛的标准库：Python 的最大的优势之一是具有丰富的库、跨平台等优点，在操作系统 UNIX、Windows 和 Macintosh 兼容很好。

（5）互动模式：互动模式的支持，可以从终端输入执行代码并获得结果的语言，互动的测试和调试代码片段。

（6）可移植：基于其开放源代码的特性，Python 已经被移植（也就是使其工作）到许多平台。

（7）可扩展：如果需要一段运行很快的关键代码，或者是想要编写一些不愿开放的算法，可以使用 C 或 C++ 完成那部分程序，然后从 Python 程序中调用。

（8）数据库：Python 提供所有主要的商业数据库的接口。

（9）GUI 编程：Python 支持 GUI 可以创建和移植到许多系统进行调用。

（10）可嵌入：可以将 Python 嵌入到 C/C++ 程序，让程序用户获得“脚本化”的能力。

7.1 Blender 游戏引擎文本编辑器

Blender 有一个窗口类型叫文本编辑器，用于编写 Blender 脚本文件。通过窗口类型菜单选择或按快捷键 Shift + F11 即可进入该编辑器窗口。Blender 文本编辑器窗口，如图 7-1 所示。

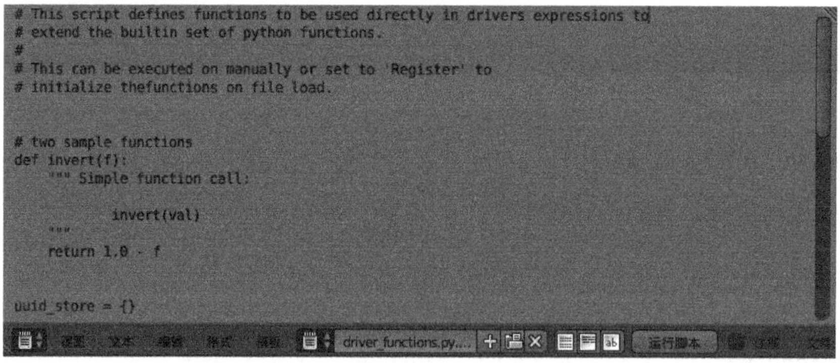

图 7-1　Blender 文本编辑器窗口

在标题栏 3 中，选择“时间线”→“文本编辑器”。显示视图、文本、模板、新建、打开以及文本功能选项等。

当单击“新建”按钮时，已经打开一个文件的文本工具栏。展开文本编辑器为视图、文本、编辑、格式、模板、打开文本、文本功能选项、运行脚本以及注册文字等。

文本编辑器类型采用标准编辑器选择按钮，菜单使用编辑器菜单，而文本用于选择文本或创建新文本的数据块菜单，使用之后标题栏将发生变化。显示紧跟着的三个按钮分别开启显示选项：行号、文本换行和语法高亮。按快捷键 Alt + P 可运行脚本 / 脚本节点更新执行文本作为 Python 脚本。注册加载时，注册当前文本数据块为模块，扩展名必须为 *.py。更多关于 Python 模块注册的内容请参考 API 文档。

新建文本编辑器各种功能详解。

视图：包含文件底部、文件顶部、属性。文件底部：将视图和光标移动到文本的末尾，快捷键为 Ctrl + 结束；文件顶部：将视图和光标移动到文本的开头，快捷键为 Ctrl + Home；属性：切换文本属性栏显示，快捷键为 Ctrl + T。

文本：包括创建文本块、打开文本块、重载、保存、另存为、加载为内部文件、运行脚本等。创建文本块：创建一个新的内部文本；打开文本块：打开文件浏览器，载入一个文本，快捷键为 Alt + O；重载：重新打开（重新载入）当前文本缓存（会丢失所有未保存修改），快捷键为 Alt + R；保存：保存已打开文件，快捷键为 Alt + S；另存为：打开文件浏览器，保存未保存文本为文本文件，快捷键为 Shift + Ctrl + Alt + S；加载为内部文件：将文本存储在混合文件中；运行脚本：执行文本作为 Python 脚本，快捷键为 Alt + P。

编辑：包括剪切、复制、粘贴、复制行、将行上移、将行下移、选择、跳转、查找、文本自动补全、将文本转换为 3D 物体等。剪切：剪切选中文本至文本剪贴板，快捷键为 Ctrl + X；复制：复制选中文本至文本剪贴板，快捷键为 Ctrl + C；粘贴：粘贴剪贴板文本至文本窗口光标位置，快捷键为 Ctrl + V；复制行：复制当前行，快捷键为 Ctrl + D；将行上移：交换当前行与上一行，快捷键为 Shift + Ctrl + Up；将行下移：交换当前行与下一行，快捷键为 Shift + Ctrl + Down；选择：包含全选和连接行号。全选，快捷键为 Ctrl + A，连接行号，快捷键为 Shift + Ctrl + A；跳转：显示跳转弹出窗口，可以选择跳转到的行号；查找：在侧栏中显示查找面板；文本自动补全：显示文本中已有的匹配文字供选择，快捷键为 Ctrl + 空格键；将文本转换为 3D 物体：包含单一物体和每行生成一个物体。

格式：包含缩进、取消缩进、注释、取消注释、转换空格等。缩进：缩进选中行，快捷键为 Tab；取消缩进：缩进选中行，快捷键为 Shift + Tab；注释：将所选行转换为 Python 注释；取消注释：取消所选行的注释；转换空格：在标签或空格缩进之间转换。

模板：包括 Python 和开放式着色语言（OSL）。

Python 脚本使用 Blender 内置的解释器解析缓冲区的内容。Blender 配有一个内置的功能齐全的 Python 解释器，并具有许多 Blender 特有的模块，如脚本与扩展 Blender 部分所述。

7.2 Blender 游戏引擎 Python 控制台

Python 控制台因其对 Python API、历史记录和自动补全的完整访问而成为一个快速执行命令的途径。可以先通过控制台来探索脚本的各种可能性，然后将脚本粘贴到更复杂的脚本中。

访问内置的 Python 控制台，在标题栏 3 中，选择“时间线”→“Python 控制台”。或在任何 Blender 编辑器类型（如 3D 视图，时间线等）下，按快捷键 Shift + F4 可以将其切换为控制台编辑器。命令提示符使用常用的 Python 3.x，解释器已加载并准备接受提示符（>>>）后的命令。

设置 Python 控制台背景颜色，选择“文件”→“用户设置”→“主题”→“Python 控制台”，设置窗口背景 = 1.0 1.0 1.0 白色，行输入 = 0.0 0.0 0.0 黑色。Python 控制台操作面板，如图 7-2 所示。

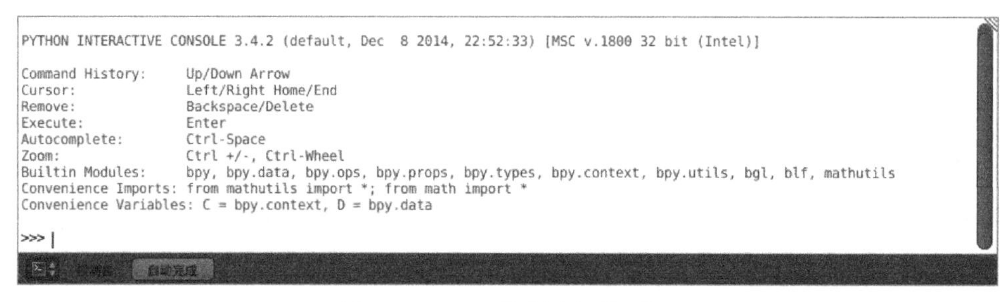

图 7-2　Python 控制台操作面板

Python 控制台常用命令：

在提示符下键入 dir() 并执行，可以检测到已经加载 Python 控制台解释器环境模块。Python 控制台操作 dir() 命令，如图 7-3 所示。

```
>>> dir()
['C', 'Color', 'D', 'Euler', 'Matrix', 'Quaternion', 'Vector', '__builtins__', '__doc__', '__loader__', '__name__', '__
package__', '__spec__', 'acos', 'acosh', 'asin', 'asinh', 'atan', 'atan2', 'atanh', 'bpy', 'bvhtree', 'ceil', 'copysign
', 'cos', 'cosh', 'degrees', 'e', 'erf', 'erfc', 'exp', 'expm1', 'fabs', 'factorial', 'floor', 'fmod', 'frexp', 'fsum',
 'gamma', 'geometry', 'help', 'hypot', 'interpolate', 'isfinite', 'isinf', 'isnan', 'kdtree', 'ldexp', 'lgamma', 'log',
 'log10', 'log1p', 'log2', 'modf', 'noise', 'pi', 'pow', 'radians', 'sin', 'sinh', 'sqrt', 'tan', 'tanh', 'trunc']

>>> |
```

图 7-3　Python 控制台操作 dir() 命令

bpy 命令全称 Blender Python API，是 Blender 使用 Python 与系统执行数据交换和功能调用的接口模块。通过调用这个模块的函数，可以实现以下功能：代替界面操作去完成对物体的修改，如修改网格属性或添加修改器。自定义系统的相关配置，如重设快捷键或修改主题的色彩。自定义工具的参数配置，如自定义雕刻笔刷的参数。自定义用户界面，如修改面板的外观和按钮的排列效果。创建新的工具，如 Surface Sketching（表面绘制）工具。创建交互式工具，如游戏的逻辑脚本。创建与外置渲染器的接口调用，如配置 Vray 等外置渲染器。

在提示符下键入 bpy. 并执行，然后单击自动完成按钮或者按快捷键 Ctrl + 空格键，会看到控制台的自动补全功能已经生效。显示 bpy 子模块的列表，这些模块作为一组非常强大的工具。bpy 命令接口模块函数，如图 7-4 所示。

```
>>> bpy.
        app
        context
        data
        ops
        path
        props
        types
        utils
>>> bpy.
```

图 7-4　bpy 命令接口模块函数

用同样的方法列出 bpy.app. 等模块的所有内容。在启用自动补全后，命令提示符上方的绿色输出。看到的是自动补全功能列出的可能结果。以上列表中所列出的内容都是模块属性名称和函数名。

如果在 3D 视图查看默认的 Blender 场景，将注意到三个物体：立方体、灯光和摄像机。

（1）所有对象的都存在上下文，以及各种模式及其对应的操作。

（2）在任何情况下，只有一个物体处于活动状态，并且可以有多个选定对象。

（3）所有物体都是 blend 文件中的数据。

（4）存在创建和修改这些对象的操作 / 函数。

对于以上所简要列出的内容，并非全部列出，要注意 bpy 模块提供了访问和修改数据的相关功能。

Python 控制台 bpy.context 命令案例：

- 在提示符下键入 >>> bpy.context.mode，将显示当前 3D 视图所处于的模式，如物体、编辑、雕刻等。
- 在提示符下键入 >>> bpy.context.object 或 bpy.context.active_object 将获得对 3D 视图中当前活动对象的访问。
- 在提示符下键入 >>> bpy.context.selected_objects 访问选择上的对象列表，可以同时选择多个对象。
- 在提示符下键入 >>> bpy.context.selected_objects[0]，访问列表中第一个对象的名称。Python 控制台 bpy.context 命令设计，如图 7-5 所示。

图 7-5　Python 控制台 bpy.context 命令设计

Python 控制台 bpy.context 命令控制 3D 物体移动实例：

- 在提示符下键入 >>> bpy.context.object.location.x = 2，将在 X 坐标位置移动 2 个数值单位。
- 在提示符下键入 >>> bpy.context.object.location.x + = 3，将物体从前一个 X 位置继续移动 3 个单位，3D 物体从坐标原点实际移动到 X = 5 的位置。

Python 控制台 bpy.context.object.location 命令设计，如图 7-6 所示。

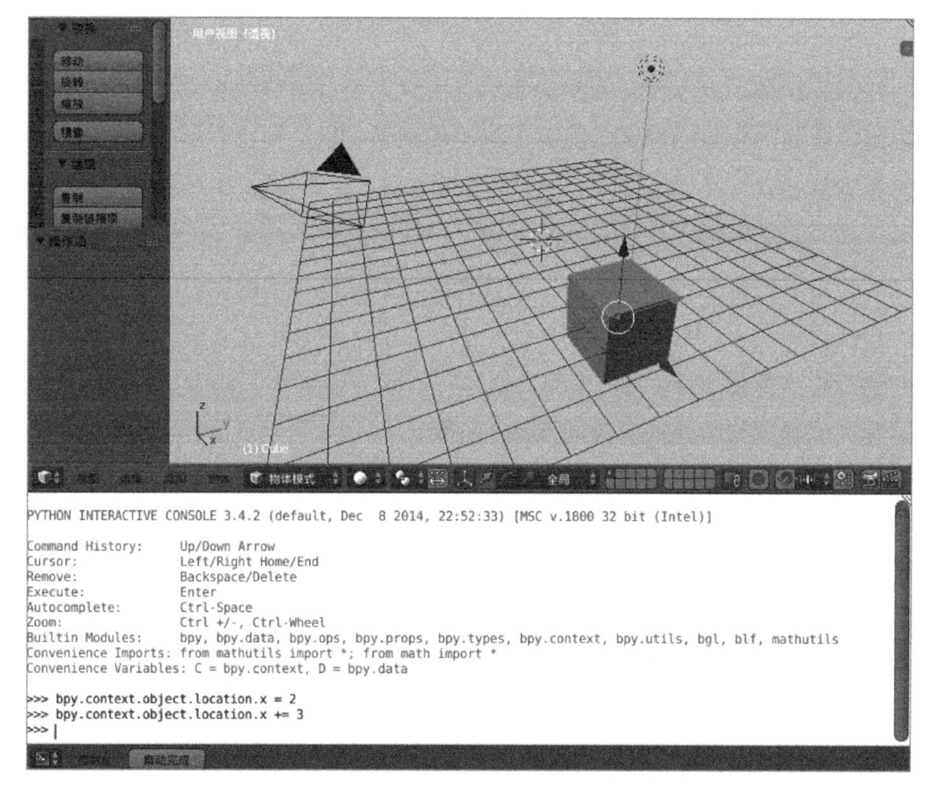

图 7-6　Python 控制台 bpy.context.object.location 命令设计

Python 控制台 bpy.context 命令修改 3D 物体坐标位置实例：

- 在提示符下键入 >>> bpy.context.object.location = (1, 2, 3)，将修改 X、Y、Z 坐标位置移动 3D 物体。
- 在提示符下键入 >>> bpy.context.object.location.xy = (5, -5)，只修改 X，Y 分量坐标位置移动 3D 物体。
- 在提示符下键入 >>> type(bpy.context.object.location)，将获得物体位置的数据类型。
- 在提示符下键入 >>> bpy.context.selected_objects，可以访问所有选定对象的全部列表。
- 在提示符下键入 >>> dir(bpy.context.object.location)，可以访问到许多的数据。

- 3D 物体从原点移动到（1, 2, 3）坐标位置，再从该点移动到 (5, -5) 坐标位置，并获得物体位置的数据类型，接着显示所有选定对象的列表。

Python 控制台 bpy.context.object.location 位置移动命令设计，如图 7-7 所示。

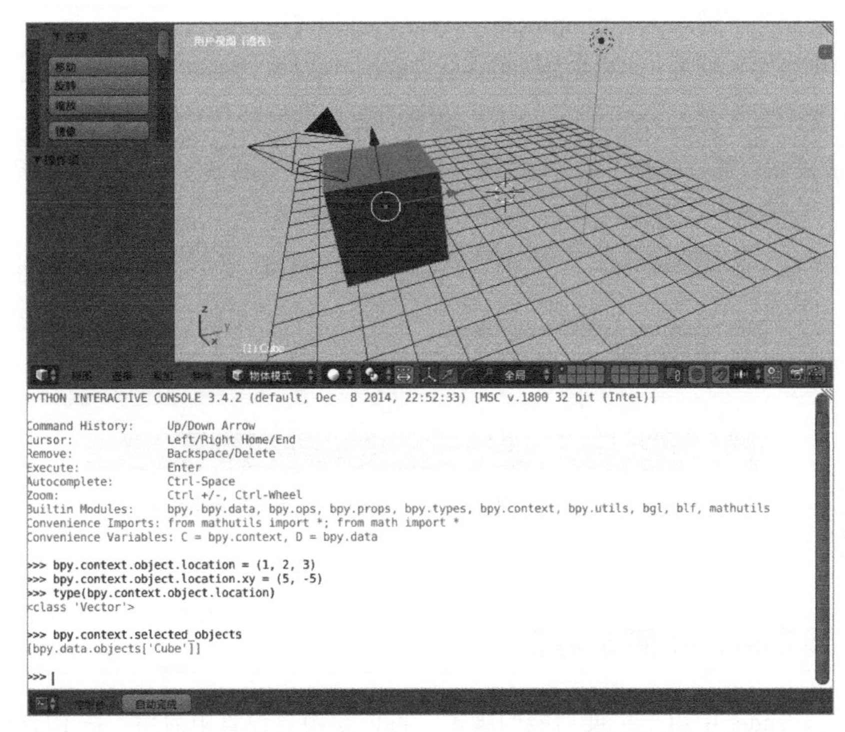

图 7-7　Python 控制台 bpy.context.object.location 位置移动命令设计

bpy.data 具有访问 .blend 文件中所有数据的函数和属性。访问当前 .blend 文件中的以下数据：对象、网格、材质、纹理、场景、窗口、声音、脚本等。

Python 控制台 bpy.data 命令控制对象、场景和材质等实例：

- 在提示符下键入 >>> bpy.data.objects，将获得数据对象信息。
- 在提示符下键入 >>> bpy.data.scenes，将获得数据场景信息。
- 在提示符下键入 >>> bpy.data.materials，将获得数据材质信息。

Python 控制台 bpy.data 命令控制，如图 7-8 所示。

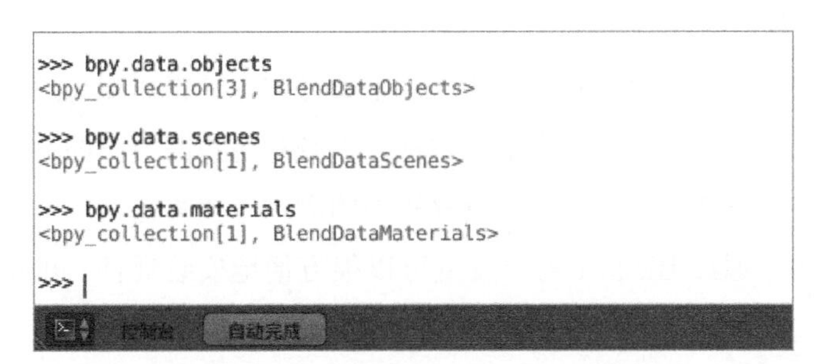

图 7-8　Python 控制台 bpy.data 命令控制

Python 控制台通过集合中的方法添加和删除数据 bpy.data 案例设计：

- 在提示符下键入 >>> mesh = bpy.data.meshes.new(name = "MyMesh")，添加网格数据信息。
- 在提示符下键入 >>> print(mesh)，将显示打印网格信息。
- 在提示符下键入 >>>bpy.data.meshes.remove(mesh)，删除网格数据信息。
- 在提示符下键入 >>> print(mesh)，将显示打印网格信息。

Python 控制台通过集合中的方法添加和删除数据 bpy.data 设计，如图 7-9 所示。

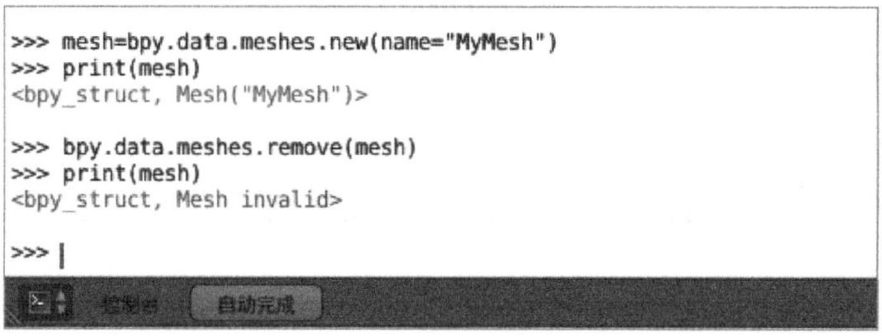

```
>>> mesh=bpy.data.meshes.new(name="MyMesh")
>>> print(mesh)
<bpy_struct, Mesh("MyMesh")>

>>> bpy.data.meshes.remove(mesh)
>>> print(mesh)
<bpy_struct, Mesh invalid>

>>> |
```

图 7-9　Python 控制台通过集合中的方法添加和删除数据 bpy.data 设计

7.3　扩展 Blender 脚本功能

插件是 Blender 中用于扩展功能的脚本，可以在用户设置中启用。在 Blender 执行程序以外，还有很多其他人写的数以百计的插件。

Blender 开发版会包含一些其他测试中的插件，而官方正式版则不会有这些。这些插件中很多都能可靠工作且非常有用，但无法保证在正式版中的稳定性。

Blender 内置插件见“插件”文档。脚本除插件之外，还有其他可以用来扩展 Blender 功能的脚本：

（1）模块：用于导入其他脚本的实用工具库。

（2）预设：Blender 工具和关键配置的设置。

（3）启动文件：启动 Blender 时载入的文件。这些文件定义了大多数 Blender 的用户界面和一些附带的核心操作。

（4）自定义脚本：与插件不同，这些往往是通过文本编辑器编写的一次性脚本。

保存脚本的文件位置，所有脚本都从本地、系统和用户路径下的 scripts 文件夹载入。可以在文件路径、用户设置、文件路径设置额外的脚本查找路径。

安装脚本插件，通过 Blender 用户设置可以很方便地安装插件。单击“安装”按钮，并选择 .py 或 .zip 文件。

手动安装脚本或插件，可视具体类型将其放置到 add-ons、modules、presets 或 startup 目录。还可以在文本编辑器中载入并运行脚本。

7.4 Python 函数和内置函数设计

Python 函数和内置函数设计包含 Python 函数设计和内置函数设计两个部分。Python 函数设计包含函数的定义、函数的参数设计、返回值等信息；内置 dict() 字典函数、help() 帮助函数、setattr() 函数、dir() 模块的属性列表、hex() 十六进制转换函数等功能设计。

7.4.1 Python 函数设计

Python 函数方法设计原则是指在函数设计中，每个函数功能只完成一件事、函数简练、使用输入、输出参数以及返回 return 语句等。

Python 函数主要用于以下两种情况：

（1）代码模块重复时，必须考虑用到函数降低程序的冗余度。

（2）代码模块复杂时，可以考虑用到函数增强程序的可读性。

当程序代码非常繁杂时，就要考虑使用函数。在 Python 中做函数设计，如何将函数组合在一起，主要考虑到函数大小、聚合性、耦合性三个方面，这三者应该归结于规划与设计的范畴。高聚合、低耦合是 Python 函数设计的总体原则，具体而言有以下几点：

（1）如何将任务分解成更有针对性的函数从而增强聚合性。

（2）如何设计函数间的通信又涉及耦合性。

（3）如何设计函数的大小从而加强聚合性、降低耦合性。

1. 函数的基本定义

```
def 函数名称（参数）
        执行语句
        return 返回值
```

def：定义函数的关键字。

函数名称：顾名思义，就是函数的名字，可以用来调用函数，不能使用关键字来命名，最好是用这个函数的功能的英文名命名，可以采用驼峰法与下画线法。

参数：用来给函数提供数据，有形参和实参的区分。

执行语句：也称为函数体，用来编写一系列的程序设计语句和逻辑运算。

返回值：执行完函数后，返回给调用者的数据，默认为 None，所以没有返回值时，可以不写 return。

2. 函数的普通参数

函数的参数最直接的是一对一关系的参数关系。

函数的普通参数设计：

```
def  fun_ex(a,b):                    #a,b 是函数 fun_ex 的形式参数，也叫形参
        sum=a+b
        print('sum =',sum)
        fun_ex(2,3)                  #1,3 是函数 fun_ex 的实际参数，也叫实参

#运行结果
sum = 5
```

3. 函数的默认参数

给函数参数定义一个默认值，如果调用函数时，没有给指定参数，则函数使用默认参数，默认参数需要放在参数列表的最后。

函数的默认参数设计：

```
def fun_ex(a,b=7):    #默认参数放在参数列表最后，如 b=6 只能在 a 后面
        sum=a+b
        print('sum =',sum)
        fun_ex(1,2)
        fun_ex(1)
#运行结果
sum = 3
sum = 8
```

4. 函数的返回值

函数的返回值是指运行一个函数，一般都需要从函数的运算结果中得到某个信息，这时就需要使用 return 来获取返回值。

函数的返回值设计：

```
def fun_ex(a,b):
        sum=a+b
        return sum      #返回 sum 值

re=fun_ex(2,3)
print('sum =',re)

#运行结果
sum = 5
```

7.4.2 Python 内置函数设计

Python 内置了一些非常巧妙而且功能强大的函数，这些内置函数都是经典的而且是经过严格测试的。使用内置函数后，代码不仅简洁易读了很多，还可以省下很多时间，减少用户的编程工作量。详细的内置函数如表 7-1 所示。

表 7-1 内置函数

abs()	dict()	help()	min()	setattr()
all()	dir()	hex()	next()	slice()
any()	divmod()	id()	object()	sorted()
ascii()	enumerate()	input()	oct()	staticmethod()
bin()	eval()	int()	open()	str()
bool()	exec()	isinstance()	ord()	sum()
bytearray()	filter()	issubclass()	pow()	super()
bytes()	float()	iter()	print()	tuple()
callable()	format()	len()	property()	type()
chr()	frozenset()	list()	range()	vars()
classmethod()	getattr()	locals()	repr()	zip()
compile()	globals()	map()	reversed()	__import__()
complex()	hasattr()	max()	round()	
delattr()	hash()	memoryview()	set()	

Python 内置函数可用于数学计算、数据类型转换、字符串处理等。

1. 数学计算

（1）在提示符下键入 >>> abs(-15)，计算绝对值。

（2）在提示符下键入 >>> max([1,2,3,4,5])、min([1,2,3,3,4,5])，计算最大、最小值。

（3）在提示符下键入 >>> len('abcdefg')、len([1,2,3,4,5])、len((1,2,3,4,5))，计算序列长度。

（4）在提示符下键入 >>> round(10)//1.0，计算浮点数。

Python 常用内置函数学计算设计，如图 7-10 所示。

```
>>> abs(-15)
15

>>> max([1,2,3,4,5])
5

>>> min([1,2,3,3,4,5])
1

>>> len('abcdefg')
7

>>> len([1,2,3,4,5])
5

>>> len((1,2,3,4,5))
5

>>> round(10)//1.0
10.0

>>> |
```

图 7-10　Python 常用内置函数学计算设计

2. 数据类型转换

（1）在提示符下键入 >>> x = 100、int(x)，数据类型转换为整形。

（2）在提示符下键入 >>> x = 200、float(x)，数据类型转换为浮点数。

（3）在提示符下键入 >>> x = 300、complex(x)，数据类型转换为复数。

（4）在提示符下键入 >>> x = 500、hex(x)，将数值转换为十六进制数。

（5）在提示符下键入 >>> x = 500、oct(x)，将数值转换为十进制数。

（6）在提示符下键入 >>> x = 65、chr(x)，返回 x 对应的字符。

（7）在提示符下键入 >>> x = 'A'、ord(x)，返回字符对应的 ASC 码数字编号。

Python 常用数据类型转换设计，如图 7-11 所示。

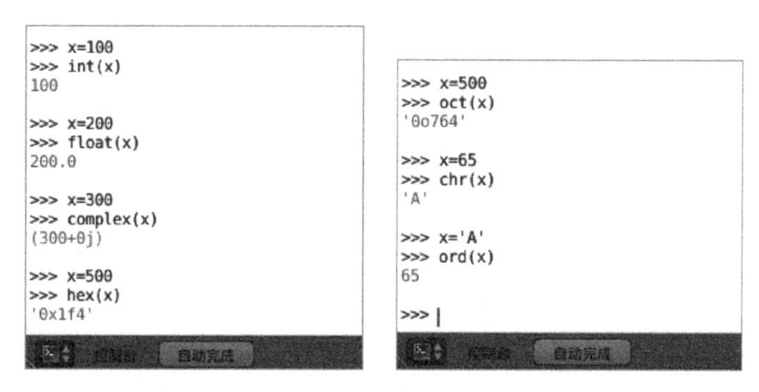

图 7-11　Python 常用数据类型转换设计

3. 字符串处理

（1）把字符串的字母全部变成大写：upper。在提示符下键入 >>>'hello World'.upper()。

（2）把字符串的字母全部变成小写：lower。在提示符下键入 >>>'HELLO World'.lower()。

（3）修改首字母大写：str.capitalize。在提示符下键入 >>>'hello'.capitalize()。

（4）字符串替换：str.replace。在提示符下键入>>> a = 'hello world'、a.replace('l', 'a', 2)，需要传三个参数，第三个参数为替换次数。

（5）字符串切割：str.split。在提示符下键入>>> a = 'hello world'、a.split('w')，需要传二个参数，第二个参数为切割次数。

Python内置字符串处理设计，如图7-12所示。

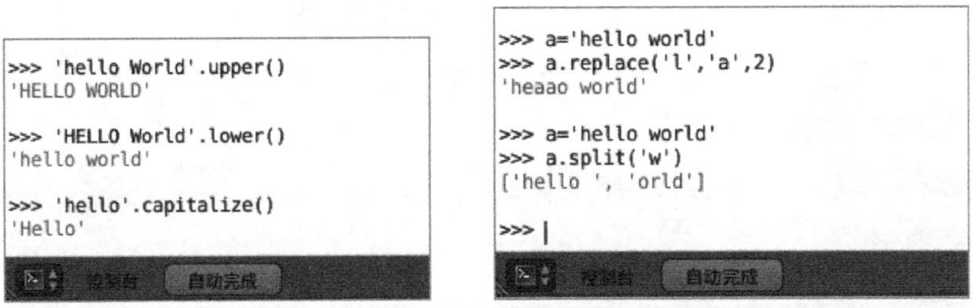

```
>>> 'hello World'.upper()
'HELLO WORLD'

>>> 'HELLO World'.lower()
'hello world'

>>> 'hello'.capitalize()
'Hello'
```

```
>>> a='hello world'
>>> a.replace('l','a',2)
'heaao world'

>>> a='hello world'
>>> a.split('w')
['hello ', 'orld']

>>> |
```

图7-12　Python内置字符串处理设计

7.5　Python脚本创建3D模型案例设计

使用Python脚本创建3D模型群设计，步骤如下：

- 启动Blender仿真游戏引擎，显示默认立方体。
- 在标题栏3中，添加一个文本，选择“时间线”→“文本编辑器”→“新建”。
- 在文本编辑中，输入Python脚本创建3D模型，在对应x、y、z坐标范围内随机创建200个立方体。

```
import bpy
from random import randint
bpy.ops.mesh.primitive_cube_add()
# 创建模型的数量
count = 200
for c in range(0,count):
    x = randint(-100,100)
    y = randint(-100,100)
    z = randint(-100,100)
    bpy.ops.mesh.primitive_cube_add(location=(x,y,z))
```

- 在标题栏3中，单击运行脚本按钮，或按快捷键Alt + P，会生成200个立方体模型，如图7-13所示。
- 在标题栏3中，选择“文本”→“另存为”，将内容保存到blender-python-cube-1-1文件中。

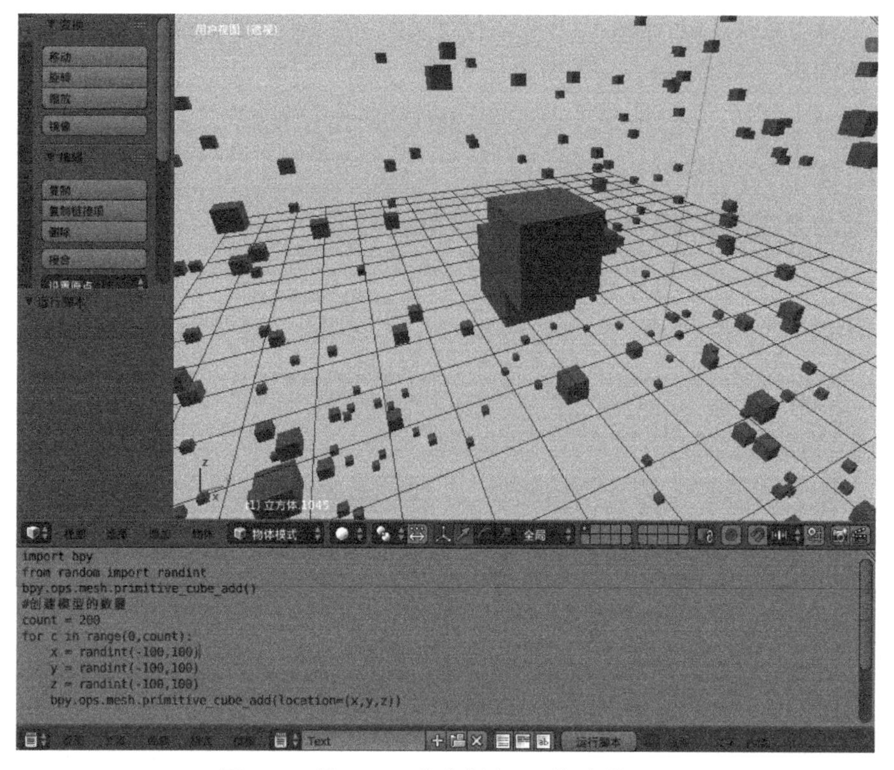

图 7-13　用 Python 脚本创建 3D 模型群设计

7.6　Python 脚本构建点、线、面模型案例设计

Python 脚本可以利用点、线、面创建 3D 网格造型。Python 脚本构建几何网格数据原理如下：

Python 脚本构建网格数据“点”：假设三维空间中有两个点，坐标为：verts = [(0,0,0),(1,0,0)]。Blender 的 Python 脚本中点的坐标是作为列表数据存储的，列表中每个点依次赋予一个索引值（Index），上面两个点的索引值就分别为 0 和 1。

Python 脚本构建网格数据“线”：在 Blender 的 Python 脚本数据中，上述两个点的连线表示为：edge = [[0,1]]，Blender 的 Python 脚本中线的数据也是作为列表存储的，两点成线，取两个顶点的索引值，得到了一条位于 X 轴的线段。

Python 脚本构建网格数据“面”：由三个点才能构成一个平面，所以要得到一个面，必须至少有 3 个点：verts = [(0,0,0),(1,0,0), (0,1,0)]，然后用一个索引列表把这三个点连起来，得到一个面的索引列表：face = [[0,1,2]]。Blender 的 Python 脚本中面的数据也是作为列表存储的，把一个面包含的所有点作为面数据的一个子列表，Blender 会自动将其闭合，然后得到一个位于 XY 平面的三角面。

下面用 Python 脚本创建一个金字塔模型，金字塔模型是由 5 个点组成的，具有 4 个三角面和 1 个矩形面，步骤如下：

- 启动 Blender 仿真游戏引擎，删除默认立方体。
- 在标题栏 3 中，添加一个文本，选择“时间线”→“文本编辑器”→“新建”。
- 在文本编辑中，输入 Python 脚本顶点、边线、面程序，创建一个金字塔 3D 模型。

Python 脚本源程序代码如下。

```
import bpy # 加载 bpy，导入 Blender 仿真引擎 Python 脚本
# 顶点
verts = [(1,1,0),
         (-1,1,0),
         (-1,-1,0),
         (1,-1,0),
         (0,0,2)]
# 边
edges = [(0,1),
         (1,2),
         (2,3),
         (3,0),
         (0,4),
         (1,4),
         (2,4),
         (3,4)]
# 面
faces = [(0,1,4),
         (1,2,4),
         (2,3,4),
         (3,0,4),
         (0,1,2,3)]
mesh = bpy.data.meshes.new('Pyramid_Mesh')            # 新建网格
mesh.from_pydata(verts, edges, faces)                 # 载入网格数据
mesh.update()                                         # 更新网格数据
pyramid = bpy.data.objects.new('Pyramid', mesh)       # 新建物体 "Pyramid"，并使
                                                        用 "mesh" 网格数据
scene = bpy.context.scene
scene.objects.link(pyramid)                           # 将物体链接至场景
```

- 在标题栏 3 中，单击运行脚本按钮或按快捷键 Alt + P，会生成一个金字塔 3D 模型，如图 7-14 所示。
- 如果将载入网格数据代码中的面数据改为空列表（[]）：mesh.from_pydata(verts, edges, []），再运行脚本，可以在 3D 视图窗口中将获得线框模型的金字塔造型。
- 在标题栏 3 中，选择“文本”→“另存为”，将内容保存到 blender-python- 点线面 -1-1 文件中。

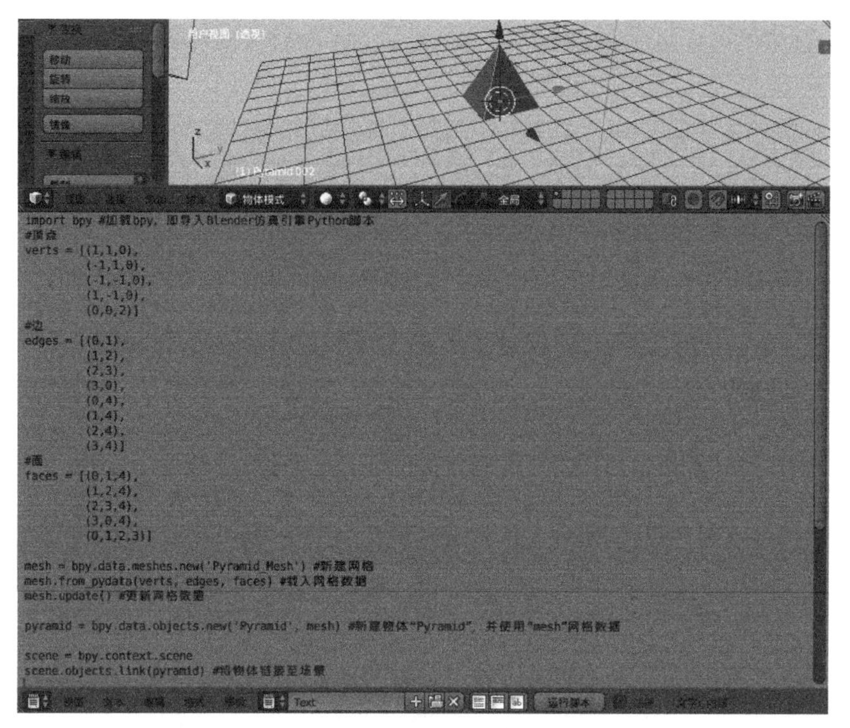

图 7-14　用 Python 脚本创建一个金字塔 3D 模型设计

7.7　Python 脚本创建一个平面案例设计

使用 Python 脚本创建一个平面。先创建一个几何体网格平面，再定义三维坐标来确定该平面位置，步骤如下：

- 启动 Blender 仿真游戏引擎，删除默认立方体。
- 在 3D 视图右上角拖动一个视图窗口。
- 在第 2 个视图窗口中，选择“文本编辑器”→“新建”→“编写源代码 / 粘贴源代码”。

Python 脚本源程序代码如下。

```
1 import bpy                    # 加载 bpy，即导入 Blender 仿真引擎 Python 脚本
2 from bpy import context       # 从 bpy 导入上下文
3 from math import sin, cos, radians        # 从数学导入正弦，余弦，弧度
4 x = 0                                     # 为变量 x 赋初值
5 y = 0                                     # 为变量 y 赋初值
6 z = 2                                     # 为变量 z 赋初值
7 bpy.ops.mesh.primitive_plane_add(radius=1, view_align=False,
8 enter_editmode=False, location=(x, y, z),
9 layers=(True, False, False, False, False, False, False, False, False,
False, False, False, False, False, False, False, False, False, False, False))
```

第 1 行代码：加载 Blender Python 模块，即导入 Blender 仿真引擎 Python 脚本。

第 2 行代码：从 Blender Python 模块中导入上下文。

第 3 行代码：从数学模块中导入正弦、余弦以及弧度函数。

第 4 ～ 6 行代码：为变量赋初值，即 x = 0、y = 0、z = 2。

第 7 行代码：为几何平面添加一个半径 = 1，视图对齐 = False。

第 8 行代码：输入编辑模式 = False，位置 =（x，y，z）。

第 9 行代码：层 =（真，假）。

- 单击运行脚本按钮。在第 1 个 3D 视图中，显示一个平面造型；在第 2 个视图窗口中，显示 Python 脚本程序，如图 7-15 所示。

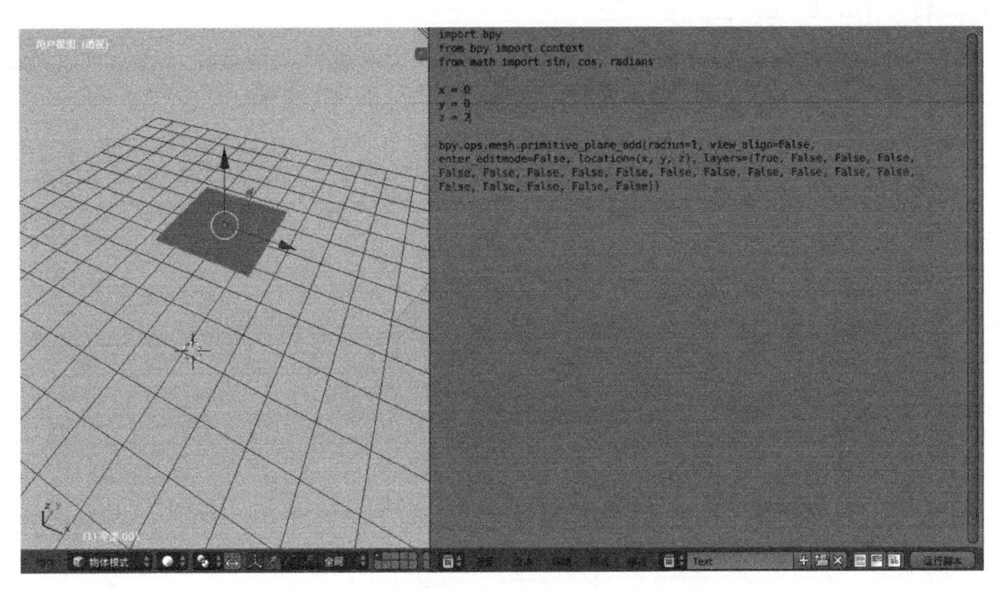

图 7-15 用 Python 脚本创建一个平面设计

7.8 Python 脚本创建一个圆锥体和圆锥棱台案例设计

利用 Python 脚本创建一个圆锥体和圆锥棱台，步骤如下：

- 启动 Blender 仿真游戏引擎，删除默认立方体。
- 在标题栏 3 中，选择“文本编辑器”→“新建”→“编写源代码 / 粘贴源代码”。

Python 脚本源程序代码如下。

```
1 import bpy
2 from bpy import context
3 from math import sin, cos, radians
4 x = 0
5 y = 0
```

```
6 z = 1
7 bpy.ops.mesh.primitive_cone_add(vertices=32, radius1=2, radius2=0.0, depth=2, end_fill_type='NGON', view_align=False, enter_editmode=False, location=(x,y,z), rotation=(0, 0 ,0))
```

第 1 行代码：加载 Blender Python 模块，即导入 Blender 仿真引擎 Python 脚本。

第 2 行代码：从 Blender Python 模块中导入上下文。

第 3 行代码：从数学模块中导入正弦、余弦以及弧度函数。

第 4 ～ 6 行代码：为变量赋初值，即 x = 0、y = 0、z = 1。

第 7 行代码：添加一个几何网格圆锥体，并赋值为顶点 = 32，半径 1 = 2，半径 2 = 0.0，深度 = 2，结束填充 = 'NGON'，视图对齐 = False，输入编辑模式 = False，位置 =（x，y，z），旋转 =（0，0，0）

- 单击运行脚本按钮。在 3D 视图中，实现一个圆锥体造型设计，在下面文本编辑器中，显示 Python 脚本程序，如图 7-16 所示。

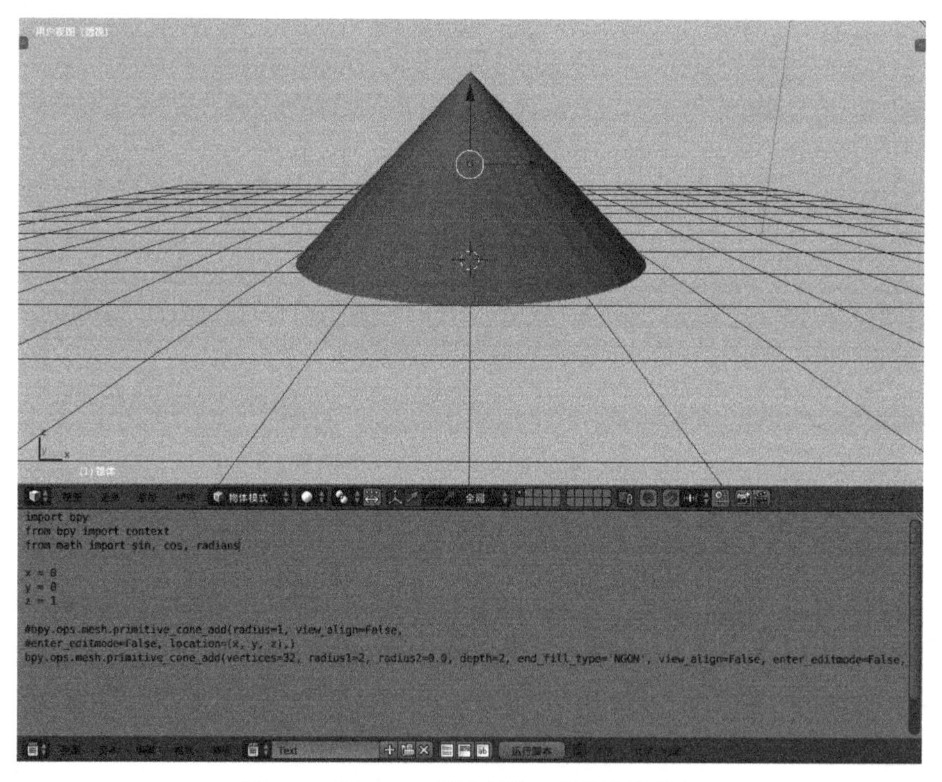

图 7-16　用 Python 脚本创建一个圆锥体设计

- 将圆锥体改变为圆锥棱台。修改第 7 行参数源代码为：

```
7 bpy.ops.mesh.primitive_cone_add(vertices=32, radius1=2, radius2=1.0, depth=2, end_fill_type='NGON', view_align=False, enter_editmode=False, location=(x,y,z), rotation=(0,0 ,0))
```

第 7 行代码：添加一个几何网格圆锥体，并赋值为顶点 = 32，半径 1 = 2，半径 2 = 1.0，深度 = 2，结束填充 = 'NGON'，视图对齐 = False，输入编辑模式 = False，位置 =（x，y，z），旋转 =（0，0，0）

- 单击运行脚本按钮。在 3D 视图中，实现一个圆锥棱台造型设计，在下面文本编辑器中，显示 Python 脚本程序，如图 7-17 所示。

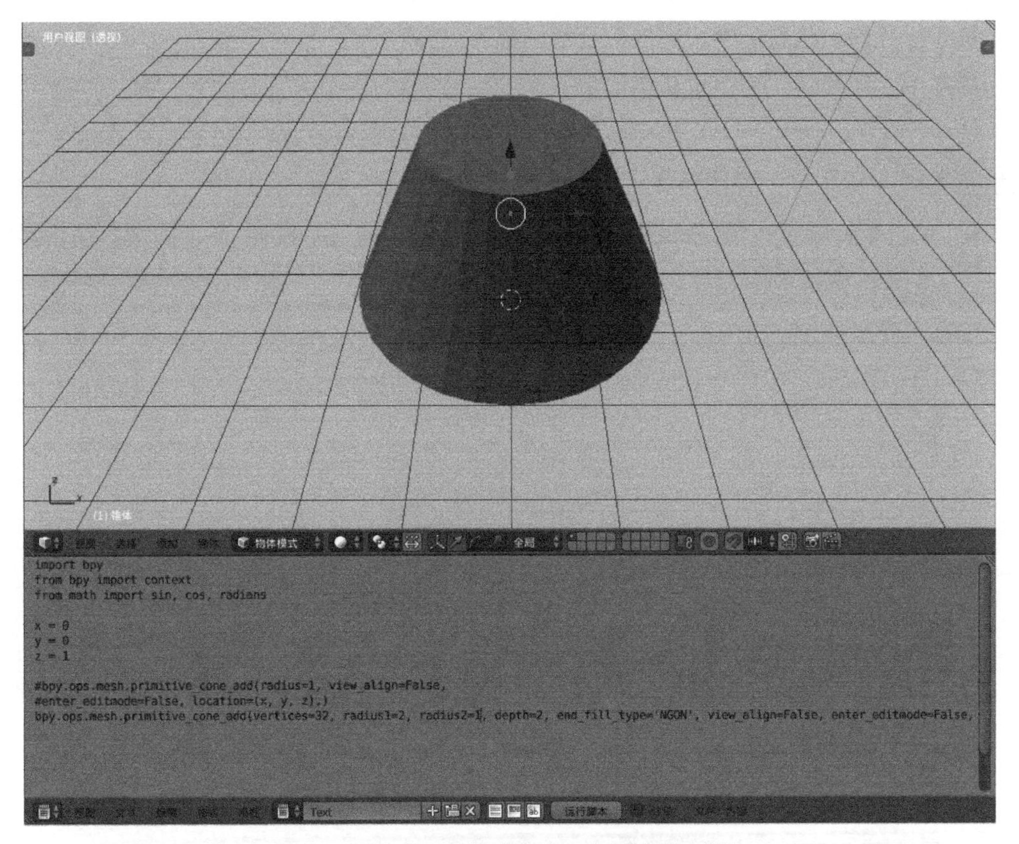

图 7-17　用 Python 脚本创建一个圆锥棱台设计

7.9　Python 脚本创建一个圆柱体案例设计

利用 Python 脚本创建一个圆柱体，步骤如下：

- 启动 Blender 仿真游戏引擎，删除默认立方体。
- 在标题栏 3 中，选择“文本编辑器”→“新建”→“编写源代码 / 粘贴源代码”。

Python 脚本源程序代码如下。

```
1 import bpy
2 import math
3 from math import *
4 x = 0
```

```
    5 y = 0
    6 z = 0
    7 bpy.ops.mesh.primitive_cylinder_add(vertices=16, radius=1, depth=2,
location=(x,y,z),end_fill_type='NGON', view_align=False, enter_editmode=False)
```

第 1 行代码：加载 Blender Python 模块，即导入 Blender 仿真引擎 Python 脚本。

第 2 行代码：从 Blender Python 模块中导入数学模块。

第 3 行代码：从数学模块中导入全部函数。

第 4 ～ 6 行代码：为变量赋初值，即 x = 0、y = 0、z = 0。

第 7 行代码：添加一个几何网格圆柱体，并赋值为顶点 = 16，半径 = 1，深度 = 2，结束填充类型 = 'NGON'，视图对齐 = False，输入编辑模式 = False。

- 单击运行脚本按钮。在3D视图中，实现一个圆柱体造型设计；在下面文本编辑器中，显示 Python 脚本程序，如图 7-18 所示。

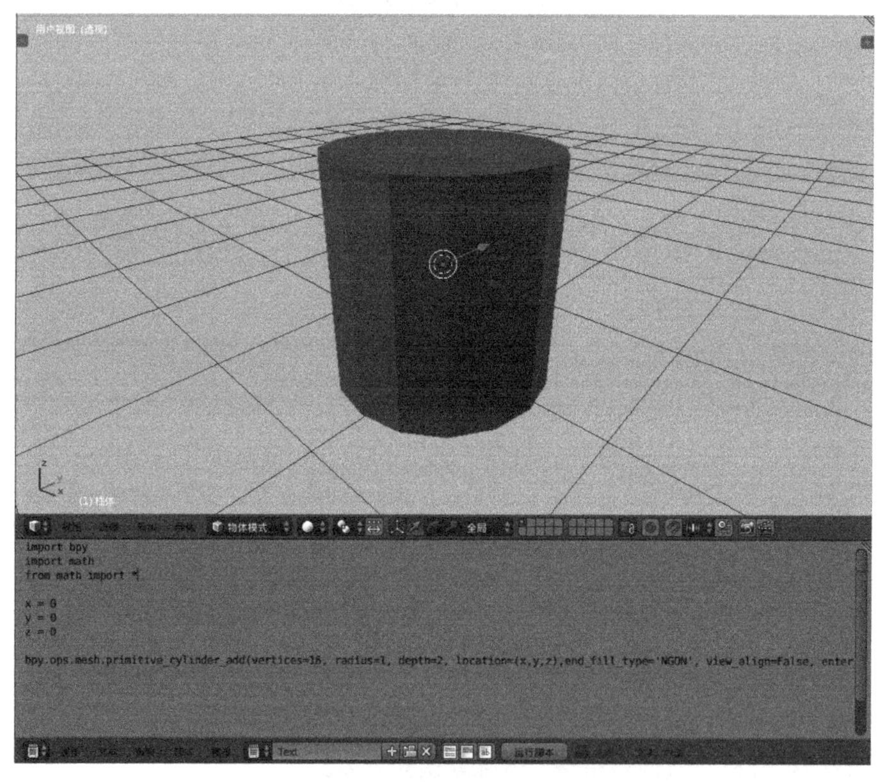

图 7-18　用 Python 脚本创建一个圆柱体设计

- 将物体模式改变为编辑模式。修改第 7 行参数源代码为：

```
    7 bpy.ops.mesh.primitive_cylinder_add(vertices=16, radius=1, depth=2,
location=(x,y,z),end_fill_type='NGON', view_align=False, enter_editmode=True)
```

第 7 行代码：添加一个几何网格圆锥体，并赋值为顶点 = 16，半径 = 1，深度 = 2，

结束填充类型 = 'NGON'，视图对齐 = False，输入编辑模式 = True。

- 单击运行脚本按钮。在 3D 视图中，实现圆柱体造型编辑模式，在下面文本编辑器中，显示 Python 脚本程序，如图 7-19 所示。

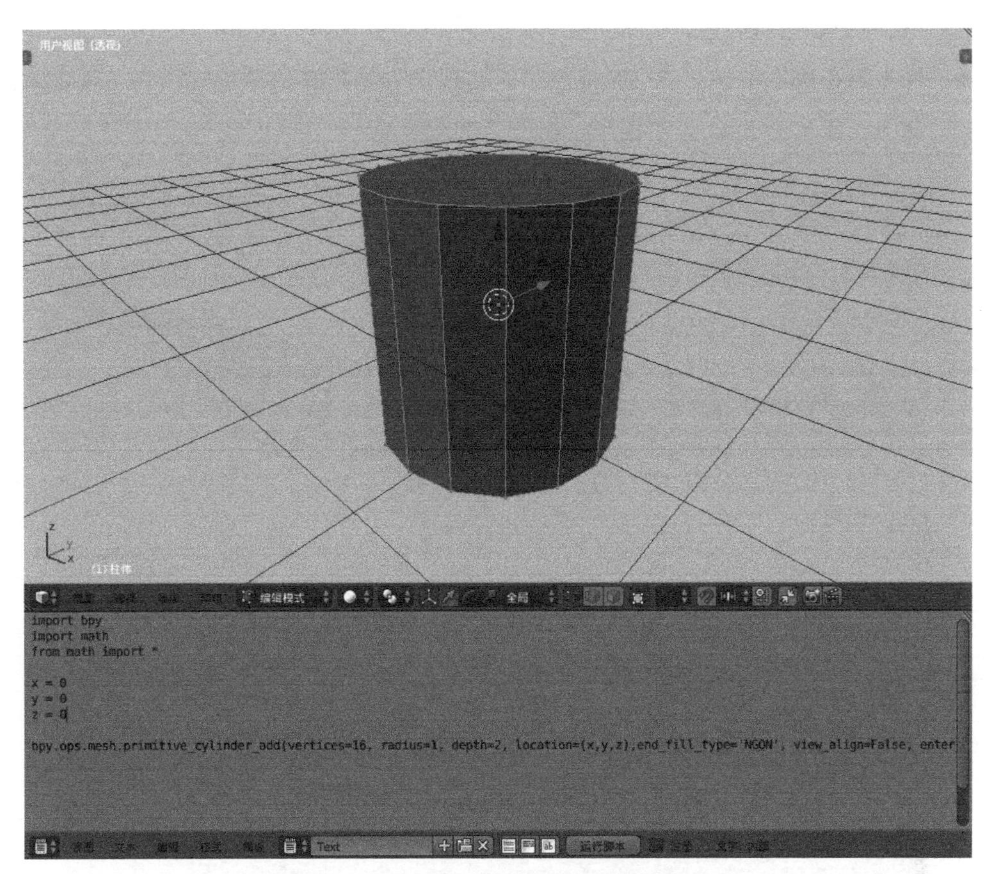

图 7-19 用 Python 脚本创建圆柱体编辑模式设计

7.10 Python 脚本创建一个立方体矩阵案例设计

利用 Python 脚本创建一个立方体矩阵，步骤如下：

- 启动 Blender 仿真游戏引擎，删除默认立方体。
- 在标题栏 3 中，选择“文本编辑器”→“新建”→“编写源代码 / 粘贴源代码”。

Python 脚本源程序代码如下。

```
1 import bpy
2 for x in range(20):
3     for y in range(20):
4         bpy.ops.mesh.primitive_cube_add(radius = .1 + (x*y*.0005),
location=(x, y, (x*y*.02)))
```

第 1 行代码：加载 Blender Python 模块，即导入 Blender 仿真引擎 Python 脚本。

第 2 行代码：设计循环变量 x，范围设定为 20。

第 3 行代码：设计循环变量 y，范围设定为 20。

第 4 行代码：设计循环体，创建几何网格立方体，参数赋值半径 = 1 +（x*y*.0005），位置 =（x，y，（x*y*.02））。

- 单击运行脚本按钮。在 3D 视图中，实现立方体矩阵造型设计，在下面文本编辑器中，显示 Python 脚本程序，如图 7-20 所示。

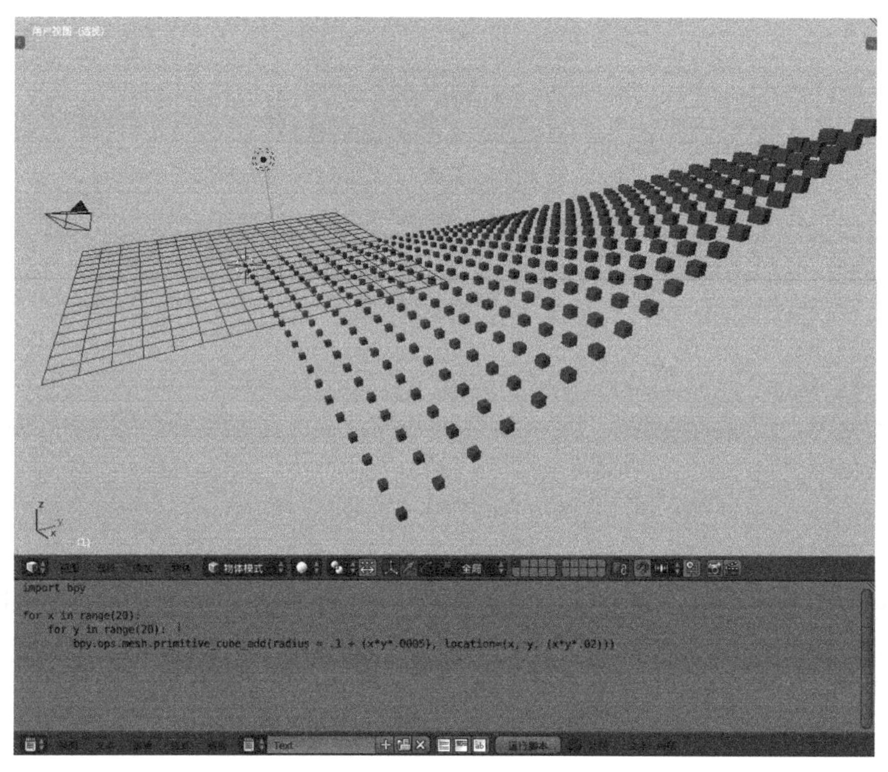

图 7-20　用 Python 脚本创建立方体矩阵设计

7.11　Python 脚本创建一个猴头和平面案例设计

利用 Python 脚本创建一个猴头和平面场景，步骤如下：

- 启动 Blender 仿真游戏引擎，删除默认立方体。
- 在 3D 视图右上角拖动一个视图窗口。
- 在第 2 个视图窗口中，选择“文本编辑器”→“新建”→“编写源代码 / 粘贴源代码”。

Python 脚本源程序代码如下。

```
1 import bpy
2 # 取消选择对象
3 bpy.ops.object.select_all(action='DESELECT')
```

```
4 ## 删除名称中包含多维数据集的所有对象 ##
5 for object in bpy.data.objects:
6     if "Cube" in object.name:
7         object.select = True
8         bpy.ops.object.delete()
9 ## 添加猴子对象
10 bpy.ops.mesh.primitive_monkey_add(location=(0, 0, 0), radius = 3)
11 ## 添加平面对象
12 bpy.ops.mesh.primitive_plane_add(location=(0, 0, -3), radius = 10)
```

第 1 行代码：加载 Blender 仿真引擎 Python 脚本。

第 2 行代码：注释行。

第 3 行代码：操作对象全选（action = '取消选择'）。

第 4 行代码：注释行。

第 5 行代码：for 循环中的 bpy 脚本数据对象。

第 6 行代码：If 条件判断，如果“立方体”在对象名称中。

第 7 行代码：对象选择 = 真。

第 8 行代码：bpy 脚本操作对象被删除。

第 9 行代码：注释行。

第 10 行代码：添加猴子几何网格模型设计。

第 11 行代码：注释行。

第 12 行代码：添加平面几何网格模型设计。

- 单击运行脚本按钮。在第 1 个 3D 视图中，显示一个猴头和平面造型，在第 2 个视图窗口中，显示 Python 脚本程序，如图 7-21 所示。

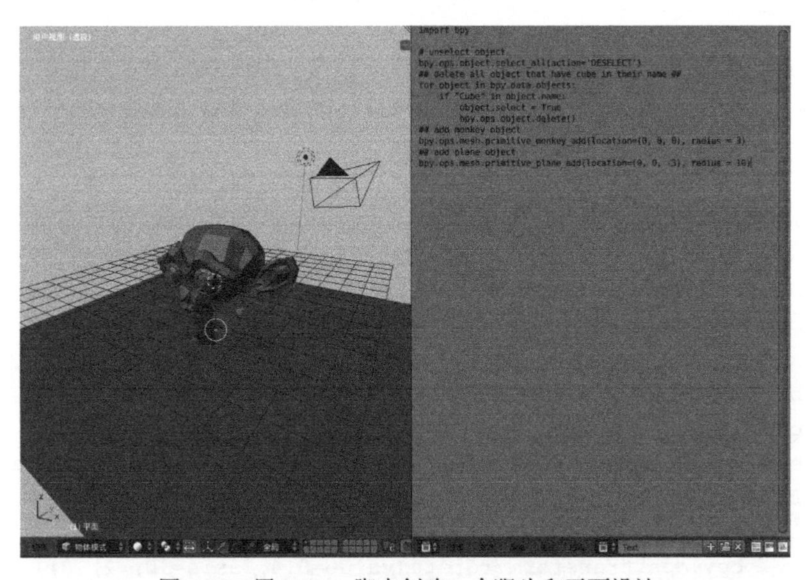

图 7-21　用 Python 脚本创建一个猴头和平面设计

7.12　Python 脚本创建一个多米诺骨牌案例设计

利用 Python 脚本创建一个多米诺骨牌动画，游戏场景包含一个平面、一组多米诺骨牌，步骤如下：

- 启动 Blender 仿真游戏引擎，删除默认立方体。
- 在 3D 视图窗口中，单击右上角小三角的斜线标志，向左拖动可以创建一个窗口。
- 在右侧第 2 个 3D 视图窗口的标题栏 2 中，选择“文本编辑”→“新建”。
- 在文本编辑栏中，输入 Python 脚本程序，或粘贴源代码即可，如图 7-22 所示。

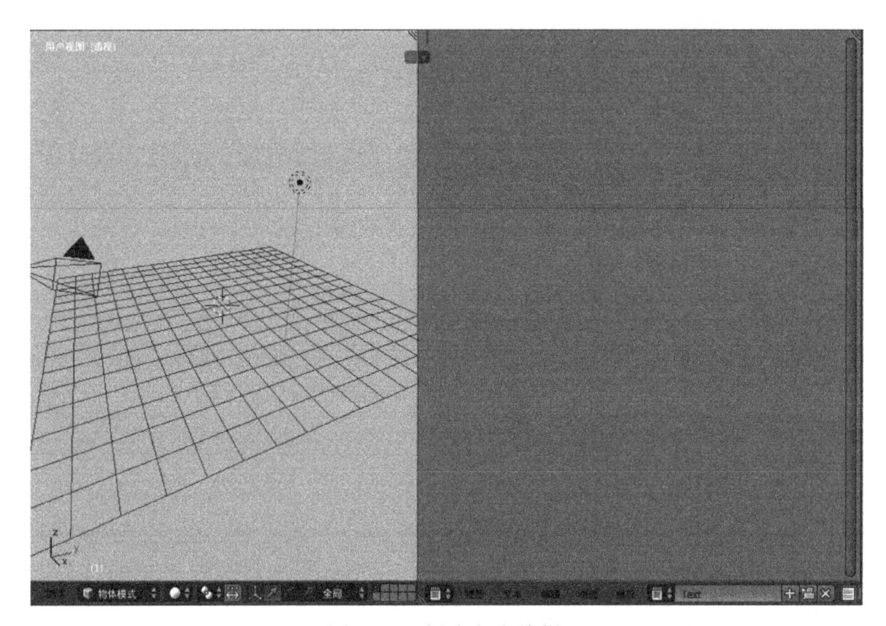

图 7-22　创建文本编辑

需要创建一个平面设置为“被动”的刚体，作为一个游戏地面。上面放一组均匀排放的长方体物体，并设置为刚体，移动初始立方体运动形成多米诺骨牌效应，实现多米诺骨牌动画设计效果。Python 脚本多米诺骨牌源程序代码如下。

```
1 import bpy
2 bpy.ops.mesh.primitive_plane_add(radius=145, location=(0, 0, 0))
3 bpy.ops.rigidbody.object_add()
4 bpy.context.object.rigid_body.type = 'PASSIVE'
5 for i in range(0, 25):
6     bpy.ops.mesh.primitive_cube_add(radius=1, location=(6*i, 0, 10))
7     bpy.ops.rigidbody.object_add()
8     bpy.ops.transform.resize(value=(1, 6, 10), constraint_axis=(False,
      True, True))
9     if i==0:
10        bpy.ops.transform.rotate(value=0.4, axis=(0, 1, 0))
```

第 1 行代码：加载 Blender Python 模块。

第 2 行代码：创建一个平面。

第 3 行代码：为平面添加一个刚体属性。

第 4 行代码：为平面添加一个刚体类型为被动属性。

第 5 ～ 7 行代码：创建一个由长方体构建的多米诺骨牌，并为其添加刚体。

第 8 行代码：调整多米诺骨牌块的大小值和约束轴等。

第 9 ～ 10 行代码：旋转第一块多米诺骨牌，使其翻转坠落状态并开始多米诺骨牌链式反应。

- 在左侧的第 1 个 3D 视图窗口中，按快捷键 Alt + A 或单击“播放”按钮，实现多米诺骨牌动画设计，如图 7-23 所示。

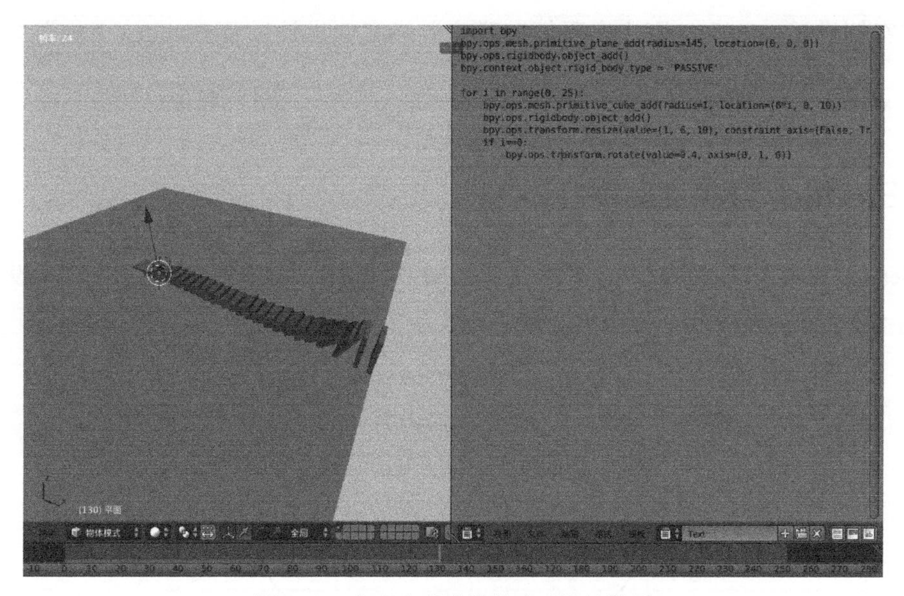

图 7-23　实现多米诺骨牌动画设计效果

第 8 章　Blender 游戏引擎案例设计

Blender 游戏引擎案例设计主要包括 Blender 穿衣镜案例设计、Blender 毛发梳理案例设计、 Blender 云雾案例设计、Blender 全景技术、Blender 鱼缸流体案例设计、Blender 保龄球案例设计、Python 脚本实现锁链碰撞游戏案例设计以及 Blender 火炮游戏案例设计等。

8.1　Blender 穿衣镜案例设计

Blender 穿衣镜案例设计主要包含穿衣镜框设计、人体模型设计、地面设计等。Blender 穿衣镜层次结构图，如图 8-1 所示。

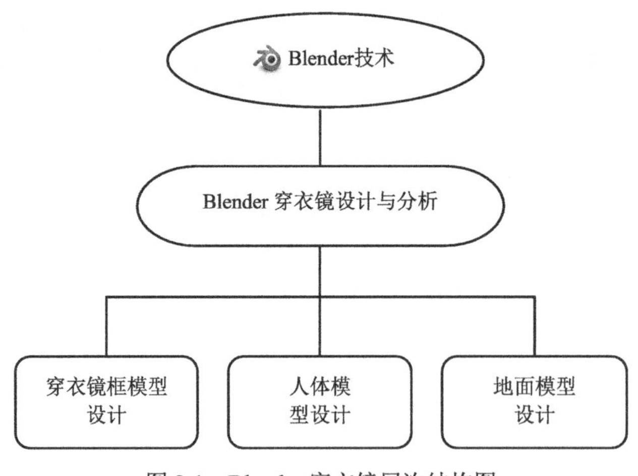

图 8-1　Blender 穿衣镜层次结构图

Blender 穿衣镜场景造型设计包括一个地面、一个人物角色、一个穿衣镜框和相关镜面设计等，步骤如下：

- 启动 Blender 游戏引擎集成开发环境。

- 创建地面模型。在物体模式中，显示默认立方体物体。按快捷键 N 设置立方体物体属性，规格尺寸 X = Y = 18.0；Z = 0.5。
- 设置长方体材质颜色，在右侧的场景工具按钮中，选择“材质”→“面”→“漫射”，设置颜色为淡绿色。地面场景设计，如图 8-2 所示。

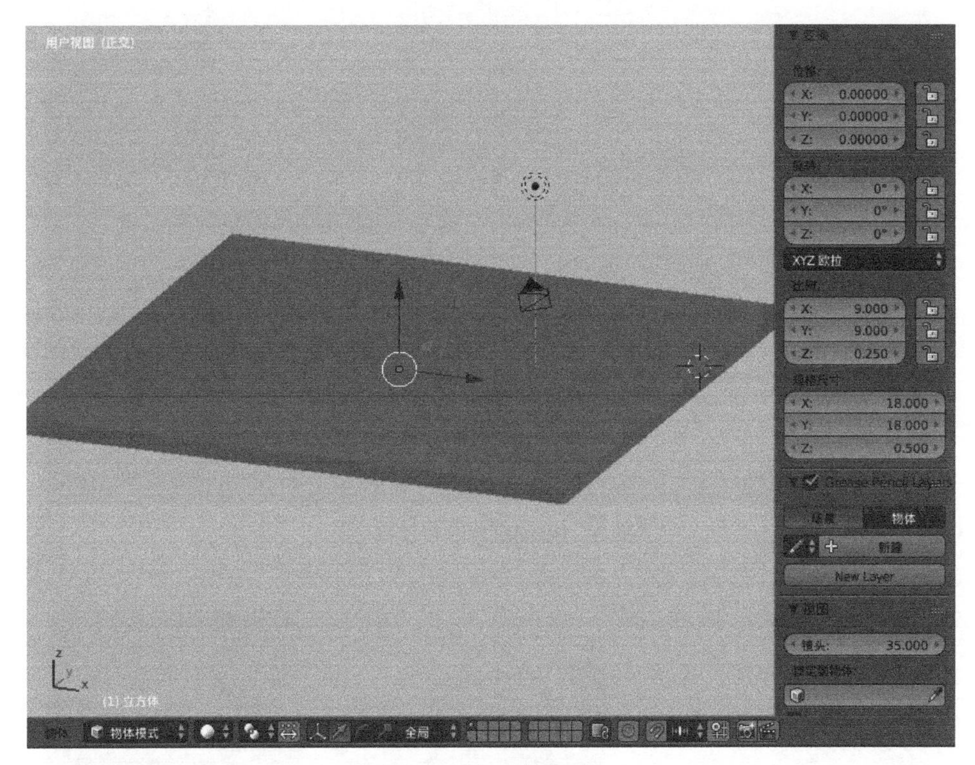

图 8-2　地面场景设计

- 创建 Blender 穿衣镜模型。选择“添加”→“网格”→“立方体”。按快捷键 N 设置立方体属性，规格尺寸 X = 6.0；Y = 0.286；Z = 8.0，穿衣镜框材质颜色选择灰色。
- 在编辑模式中，选中长方体一个面作为镜面，按快捷键 Ctrl + F，选择“内插面”。按快捷键 E 向内挤压镜面，形成凹槽。
- 选择镜框的边缘，按快捷键 Ctrl + B 进行倒角设计。将镜框模型移动到适当位置。Blender 穿衣镜模型设计，如图 8-3 所示。
- 选中“镜面”，在右侧场景工具按钮中，选择“材质”→“新建”。
- 设置镜面材质参数，漫射光颜色：R = G = B = 0.8，着色器类型：选“兰波特”，强度 = 0.8。
- 接着勾选“镜射”复选框，参数设置，反射率 = 1.0。镜面控制面板参数设置，如图 8-4 所示。

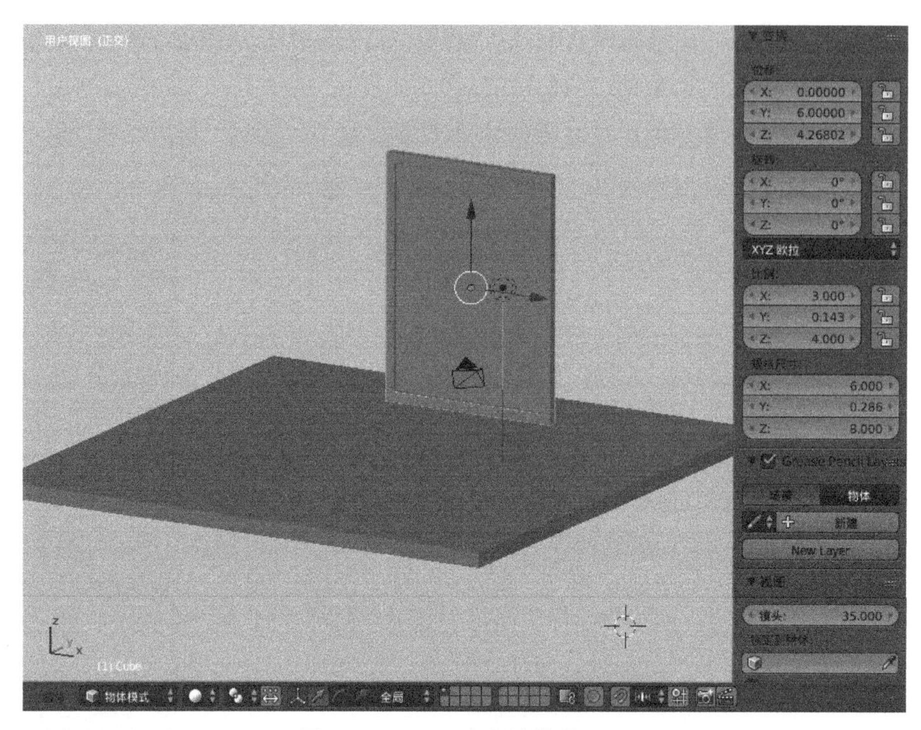

图 8-3　Blender 穿衣镜模型设计

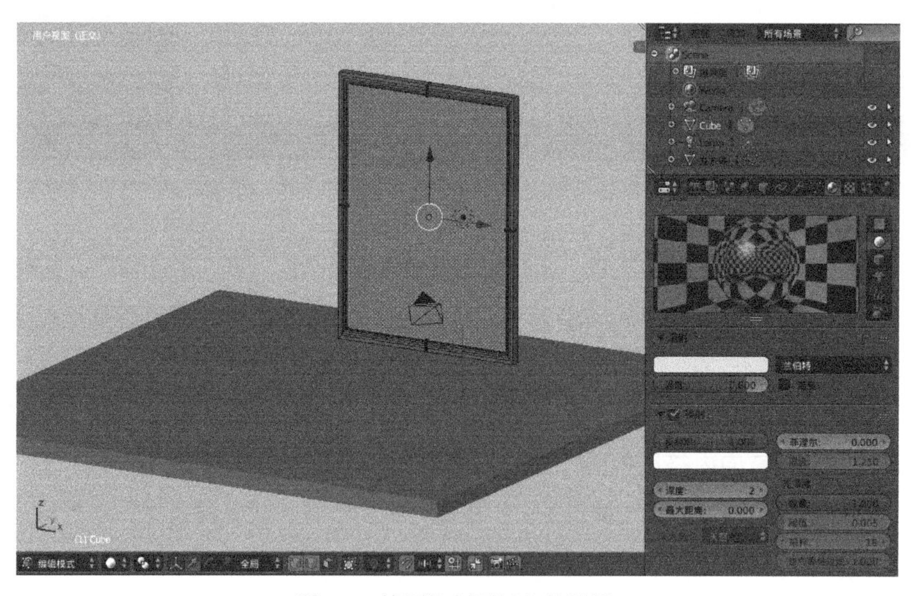

图 8-4　镜面控制面板参数设置

- 导入人体模型，选择“文件”→“导入”→“wman-1.dae”，调整人体模型在场景中的位置，按快捷键 R + Z，沿着 Z 轴旋转 180 度。
- 在标题栏 2 中，选择“视图着色方式”→“材质”，按快捷键 Shift + Z，渲染效果。Blender 穿衣镜设计效果，如图 8-5 所示。

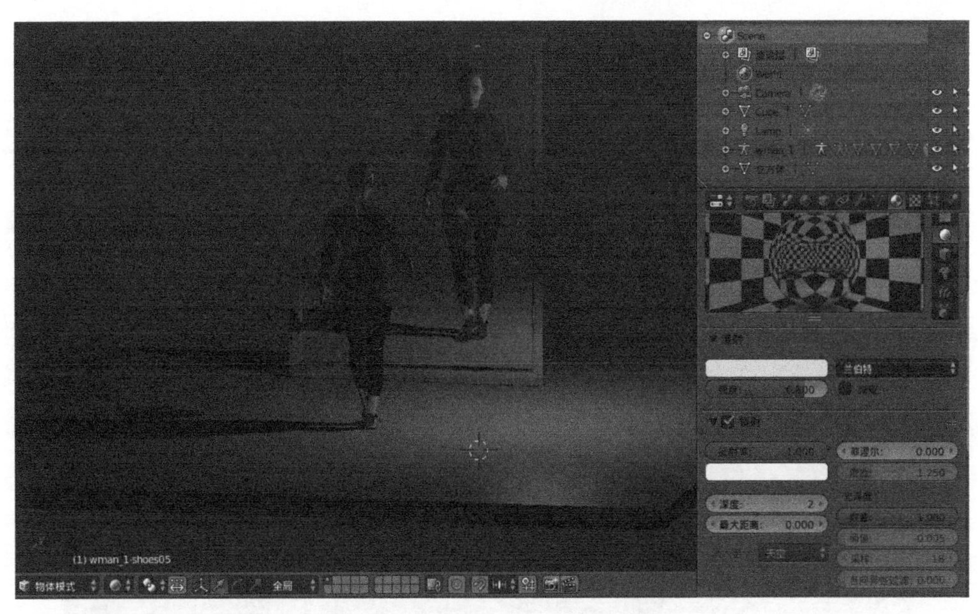

图 8-5 Blender 穿衣镜设计效果

8.2 Blender 毛发梳理案例设计

- 启动 Blender 互动引擎集成开发环境，删除默认立方体。
- 在物体模式中，选择“文件”→“打开”→“人头像”模型。
- 按快捷键 Tab 切换至编辑模式。按数字键 1 和数字键 5 切换至前视图正交方式。导入“人体头部”模型，如图 8-6 所示。

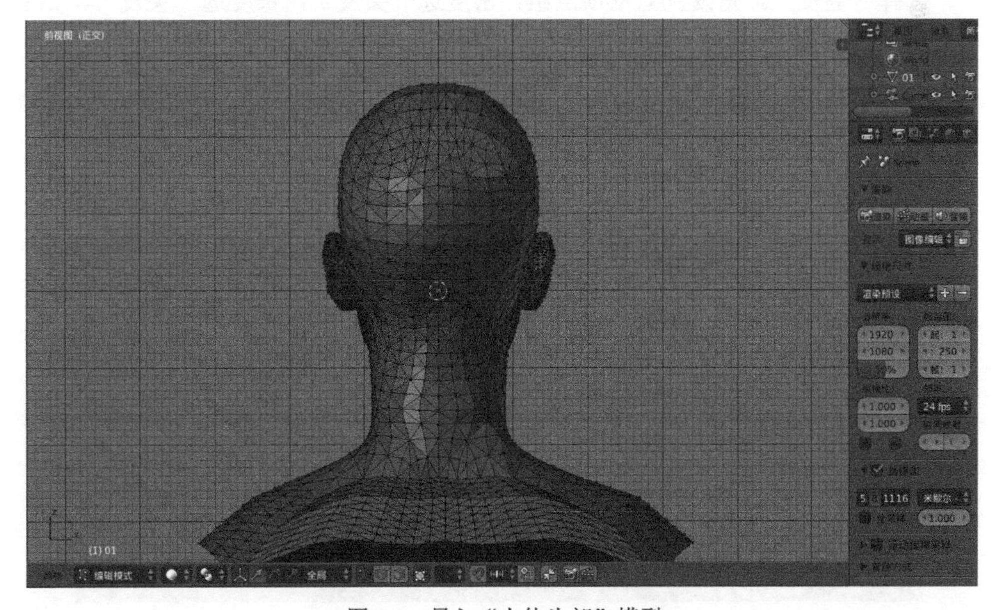

图 8-6 导入“人体头部”模型

- 在编辑模式中，利用套索选中“头部”要绘制头发的部分。按快捷键“Ctrl + 鼠标左键”进行套索选择。
- 在右侧的场景工具按钮中，选择→“添加新的顶点组”。顶点组的名字定义为“头发”，并单击“指定”按钮。
- 在粒子类型中，选择“毛发”，设置头发长度 = 2，选择“头部”模型指定顶点组，如图 8-7 所示。

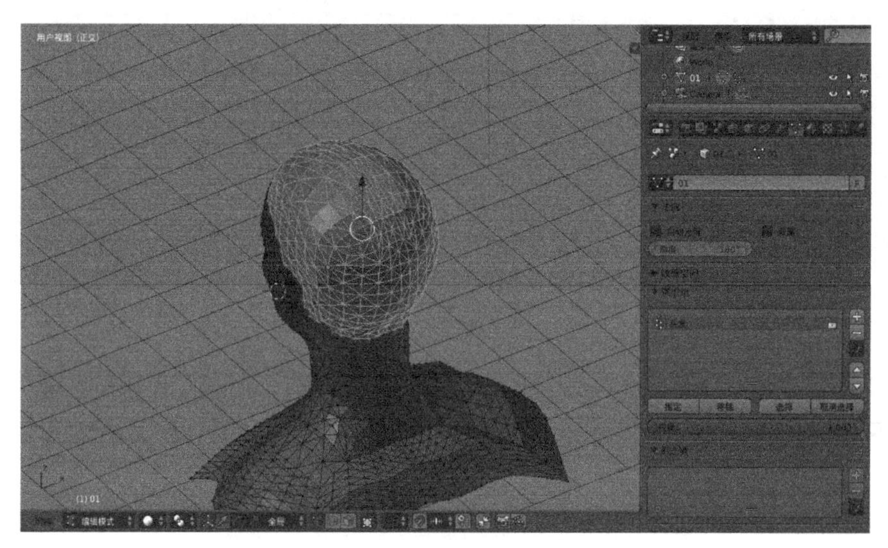

图 8-7　选择“头部”模型指定顶点组

- 切换至物体模式，在右侧的场景工具按钮中，选择“”→“新建”。在粒子类型中，选择“毛发”。先设置毛发顶点组，密度选“头发”，长度选“头发”，如图 8-8 所示。

图 8-8　毛发顶点组选定“头发”

- 设定毛发参数，头发（Number）= 2000 ～ 5000，设置头发长度 = 4，勾选“使用修改器堆栈”复选框。毛发参数设置，如图 8-9 所示。

图 8-9 毛发参数设置

- 在标题栏 2 的“物体模式”中，单击粒子编辑按钮，编辑毛发梳理模式。
- 在左侧的工具架中选择笔刷，有梳理、平滑、添加、长度、蓬松、权重等，可对毛发进行梳理设计与制作，如图 8-10 所示。

图 8-10 梳理编辑毛发

- 在标题栏 2 中，单击粒子编辑按钮，编辑毛发梳理模式。

- 利用左侧的工具架中梳理编辑毛发“笔刷”对头发进行梳理、平滑、添加等造型设计。头发梳理编辑设计效果，如图 8-11 所示。

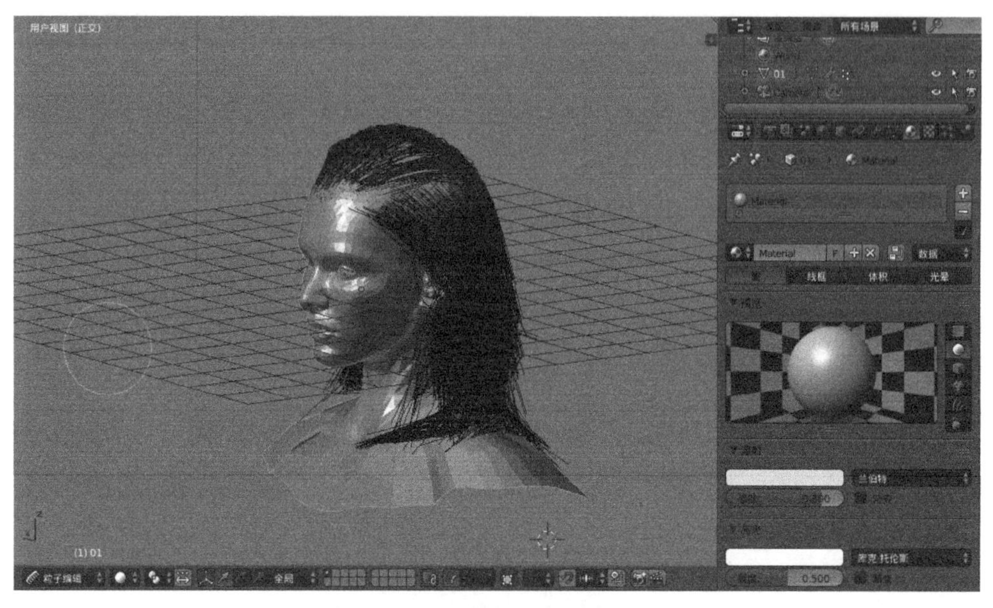

图 8-11　头发梳理编辑设计效果

- 在右侧的场景工具按钮中，选择“材质”，漫射颜色：R = 0.9；G = 0.8；B = 0.0。
- 接着单击按钮，设置头发的颜色，选择“显示”→“渲染”，勾选“尺寸”和“速度”复选框，颜色选“材质”，设置头部和头发的颜色，如图 8-12 所示。

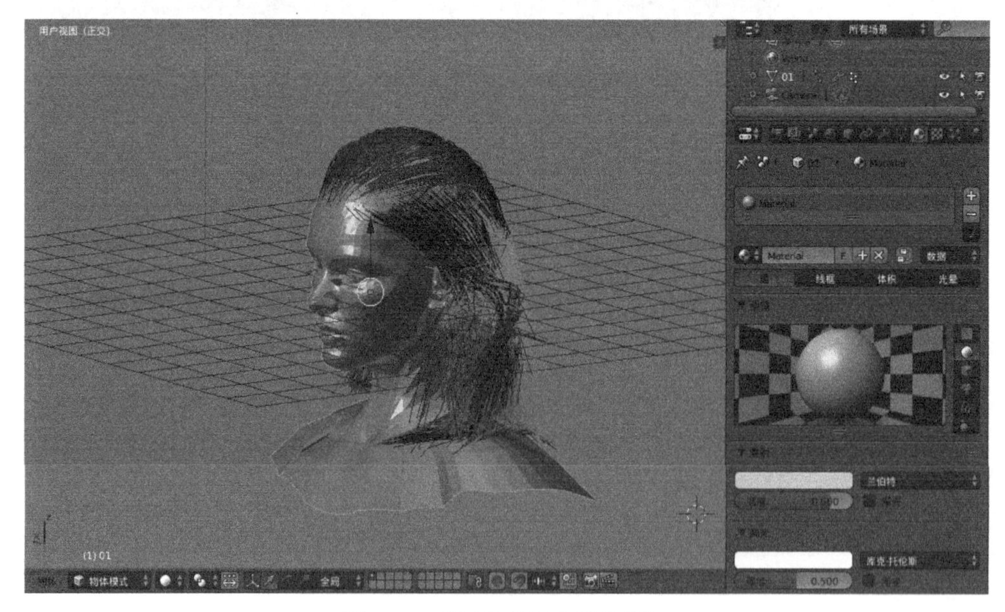

图 8-12　设置头部和头发的颜色

- 在右侧的场景工具按钮中，选择“材质”，漫射颜色：R = 0.8；G = 0.8；B = 0.8。
- 人体头部模型恢复到灰色，头发的颜色还是金黄色，头发的颜色和头部颜色被分离开，如图 8-13 所示。

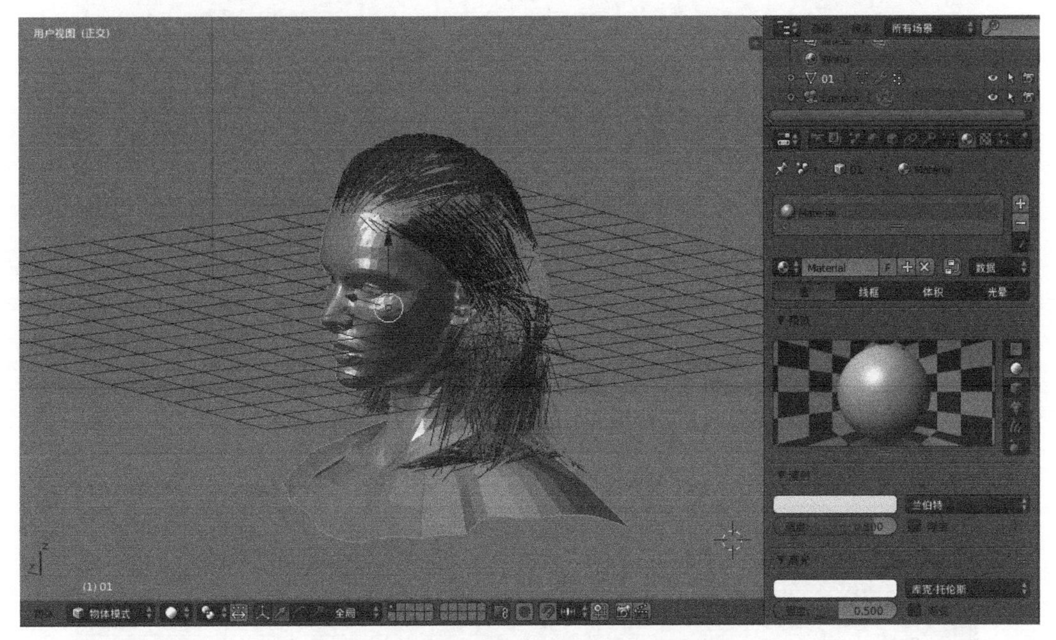

图 8-13　头发的颜色和头部颜色被分离开

8.3　Blender 云雾案例设计

Blender 可以利用 Cloud Generator 云生成脚本，快速创建逼真、漂亮的云朵效果，步骤如下：

- 启动 Blender 互动引擎集成开发环境。
- 在标题栏 1 中，选择“文件”→“用户设置”→“用户设置面板”。
- 在“用户设置面板”设计中，选择“插件”功能，搜索 Cloud，勾选安装“Object: Cloud Generator”，单击底部左下角“保存用户配置”功能按钮，具体如图 8-14 所示。
- 在物体模式中，显示默认立方体。按快捷键 S 对立方体进行缩放。
- 也可以创建多个立方体，形成多个云朵，效果如图 8-15 所示。

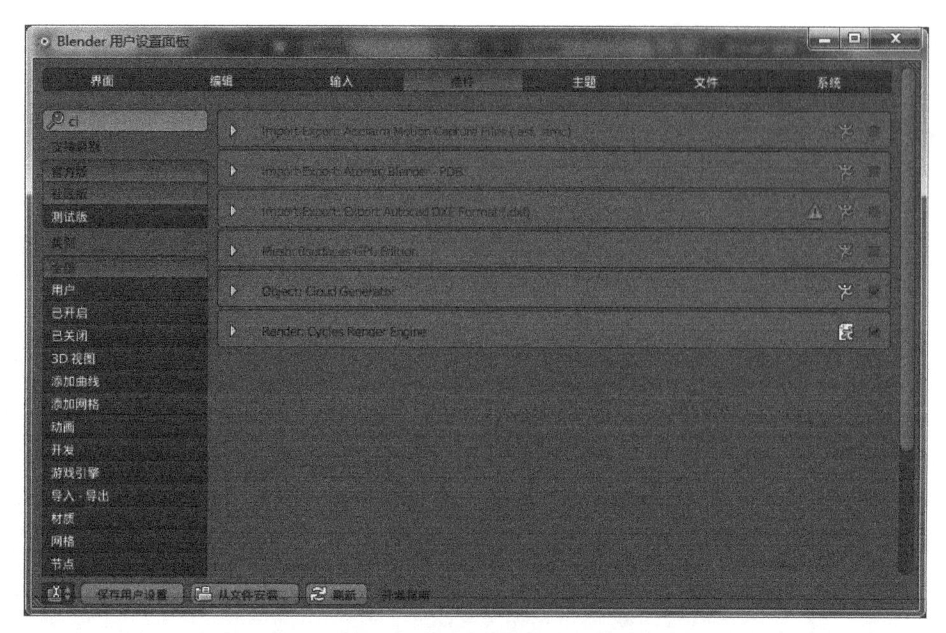

图 8-14　在用户设置面板中，选择云朵插件功能

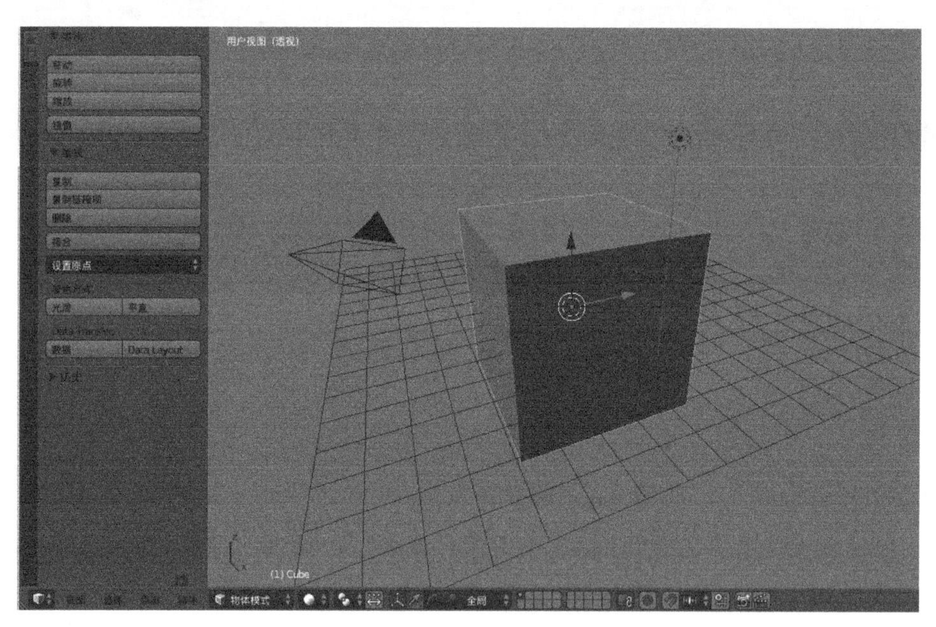

图 8-15　创建一个或多个立方体云朵

- 在左侧的工具架中，选择“创建”，找到 Cloud Generator 云朵生成功能菜单。
- 在云朵生成功能菜单中，云朵类型：选择 Cumulous，勾选“粒子系统”复选框，具体如图 8-16 所示。
- 在右侧的场景功能按钮中，→“体积”。添加一个 Volume 体积材质，设置物体的材质为体积，密度 = 0.5，具体如图 8-17 所示。

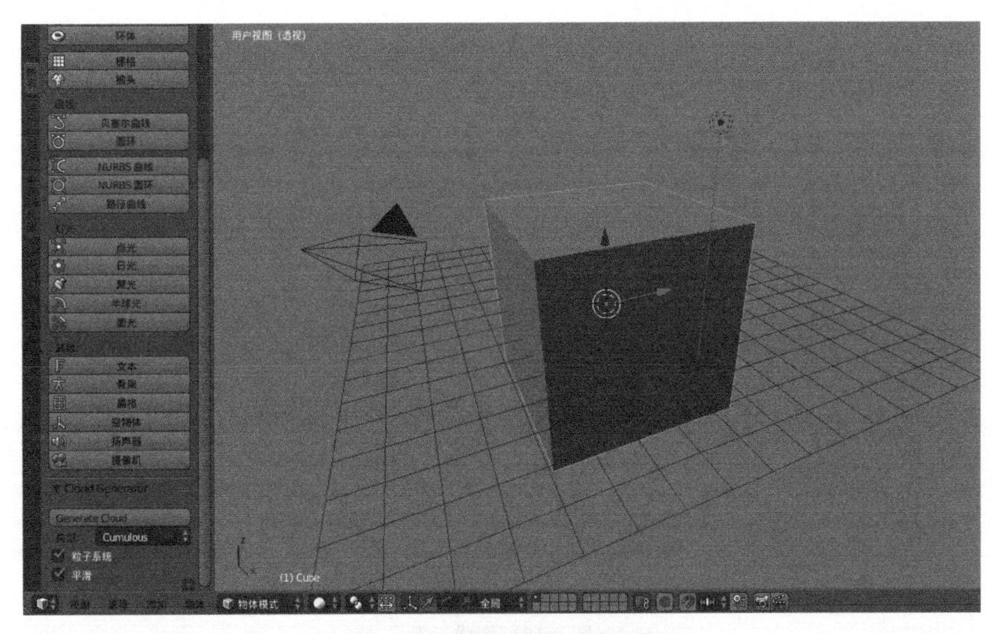

图 8-16 参数立方体云朵设置

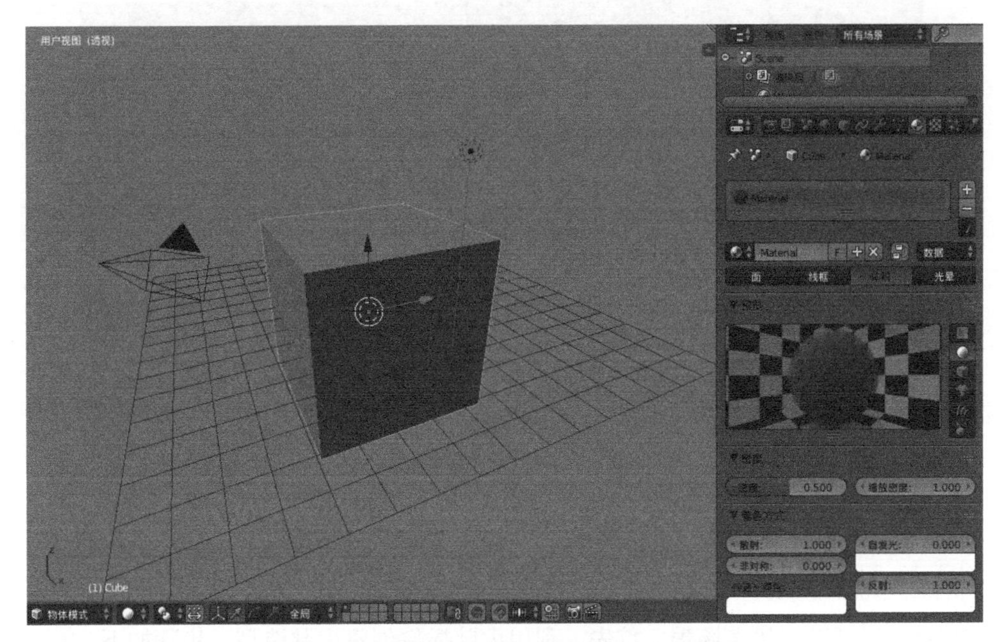

图 8-17 设置立方体云朵材质属性为体积

- 在左侧的工具架中，找到 Cloud Generator 云朵生成功能菜单。
- 在云朵生成功能菜单中，单击“Generator Cloud”生成云朵，效果如图 8-18 所示。
- 渲染云朵效果，按快捷键 F12。立方体网格物体被脚本自动转换成可渲染的云朵粒子物体。渲染时间较长，请耐心等待渲染效果的显示，最终效果如图 8-19 所示。

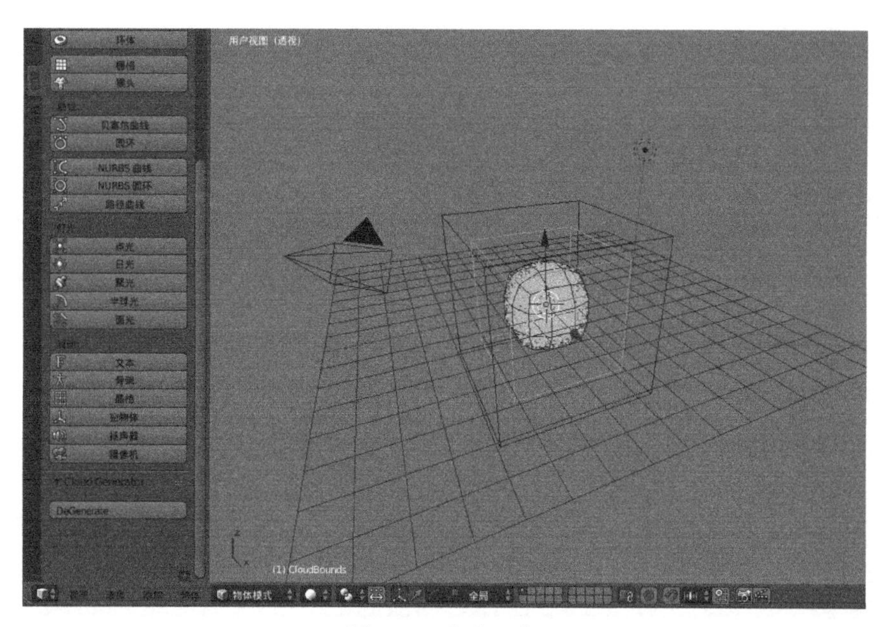

图 8-18　生成云朵

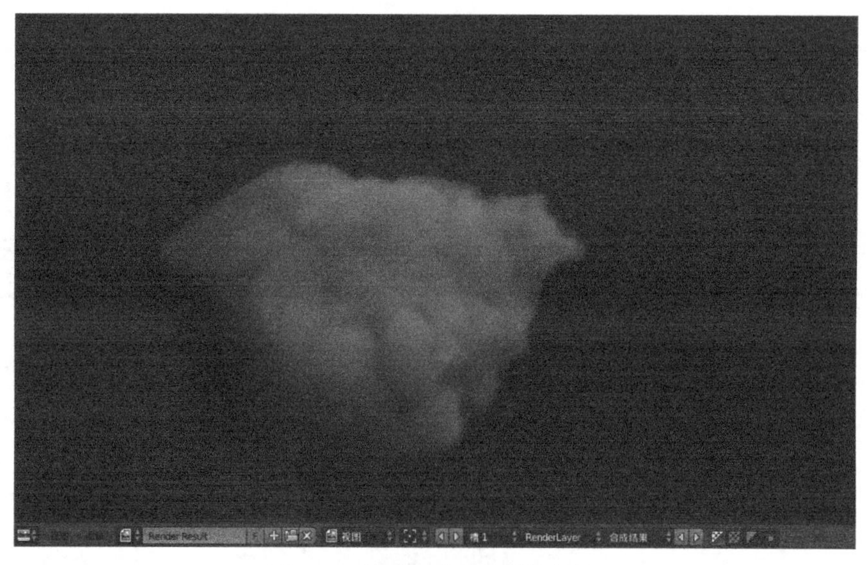

图 8-19　渲染云朵最终设计效果

Blender 还可以创建雾场景。首先，利用山脉插件创建山脉造型，步骤如下：

- 启动 Blender 互动引擎集成开发环境。
- 在标题栏 1 中，选择“文件”→“用户设置”→“用户设置面板”。
- 在“用户设置面板”设计中，选择“插件”功能，搜索 land，勾选安装“Add Mesh ANT landscape”，单击底部左下角“保存用户配置”功能按钮。
- 在标题栏 2 中，选择“添加”→“网格”→“landscape”，添加山体造型。
- 在场景工具按钮中，选择“新建”→“材质”，设置漫射光颜色为草绿色。

- 按快捷键 Shift + D 复制一个山体模型，移动到适当位置。山脉造型设计效果，如图 8-20 所示。

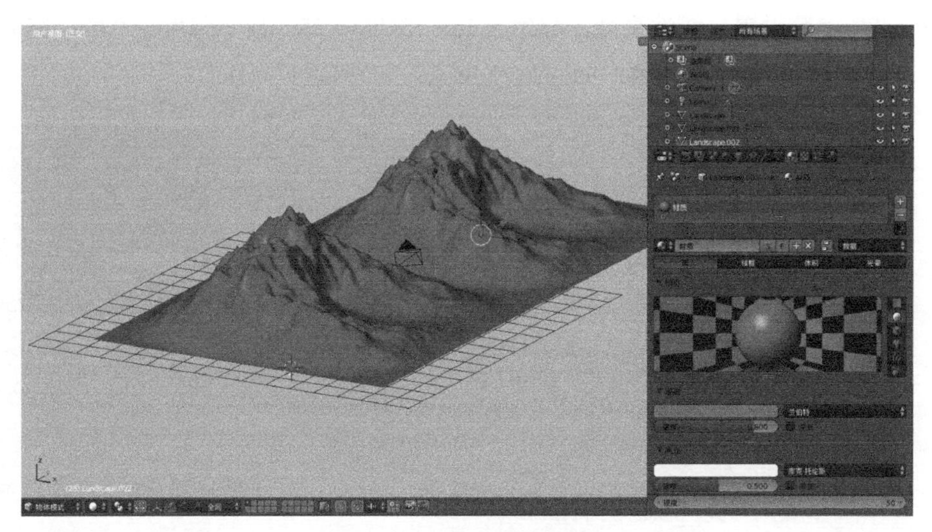

图 8-20 山脉造型设计效果

- 在场景工具按钮中，选择“世界环境”，分别勾选“墙纸天空”“混合天空”“真实天空”复选框，分别设置视平线色为白色，天顶色为蓝色，环境色为红色。漫射光颜色为草绿色。
- 在 Blender 渲染模式下，勾选“环境光遮蔽（AO）”“天光照明”“间接光照明”“采集”“雾场”复选框。
- 雾场参数设置最小值 = 0.02；起始 = 1.0；深度 = 25，高度 = 10。在 Blender 渲染模式下的参数设置，如图 8-21 所示。

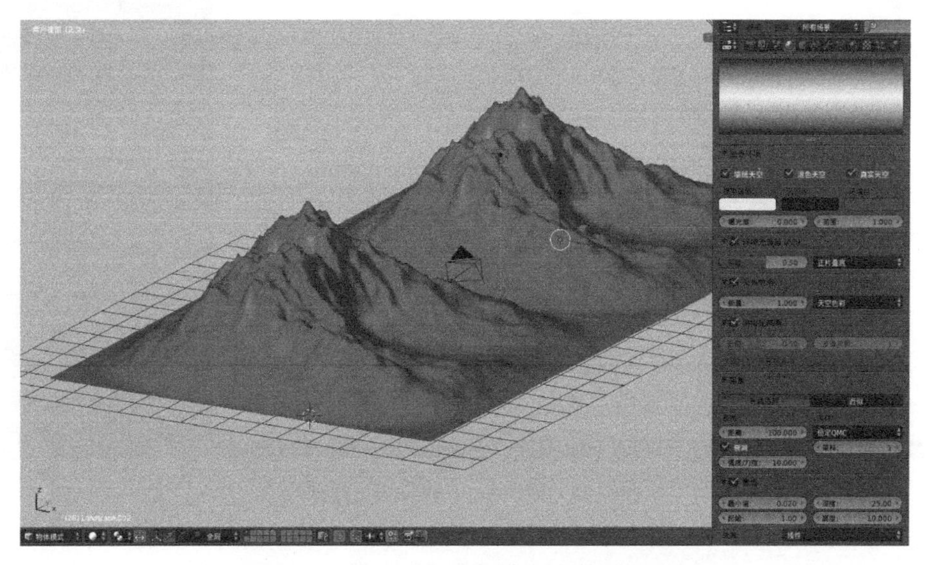

图 8-21 在 Blender 渲染模式下的参数设置

- 在 Blender 游戏模式下，选择 “世界环境”，分别设置视平线色为白色，环境色为红色。
- 雾场参数设置，线性衰减，起始 = 1.0；深度 = 25；最小强度 = 0.02。在 Blender 游戏模式下的参数设置，如图 8-22 所示。

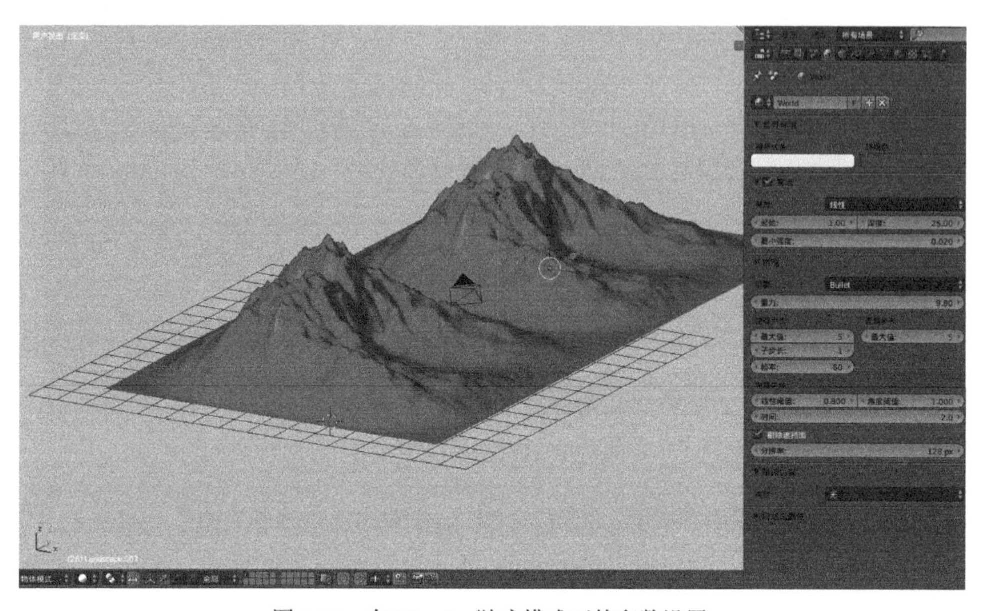

图 8-22 在 Blender 游戏模式下的参数设置

- 在 Blender 游戏模式下，按快捷键 P，运行山脉雾场设计，效果如图 8-23 所示。

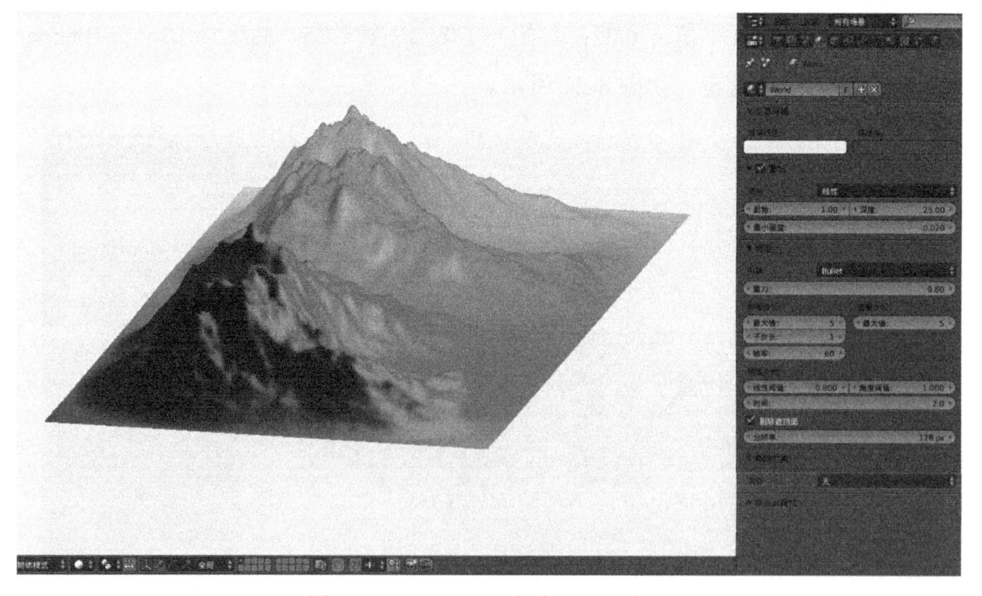

图 8-23 Blender 山脉雾场设计效果

8.4　Blender 全景技术

Blender 可以创建一个 360 度全景设计，步骤如下：

- 启动 Blender 引擎集成开发环境，删除默认立方体。
- 在标题栏 1 中，选择 Cycles 渲染模式。
- 在标题栏 2 中，选择“节点编辑”功能模式，单击“世界环境”，勾选“使用节点”复选框，具体如图 8-24 所示。

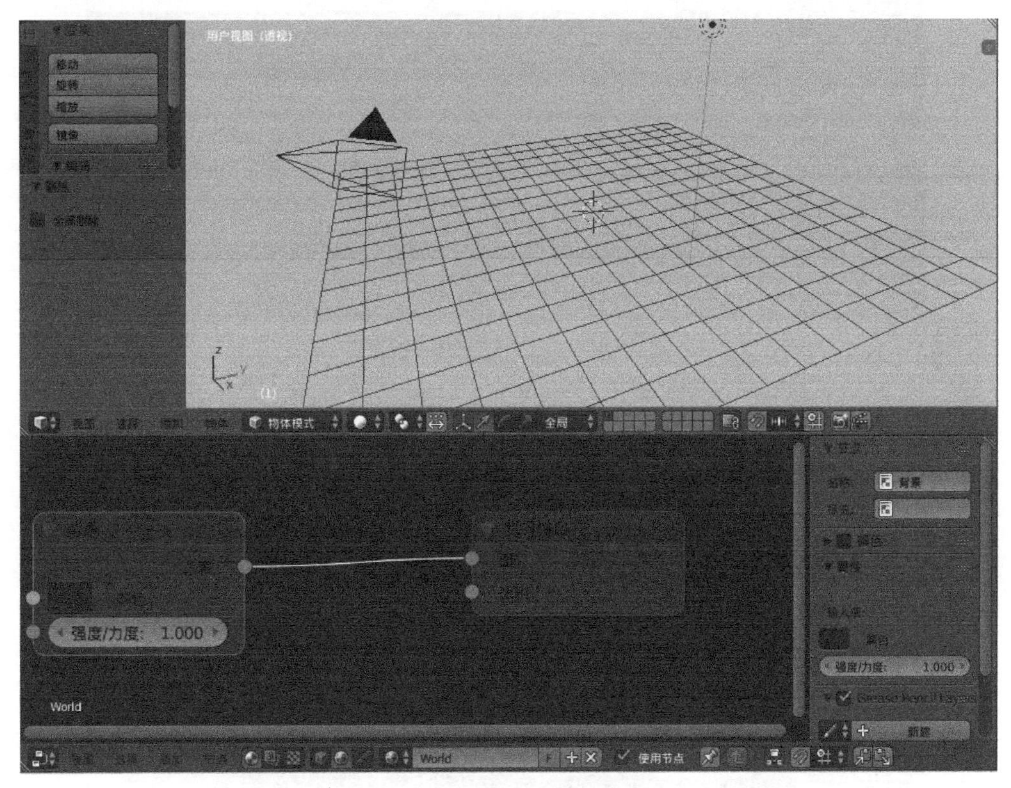

图 8-24　添加背景节点设计

- 添加全景背景纹理，按快捷键 Shift + A →“纹理”→“环境纹理”。
- 连接环境纹理节点中的颜色端口到背景节点的颜色端口，具体如图 8-25 所示。
- 在“环境纹理”节点中，打开球形全景图纹理图片。
- 渲染预览全景设计，按快捷键 Shift + Z 360 度显示室内场景，可以旋转全视角、全方位观看。Blender 全景设计效果，如图 8-26 所示。

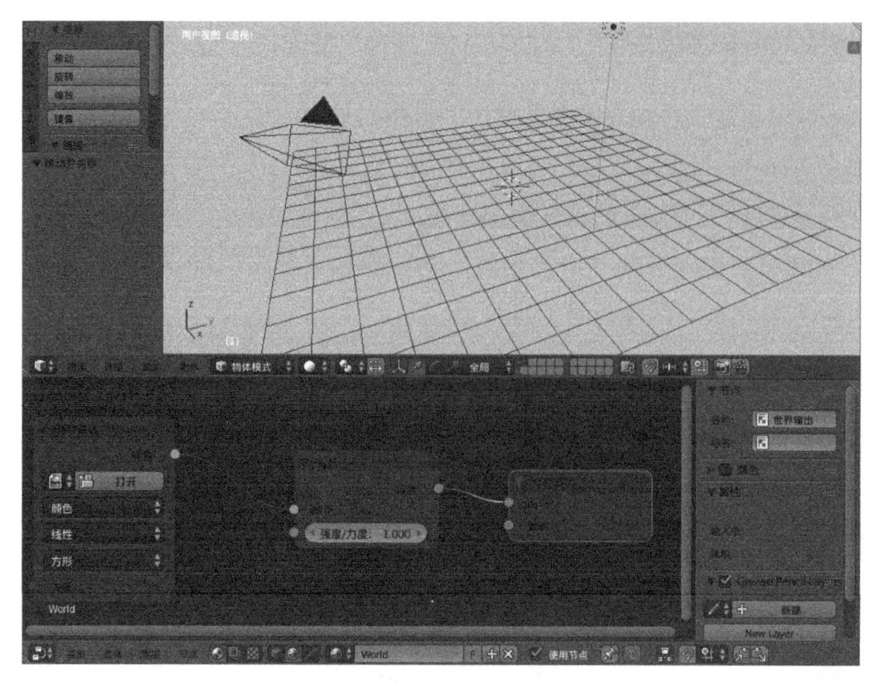

图 8-25　添加环境纹理节点设计

图 8-26　Blender 全景设计效果

8.5　Blender 鱼缸流体案例设计

Blender 鱼缸流体案例需要创建桌子、鱼缸和桌布，步骤如下：

- 启动 Blender 引擎集成开发环境，删除默认立方体。
- 创建桌子造型设计，添加经纬圆柱体，按快捷键 Shift + A →“网格”→“圆柱体”。利用圆柱体创建了桌子，如图 8-27 所示。

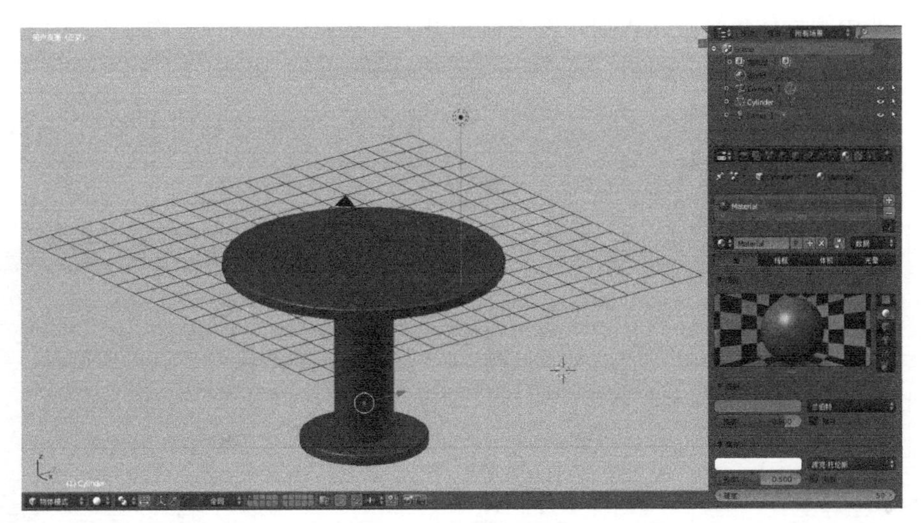

图 8-27　桌子造型设计

- 创建流体和鱼缸造型，添加一个立方体，调整立方体大小，按快捷键 N 设置长方体尺寸为 X = 2；Y = 1.5；Z = 2，并切换至线框模式。
- 设置长方体水槽为容器“域”。选择长方体水槽，在右侧场景工具按钮中，选择“物理”→“流体”。添加流体属性，“类型”选择“域”。长方体流体域设计，如图 8-28 所示。

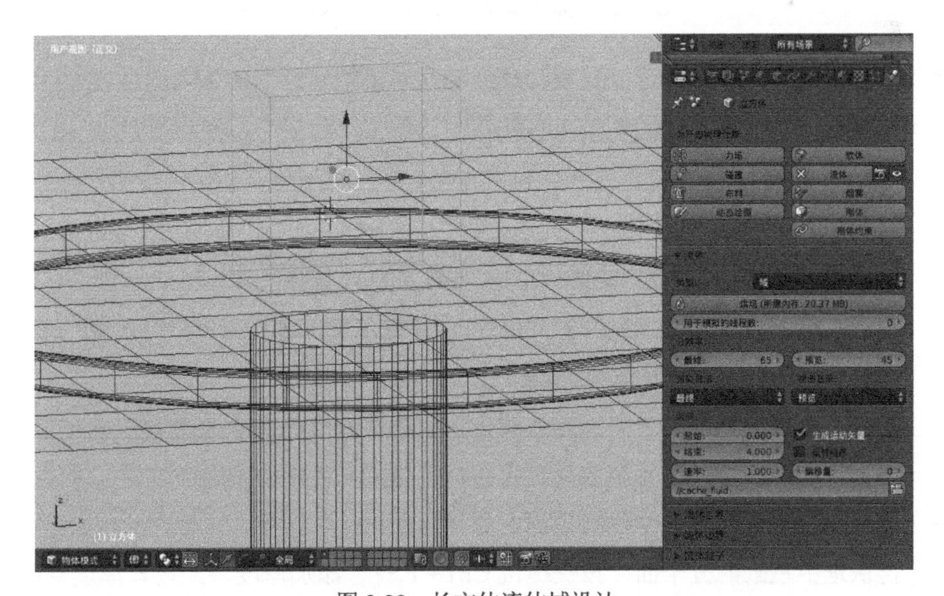

图 8-28　长方体流体域设计

- 添加一个“圆柱体”，把圆柱体作为鱼缸注水入口。选择“添加”→“网格”→“圆柱体”，调整圆柱体大小和角度，旋转 X = 0°；Y = 90°；Z = 0°。将其调整到长方体水槽左上方位置。
- 选中圆柱体鱼缸注水入口，在右侧场景工具按钮中，选择“物理”→“流体”。添加流体属性，“类型”选择“流入”，体初始化 = 外形。
- 调整流入速度，注入速度 X = 1.2；Y = 0.0；Z = 0.0。圆柱体注水入口流体流入设计，如图 8-29 所示。

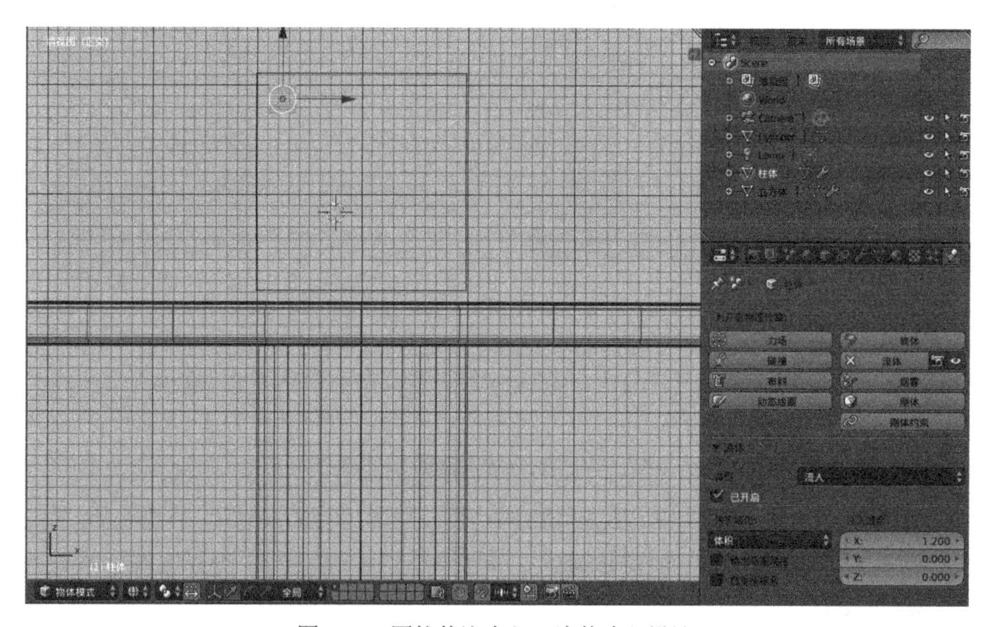

图 8-29　圆柱体注水入口流体流入设计

- 添加水材质和纹理设计，材质和纹理都是对水空间，即流体容器域设定的。
- 选中流体域，在右侧的场景工具按钮中，单击“材质”，漫射颜色 R = 1；G = 1；B = 1；强度 = 1.0。着色方式：自发光 = 1.08；环境色 = 1.0；半透明 = 0.0。
- 勾选“透明”复选框，选择“光线追踪”，Alpha = 0.13，菲涅尔 = 0.0，高光 = 1.0，IOR = 1.0，滤镜 = 0.0，衰减 = 1.0，限制 = 0.0，深度 = 3。
- 勾选“镜射”复选框，反射率 = 0.391，菲涅尔 = 0.240，混合 = 1.250，深度 = 2。水材质参数设置，如图 8-30 所示。
- 添加一个玻璃鱼缸，选中长方体域，按快捷键 Shift + D 复制模型。
- 再按快捷键 S 对其进行缩放处理，按快捷键 G + Z 移动到适当位置。
- 切换至编辑模式，选中鱼缸顶面，删除顶面。
- 再次选中鱼缸的五个面，按快捷键 Ctrl + F →“添加厚度”，设置厚度 = 0.1。
- 取消鱼缸模型流体域设置。鱼缸模型设计，如图 8-31 所示。

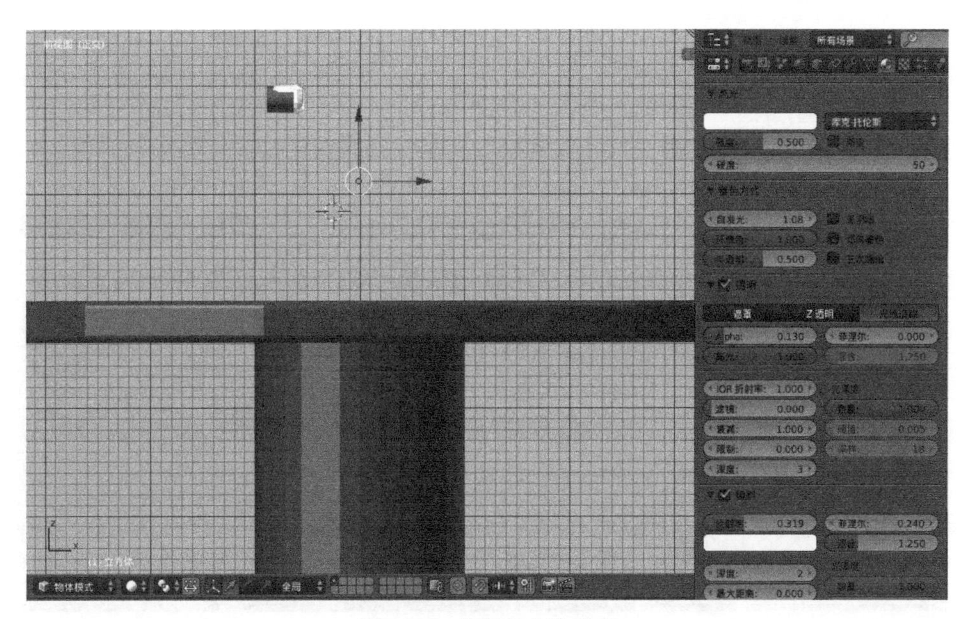

图 8-30　水材质参数设置

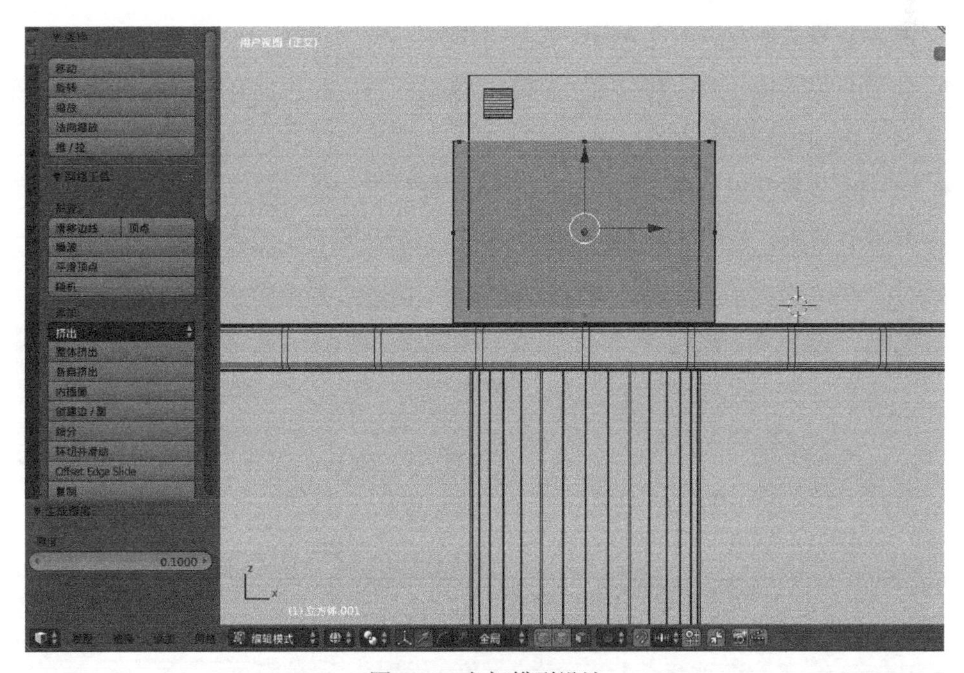

图 8-31　鱼缸模型设计

- 设计鱼缸玻璃材质，在右侧的场景工具按钮中，选择→“透明”，勾选“透明”复选框。
- 在“透明”参数选项中，选中“光线跟踪”。设置透明参数：Alpha = 0.05；IOR 折射率 = 1.6，一般玻璃的折射率在 1.5 到 1.9；深度 = 3 或以上数值。玻璃鱼缸参数设置，如图 8-32 所示。

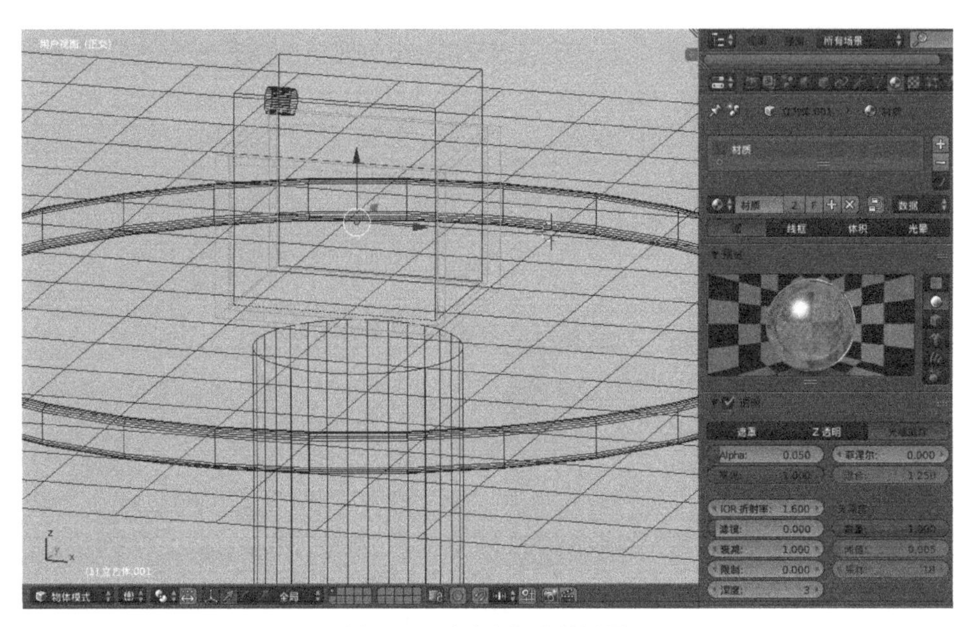

图 8-32　玻璃鱼缸参数设置

- 在物体模式中，添加点光源，选择“添加”→“灯光”→“点光源”。
- 设置世界环境，单击按钮，勾选“墙纸天空”和“混合天空”复选框，视平线色和天顶色均为淡蓝色。
- 选中流体容器域，单击“烘焙”，请耐心等待一会，即可运行程序。玻璃鱼缸流体设计效果，如图 8-33 所示。

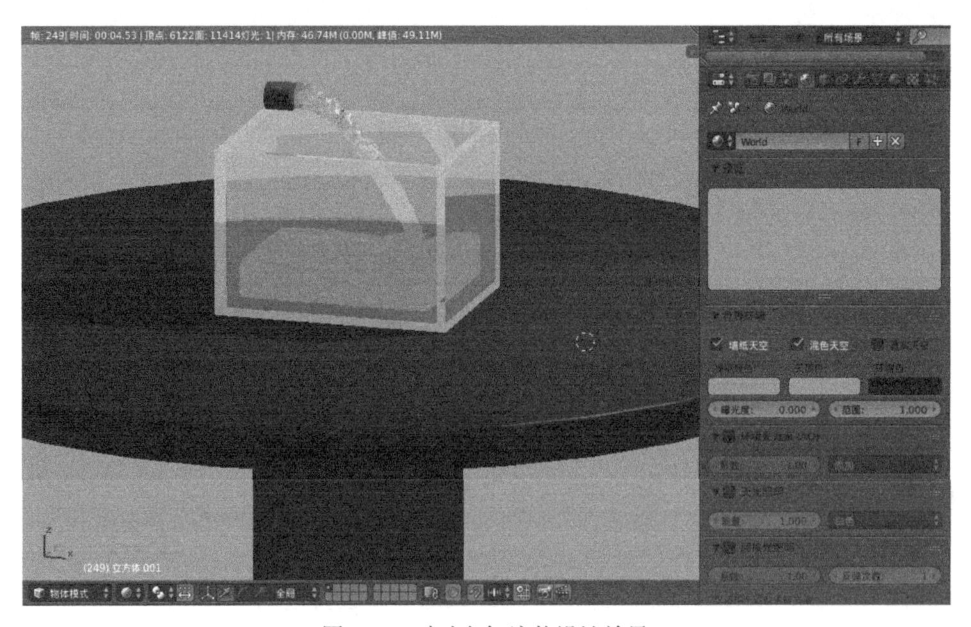

图 8-33　玻璃鱼缸流体设计效果

- 创建桌布造型，添加网格平面，选择 Shift + A →“网格”→“网格平面”。
- 设置布料属性，选择物理→“布料”。布料设置采用默认值，布料碰撞勾选“自碰撞”复选框。
- 对桌子物体进行碰撞设置。布料碰撞属性设置，选择物理→“碰撞”，物体碰撞选择默认值。也可以设置碰撞参数：软体和布料外表面 = 0.1，软体阻尼系数 = 0.1。

玻璃鱼缸流体和布料造型最终设计效果，如图 8-34 所示。

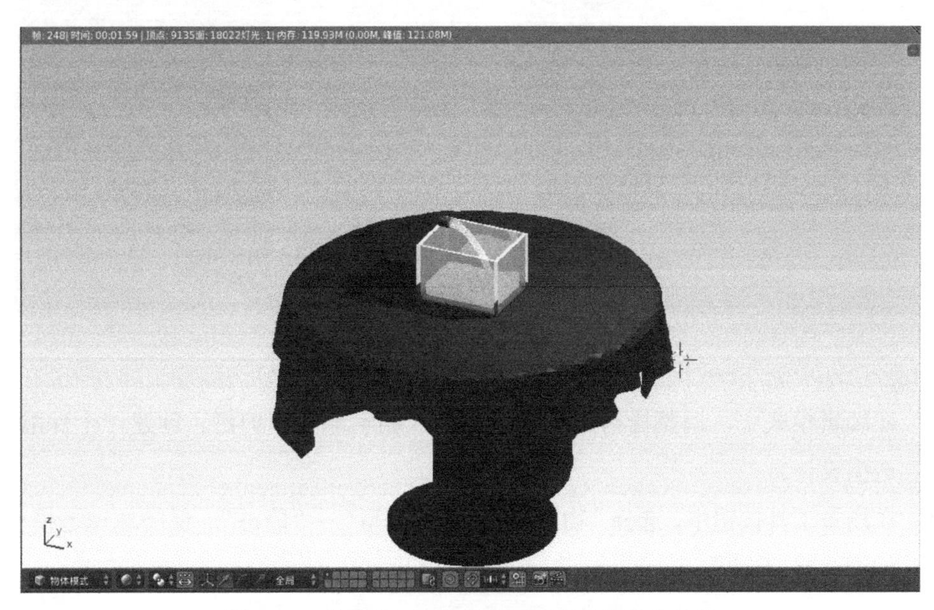

图 8-34　玻璃鱼缸流体和布料造型最终设计效果

8.6　Blender 保龄球案例设计

Blender 保龄球案例需要设计保龄球、球道、投掷逻辑等，步骤如下：

- 启动 Blender 引擎集成开发环境，删除默认立方体。
- 在标题栏 1 中，选择“Blender 渲染”→“Blender 游戏”。
- 创建保龄球造型设计，添加经纬圆柱体，按快捷键 Shift + A →“网格”→“圆柱体”。
- 利用圆柱体并对其进行编辑，创建一个保龄球造型设计。
- 在场景工具按钮中，选择“物理”→“物理类型”→“刚体”。保龄球模型设计，如图 8-35 所示。
- 创建保龄球球道模型设计，添加一个栅格面，按快捷键 Shift + A →“网格”→“栅格面”。

图 8-35　保龄球模型设计

- 在编辑模式中，调整栅格面的大小尺寸，编辑球道和护栏。创建一个保龄球球道造型设计。
- 在场景工具按钮中，选择“物理”→“物理类型”→“静态”。保龄球球道模型设计，如图 8-36 所示。

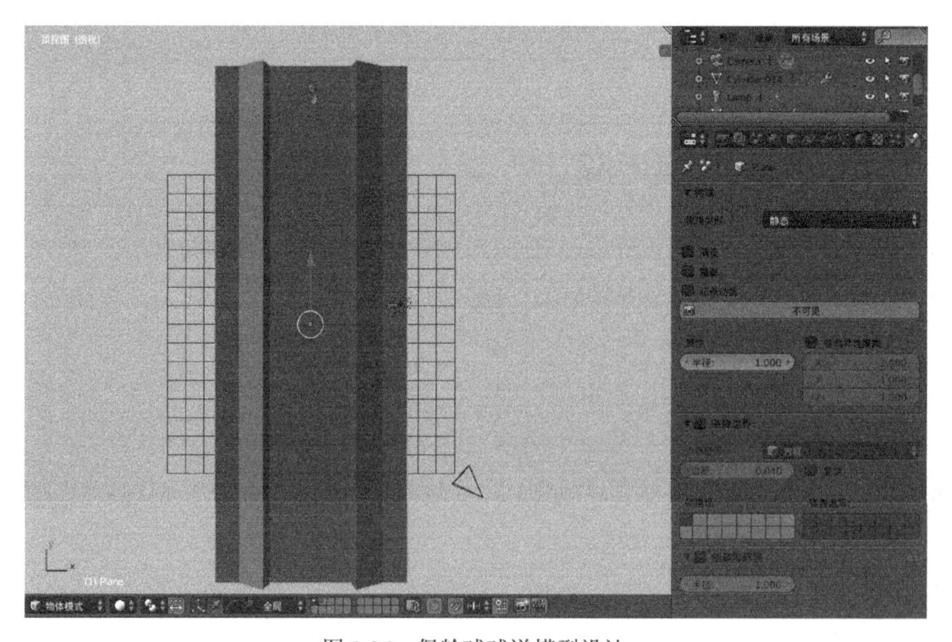

图 8-36　保龄球球道模型设计

- 复制一个保龄球阵列，按快捷键 Shift + D，复制一个三角形保龄球阵列。
- 设计保龄球球道模型材质。在编辑模式中，选中球道面。
- 在右侧的场景工具按钮中，选择“顶点组”进行定义顶点组，默认值即可。
- 选择“材质”→“漫射颜色”，调整颜色值为 R = 0.511；G = 0.8；B = 0.269，单击“指定”按钮。保龄球及球道材质设计，如图 8-37 所示。

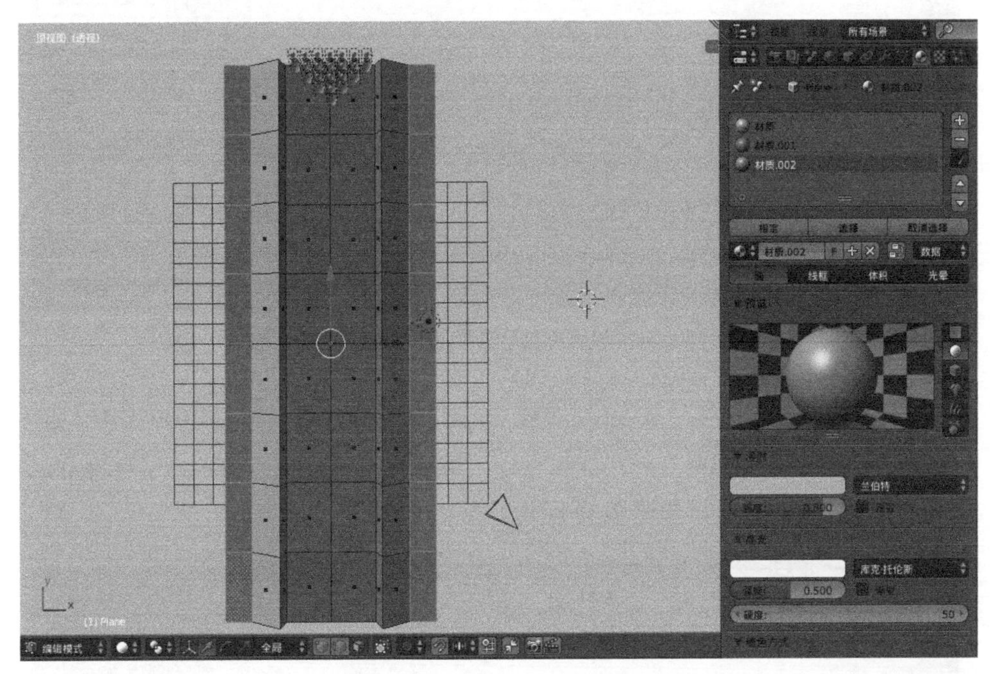

图 8-37　保龄球及球道材质设计

- 设计保龄球游戏逻辑，创建一个立方体，在右侧的场景工具按钮中，选择“物理”→“字符”（角色）。
- 切换至逻辑编辑器，在标题栏 3 中，选择“时间线”→“逻辑编辑器”。
- 添加“鼠标”传感器，在“鼠标事件”中，选择“移动”设置。
- 添加“控制器”，选择“And”。
- 添加“鼠标”促动器，模式：选择“视图”，单击“使用 Y 轴”按钮。设置保龄球投掷逻辑编辑器设计，如图 8-38 所示。
- 在立方体前方创建一个空物体，作为保龄球投掷出口的位置。
- 在标题栏 2 中，选择“添加”→“空物体”→“立方体”。利用移动、缩放等功能，把空物体调整至立方体保龄球投掷出口位置。

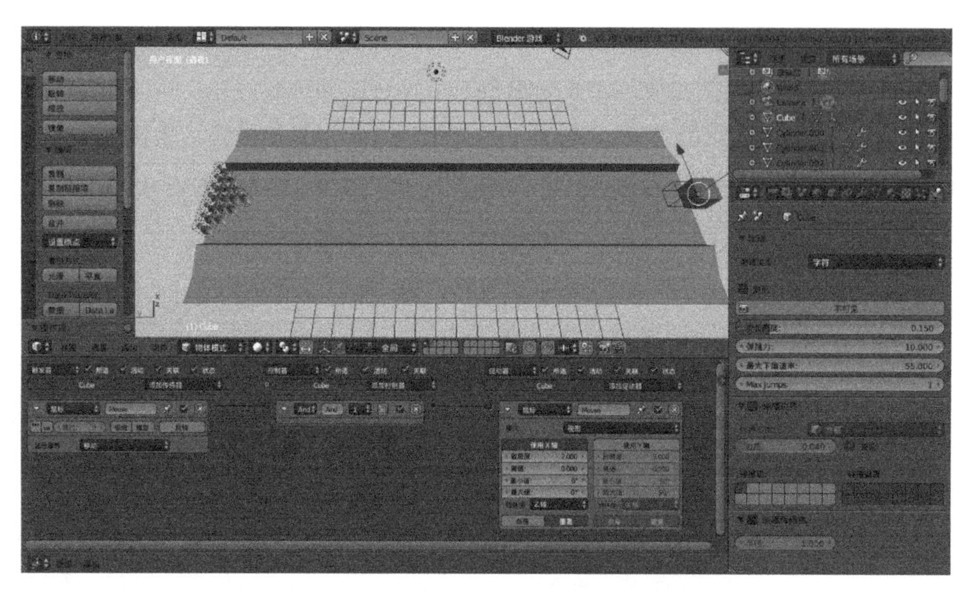

图 8-38　设置保龄球投掷逻辑编辑器设计

- 选择“空物体”，然后按 Shift 选择“立方体”，接着按快捷键 Ctrl + P →选择“物体”，或选择“选择”→“安组”→“父级”（快捷键为 Shift + G）。立方体设置为空物体的父级，如图 8-39 所示。

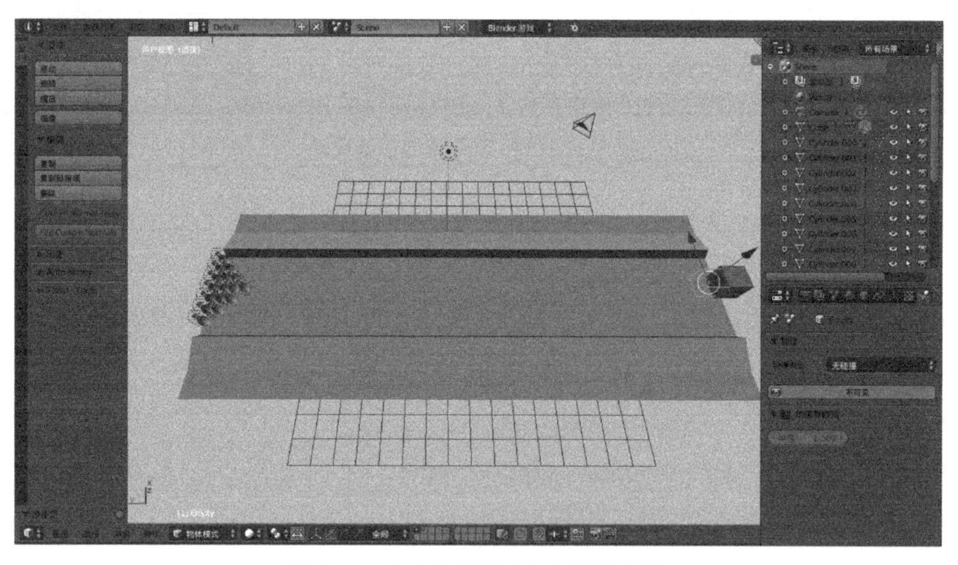

图 8-39　立方体设置为空物体的父级

- 设计保龄球模型。创建一个球体，选择“添加”→“网格”→“经纬球”。
- 利用移动、缩放命令对其进行定位和缩放设计，并设置球体的材质。
- 选择“球体”，然后按快捷键 M，把球体移动到第 2 层。
- 对“球体”（保龄球）进行逻辑编辑器设计。

- 触发器设置：添加传感器，选择“总是”。控制器设置：选择“And”。促动器设置：选择“运动”，位置 Y = 0.3。保龄球逻辑编辑器设计，如图 8-40 所示。

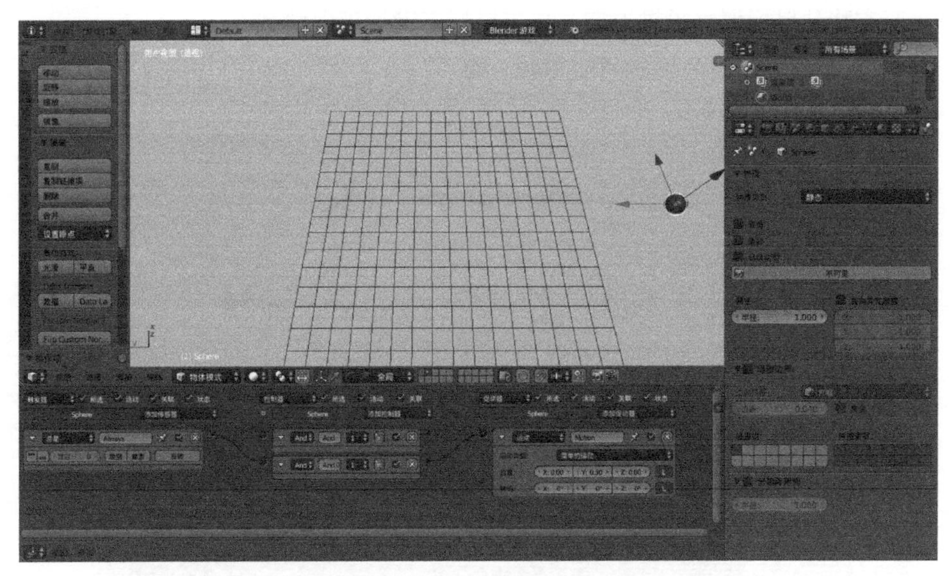

图 8-40　保龄球逻辑编辑器设计

- 回到保龄球所在的游戏层，选择“空物体”。
- 触发器设置：添加传感器，选择“鼠标”，鼠标事件设置“左键”。
- 控制器设置：选择“And”。促动器设置：选择“编辑物体”，“物体”设置“球体”。在保龄球游戏层对空物体进行的逻辑编辑器设计，如图 8-41 所示。

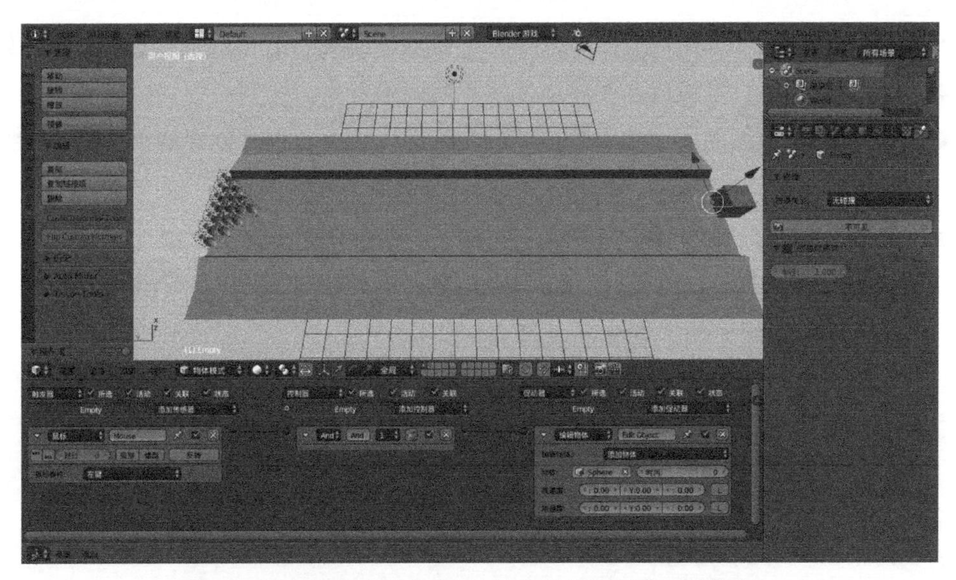

图 8-41　在保龄球游戏层对空物体进行的逻辑编辑器设计

- 在右侧的场景工具按钮中，单击“世界环境”按钮，调整视平线色为淡蓝色，天顶色均为白色。

- 按快捷键 P 运行游戏，移动鼠标并单击鼠标左键投掷保龄球。
- 左右移动鼠标调整投掷方向，单击鼠标左键投掷保龄球。

保龄球案例最终设计效果，如图 8-42 所示。

图 8-42　保龄球案例最终设计效果

8.7 Python 脚本实现锁链碰撞墙体游戏案例设计

利用 Blender 的 Python 脚本程序设计一个锁链碰撞墙体崩塌的物理特效，步骤如下：

- 启动 Blender 引擎集成开发环境，显示默认立方体。
- 在 3D 用户视图的右上角，单击并向左拖动“小三角”，创建两个 3D 用户视图编辑窗口。
- 在右侧的第 2 个 3D 用户视图中，在标题栏 2 中，选择“文本编辑”→“新建”。创建文本编辑器设计，如图 8-43 所示。

在新建文本中，输入如下 Python 脚本代码：

```
1 import bpy
2 bpy.ops.mesh.primitive_plane_add(radius=100, location=(0, 0, 0))
                                                    # 创建平面
3 bpy.ops.rigidbody.object_add()
4 bpy.context.object.rigid_body.type = 'PASSIVE'
5 for x in range(1,19): # 创建圆环
6     bpy.ops.mesh.primitive_torus_add(location=(0, x*4.3, 110), rotation=
    (0,1.5708*(x%2), 0), major_radius=3.5, minor_radius=.5, abso_major_
    rad=1.25, abso_minor_rad=0.75)
```

```
7     bpy.ops.rigidbody.object_add()
8     bpy.context.object.rigid_body.collision_shape = 'MESH'
9     if x==1:
10        bpy.context.object.rigid_body.enabled = False
11     for z in range (0,9): # 创建立方体
12         bpy.ops.mesh.primitive_cube_add(radius=3, location=(x*6-60,2,
           2.8+z*6))
13        bpy.ops.rigidbody.object_add()
14        bpy.context.object.rigid_body.mass = 0.0001
```

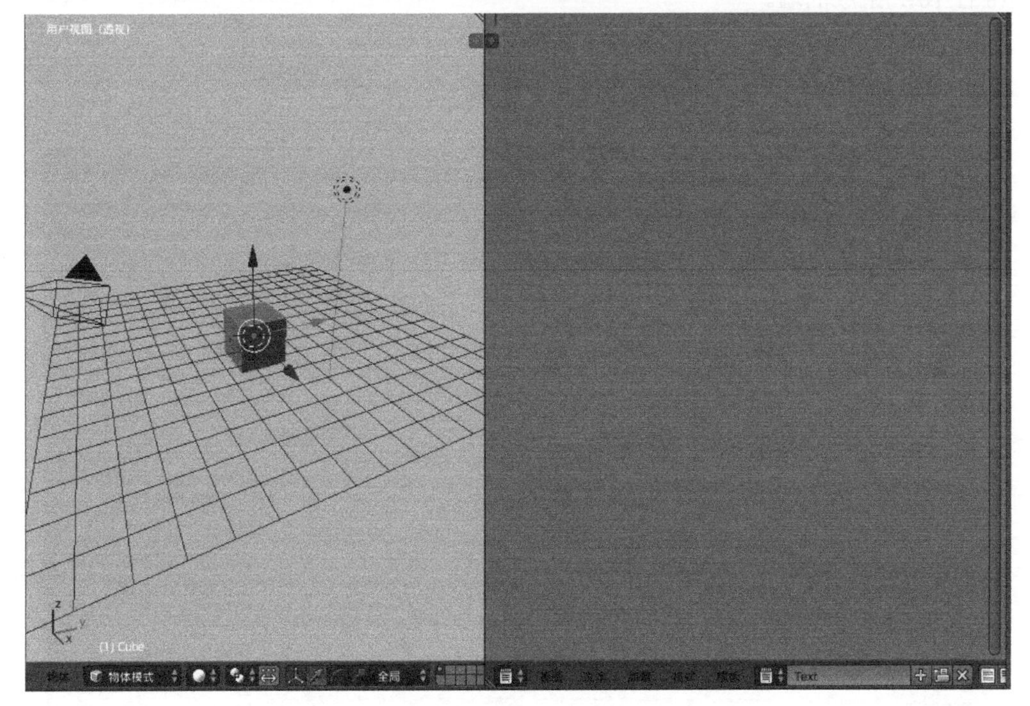

图 8-43　创建文本编辑器设计

这样就在 Blender 物理仿真引擎中创建了三个刚体物体，即地面、由立方体构成的墙面以及锁链。

创建地面的源码设计：

第 2 行代码：创建了一个简单的平面，立方体将位于在这个平面上。

第 4 行代码：为了防止平面因重力而自然坠落，将其设为被动状态。

创建锁链的源码设计：

第 5～10 行代码：创造了一个由 18 个圆环组成的链子，它将击中由立方体构成的墙体。

第 6 行代码：确定它们的坐标，并在 y 轴上每隔 90 度旋转下一个圆环面。旋转是通过将 90 度（1.5708 弧度）乘以 x 的余数除以 2（得到“0-1-0-1-0 = …”序列的技巧）来实现的。

第 8 行代码：将其碰撞形状设置为“网格”。如果把它放在默认的“凸面外壳”上，Blender 仿真引擎就不会考虑中间的孔，链条就会断裂。

第 9 ～ 10 行代码：将第一个环的“启用”属性设置为 false，以防止其因重力而掉落。所以它可以悬在空中，并保持所有其他圆环连接。

创建墙面的源码设计：

第 11 ～ 14 行代码：创建了一个由 10 个立方体组成的列，设置立方体使它们重量非常轻，这样在被击中时可以飞得很远。

第 11 行代码：因为第 11 行的 z 循环嵌套在第 5 行的 x 循环中，循环嵌套将得到一个由 18 行 10 列组成的墙。

- 在左侧 3D 视图中，按快捷键 Alt + A 或单击“播放”按钮。

用 Python 脚本实现锁链碰撞墙体设计，如图 8-44 所示。

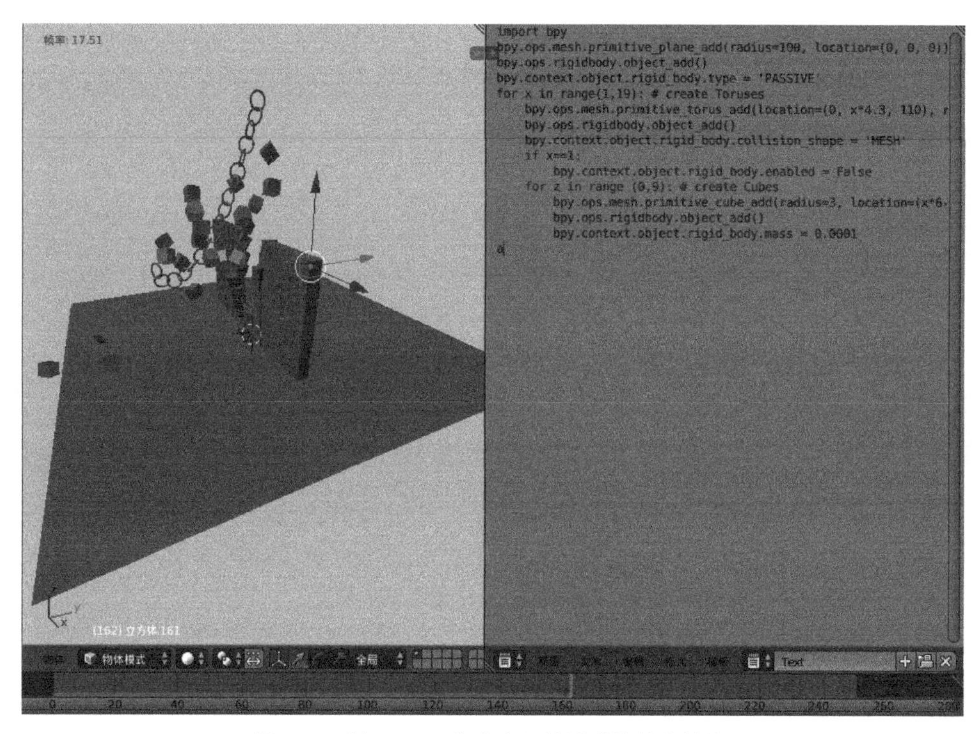

图 8-44　用 Python 脚本实现锁链碰撞墙体设计

现在把最后一个环面放大一些，使碰撞力度更大，而不是仅仅用一条链子碰撞墙壁。此外，让我们旋转链子，使它以一个角度撞击墙壁，从而产生一个较生硬的碰撞。

- 在文本编辑器中，重新修改第 6 行源代码如下，保存后，重新运行脚本。

```
6    bpy.ops.mesh.primitive_torus_add(location=(x*2, x*4.3, 110),
rotation=(0, 1.5708*(x%2), 0), major_radius=3.5+1*(x==18), minor_
radius=.5+1*(x==18), abso_major_rad=1.25, abso_minor_rad=0.75)
```

- 在左侧 3D 视图中，再次按快捷键 Alt + A 或单击“播放”按钮，效果如图 8-45 所示。

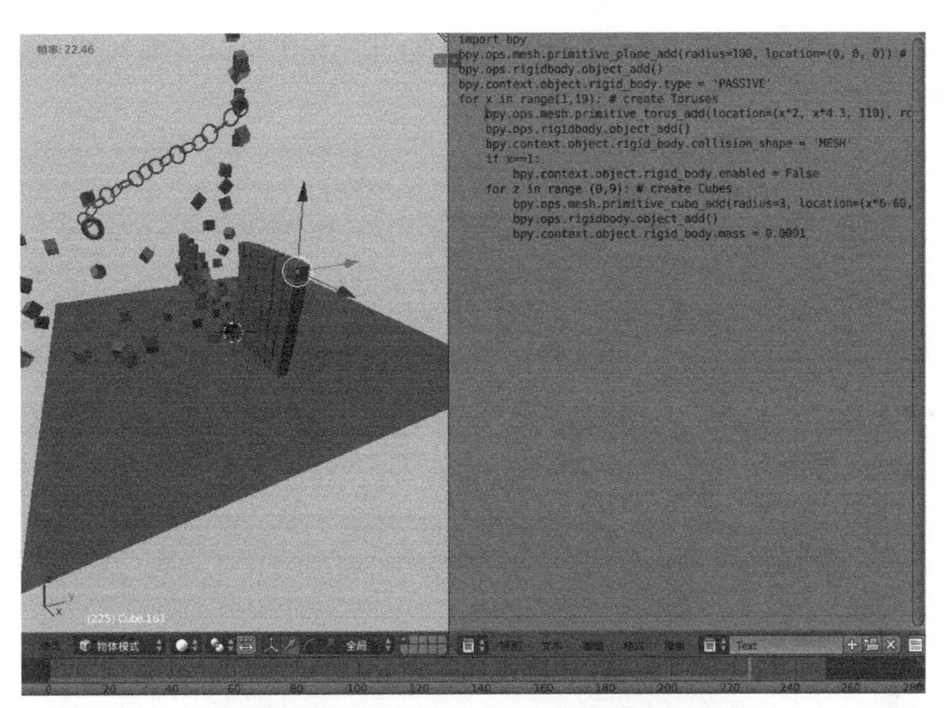

图 8-45　用 Python 脚本实现锁链碰撞墙体设计

- 在左侧 3D 视图中，为地面、墙体以及锁链添加材质颜色设计。
- 再次按快捷键 Alt + A 或单击“播放”按钮，效果如图 8-46 所示。

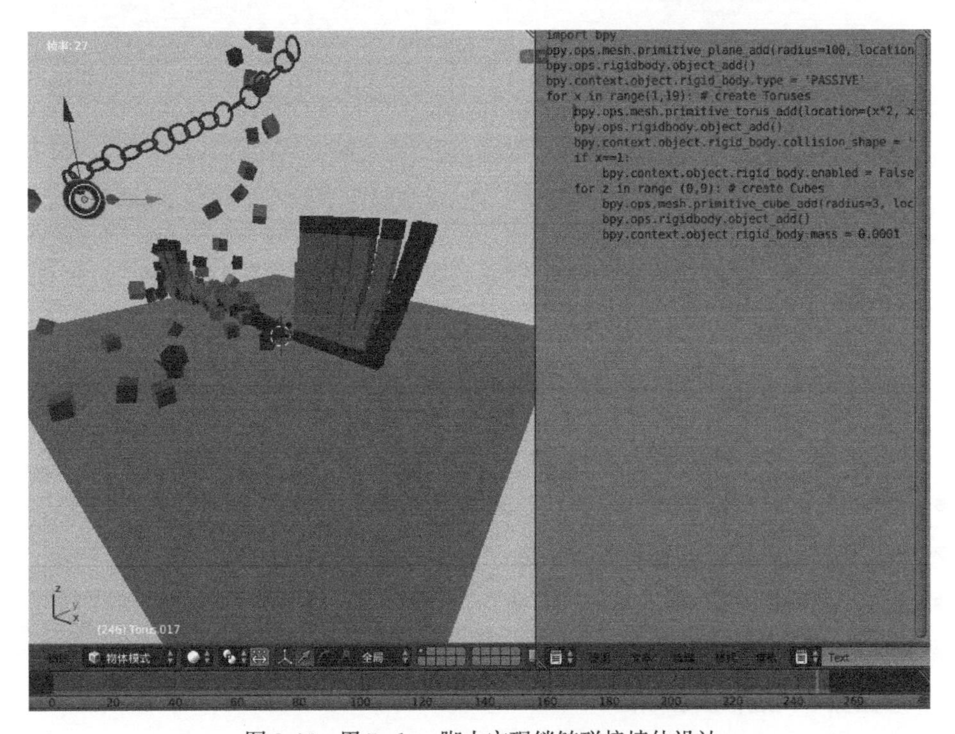

图 8-46　用 Python 脚本实现锁链碰撞墙体设计

- 在代码的最开始处添加 import math，以便我们可以使用三角函数 sin 和 cos。
- 将第 11 ～ 14 行代码替换为以下代码：

```
    11  for z in range(1,10):
    12      bpy.ops.mesh.primitive_cube_add(radius=3, location=(z*6-
60,0,x*6-3))
    bpy.ops.transform.resize(value=(1, .5+10*math.cos(x/3.14)*math.
sin(z/3.14),1), constraint_axis=(False, True, False))
    13     bpy.ops.rigidbody.object_add()
    14     bpy.context.object.rigid_body.mass=0.0001
```

- 再次按快捷键 Alt + A 或单击“播放”按钮。

用 Python 脚本实现锁链碰撞曲线墙体设计，如图 8-47 所示。

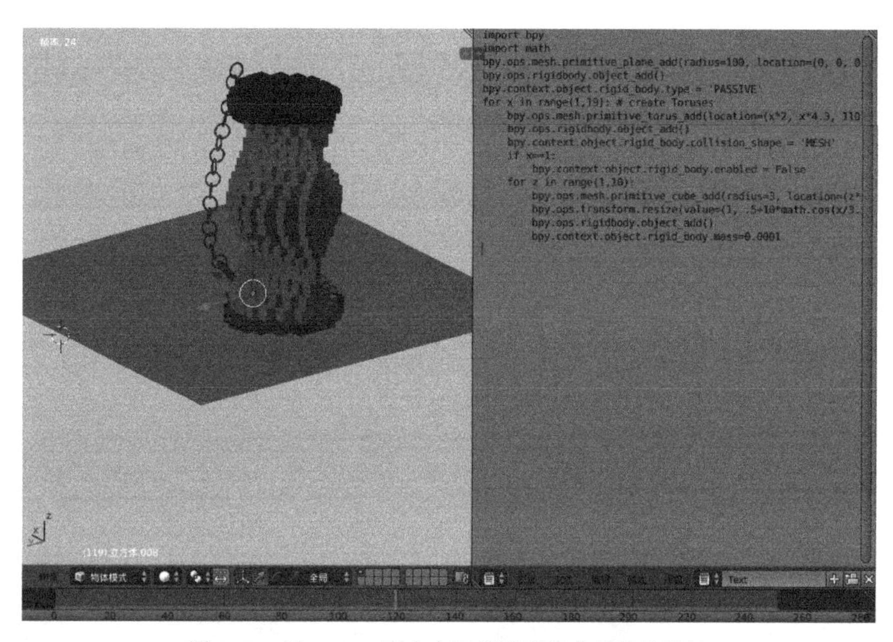

图 8-47　用 Python 脚本实现锁链碰撞曲线墙体设计

8.8　Blender 火炮游戏案例设计

利用 Blender 的 Python 脚本程序设计一个火炮射击效果，步骤如下：

- 启动 Blender 引擎集成开发环境，删除默认立方体。
- 在 3D 用户视图中，创建游戏地面，添加材质和纹理设计。
- 选择“添加”→“网格”→“栅格”，调整网格大小。
- 在右侧的场景工具按钮中，单击“材质”→“新建”→“网络”→“打开”→“纹理图像”，进行纹理贴图。
- 在右侧的场景工具按钮中，单击“世界环境”，勾选“混合天空”，调整视平线色为绿色，天顶色均为蓝色。

游戏场景天空和地面设计，如图 8-48 所示。

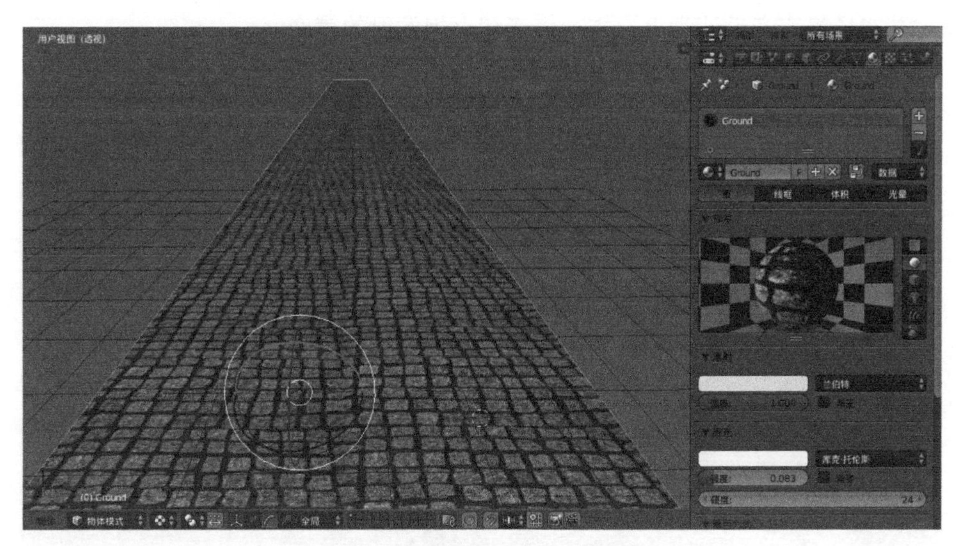

图 8-48 游戏场景天空和地面设计

- 在 3D 用户视图中，导入角色和火炮模型设计。
- 在标题栏 1 中，选择“文件”→“导入”→“角色模型 / 火炮模型”。
- 也可以创建 3D 人物角色模型和火炮 3D 模型，再对其进行材质纹绘制和贴图设计。

游戏场景中人物和火炮模型设计，如图 8-49 所示。

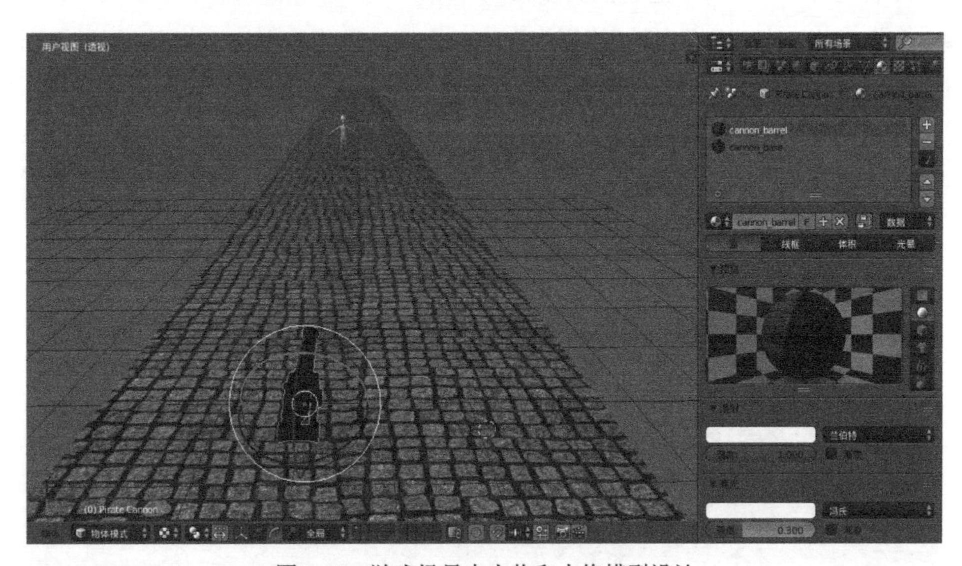

图 8-49 游戏场景中人物和火炮模型设计

- 在 3D 用户视图中，添加声音设计。包括声音文件、距离、方向等。
- 在标题栏 2 中，选择“添加”→“扬声器”。

- 在右侧的场景工具按钮中，单击“声音”按钮，设置并打开声音文件、声音的距离、体积、锥形以及角度等参数。
- 游戏场景声音设计为火炮推动声音和火炮发射的声音。

设置摄像机跟随，游戏场景中声音和摄像机设计，如图 8-50 所示。

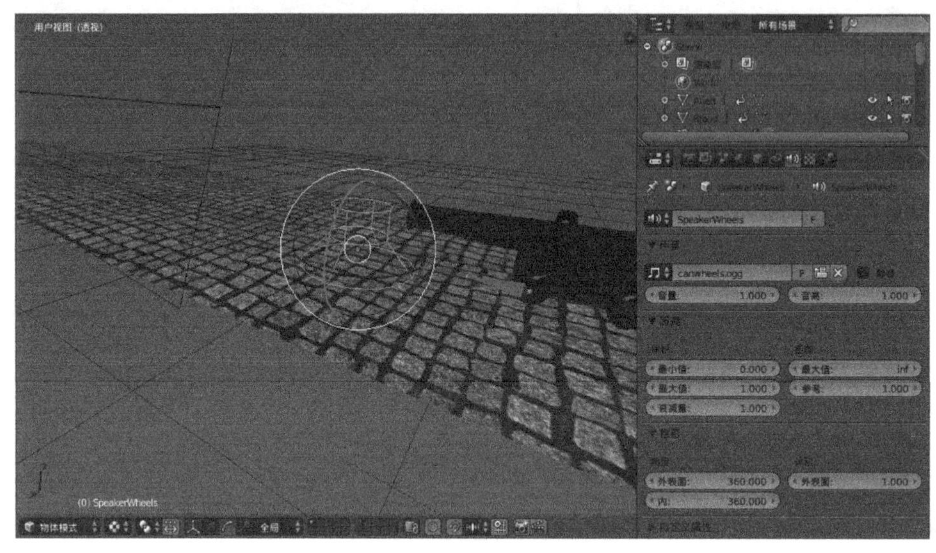

图 8-50　游戏场景中声音和摄像机设计

- 设计动画摄影表，主要对声音和相机移动的时间以及持续时间进行设计。动画摄影表还可以编辑每个通道的关键帧。
- 在标题栏 3 中，选择“动画摄影表”，Speakefire 动作数据块、片段时间以及影响等。

游戏场景动画摄影表设计，如图 8-51 所示。

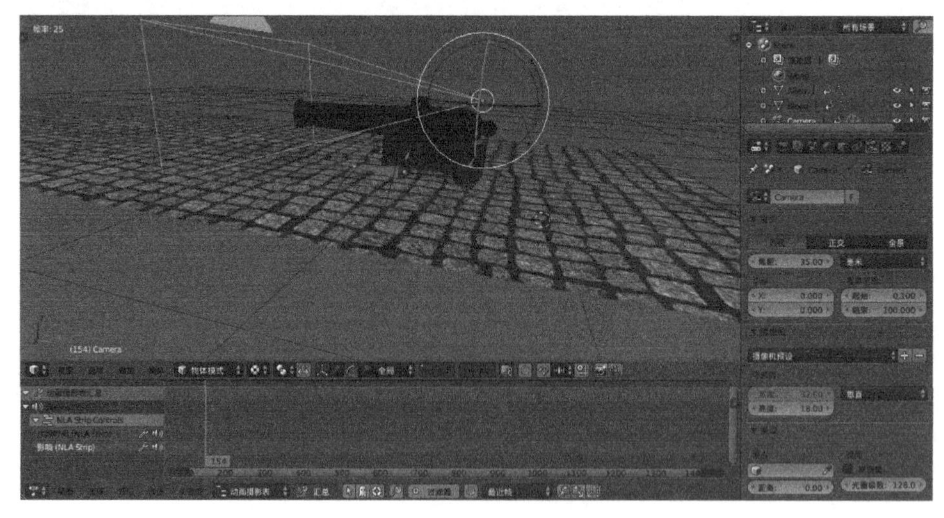

图 8-51　游戏场景动画摄影表设计

- 设计游戏动画控制，主要包括人物动画设计、流血动画设计、摄像机跟踪动画设计、火炮发射动画设计、炮弹击中人物设计以及轨道动画设计等。

动画数据包括活动轨道、激活片段、片段范围；动作剪辑包括动作范围、回放设定；解算包括动画影响力等。

游戏动画控制设计，如图 8-52 所示。

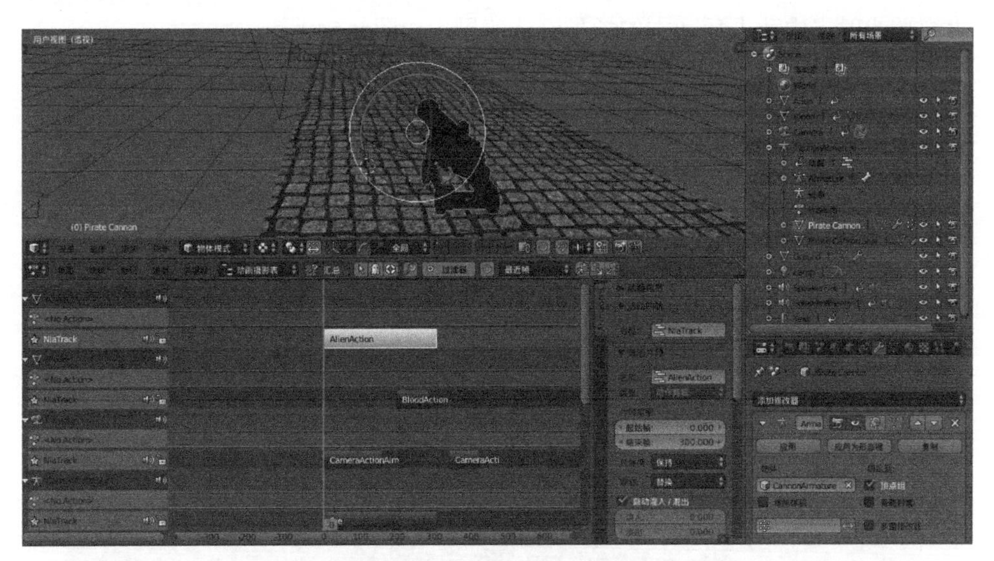

图 8-52　游戏动画控制设计

- 设计火炮游戏动画运行前的场景，主要包括地面、人物、火炮、炮弹、骨骼动画设计、摄像机跟踪动画设计等。

火炮游戏射击前的场景效果，如图 8-53 所示。

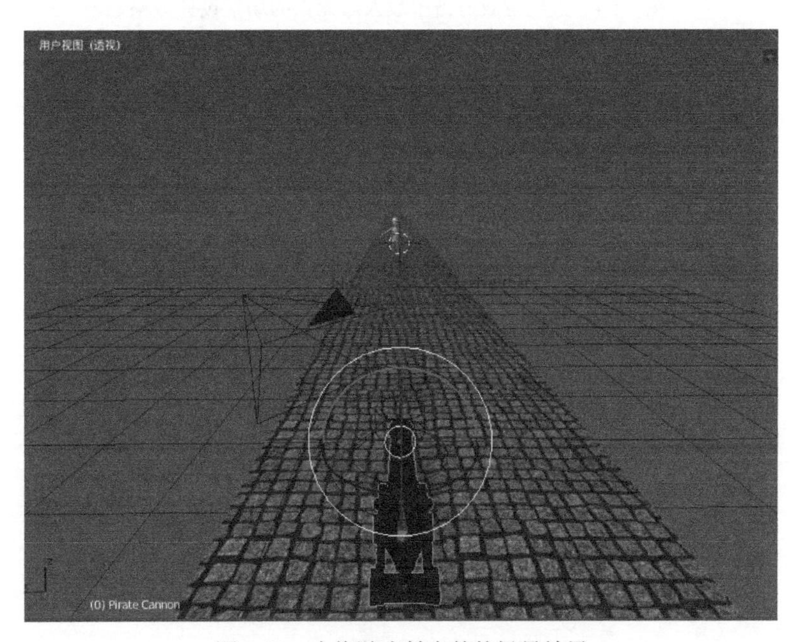

图 8-53　火炮游戏射击前的场景效果

- 设计火炮游戏动画，按快捷键 Alt + A 或单击“播放”按钮。运行后游戏场景火炮向前移动，能听到火炮被推动时跑轮滚动声音。
- 摄像机跟随火炮炮口移动至前方，火炮开火，击中敌方角色人物，敌人失血后倒地死亡。

火炮游戏射击中敌人后死亡的场景设计效果，如图 8-54 所示。

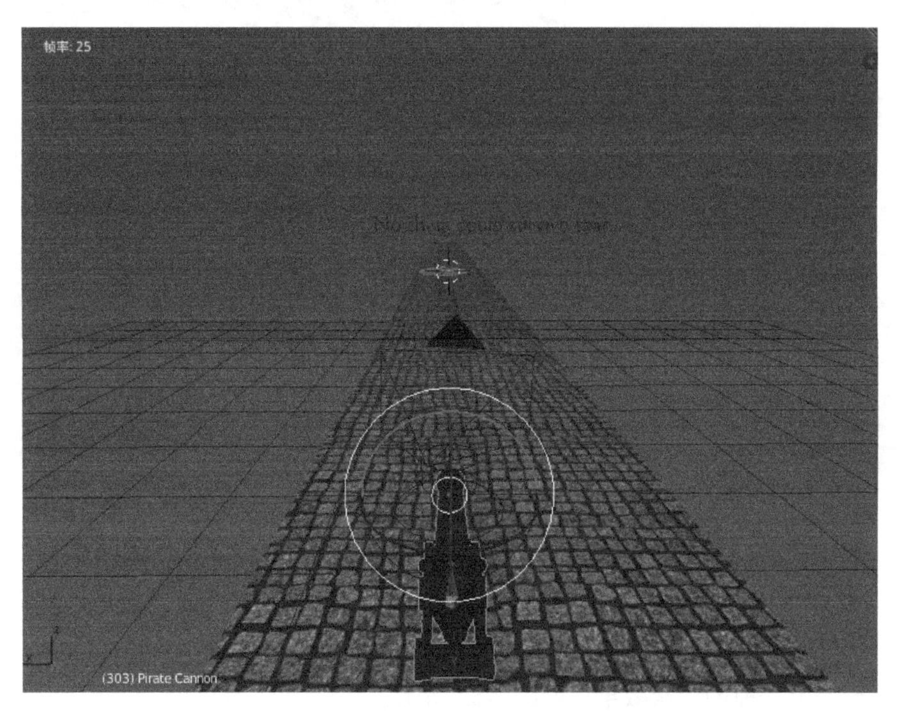

图 8-54　火炮游戏射击中敌人后死亡的场景设计效果

附　录　Blender 快捷键

Blender 的常用快捷键如下：

1. 通用操作

停止当前操作：Esc

快捷搜索：SPACE

撤销：Ctrl + Z

重做：Ctrl + Shift + Z

渲染：F12

单选：鼠标右键（RMB）

全选：A

框选：B

刷选：C

套选：Ctrl + 鼠标左键（LMB）

删除：X/Delete

复制：Shift + D

添加：Shift + A

取消：Esc，RMB

确认：Return，LMB

2. 界面操作

工具栏位置对称切换：F5

固定 / 解固定工具栏：Shift + LMB

放大 / 缩小：Shift + Space

放大 / 缩小：Ctrl + Up/Ctrl + Down

移动视窗：Shift + 鼠标滚轮

旋转视窗：鼠标滚轮

3D 视图：Shift + F5

UV 编辑视图：Shift + F10

3. 小键盘

透视开启 / 关闭：5

前视图：（Ctrl 后视图）1

右视图：（Ctrl 左视图）2

顶视图：（Ctrl 底视图）7

摄像机视角：（如果有摄像机）0

将当前视图设为摄像机视角：Ctrl + Alt + 0

全屏显示当前视图：Ctrl + Up

显示选中目标：小键盘 + Del

显示所有目标：Home

4. 建模

编辑模式：Tab

点线面三模式切换（编辑模式下）：Tab + Ctrl

加减选：Ctrl + 小键盘 /-

选择循环点 / 边 / 面：Alt + LMB

线框模式：Z

隐藏选中目标：H

显示所有隐藏目标：Alt + H

5. 选中目标状态下

挤出：E（加 LMB，挤出到鼠标位置）

移动：G

旋转：R

缩放：S

（以上操作再按下 X、Y、Z 以固定轴向、轴心活动）

内插面：I

顶点 / 边 滑移：GG

环切：Ctrl + R

边线折痕：Shift + E

快捷拓展命令栏：W

切割：K

分割：Y

分离（单独个体）：P

合并：Ctrl + J

倒角：Ctrl + B

球形化：Shift + Alt + S

关联选取：L

相似选取：Shift + G

创建父级：Ctrl + P

清除父级：Alt + P

吸附：Shift + S

6. 节点编辑器

连接节点：F（选取两个目标）

断开节点：Ctrl + LMB（画掉连接线）

添加转接点：Shift + LMB（画掉连接线）

合并节点：Ctrl + J

断开选中节点：Alt + D

移动背景视图：Alt + 鼠标滚轮

显示激活节点：小键盘 + Del

显示所有节点：Home

7. 动画

插入一个关键帧（keyframe）：I

清除该关键帧：Alt + I

清空所有关键帧（删除所有的 F-Curves）：Alt + Shift + I

指定关键帧驱动程序：D

清除关键帧驱动程序：Alt + D

添加关键帧设置：K

清除关键帧设置：Alt + K

8. 文本编辑

到文本开始处：Home

到文本结束处：End

复制文本：Ctrl + C

粘贴文本：Ctrl + V

选择所有文本：Ctrl + A

9. 数字调整

拖动时捕捉离散步骤：Ctrl + -

更高的调整精度：Shift + -